西部矿区地表变形损害监测与评价

汤伏全　著

国家自然科学基金面上项目（项目编号：52274168，51674195）
陕西省自然科学基金面上项目（项目编号：2016JM5048）

科学出版社

北 京

内 容 简 介

本书针对我国西部矿区地下采煤引起的地表损害问题，阐述地表沉陷变形和土壤环境变化的监测技术与评价方法。全书共八章，在系统分析西部矿区采煤沉陷与地表损害基本特征的基础上，结合多个矿区工程实践，利用 GNSS、无人机 LiDAR、InSAR 等技术进行矿区地表移动变形监测及数据处理；通过遥感反演、重力异常反演、多源监测数据建模等手段，分析西部矿区土壤环境变化及采空区地表的重力异常效应；基于开采沉陷理论和土力学原理，揭示西部黄土高原矿区开采沉陷中土、岩双层介质的耦合效应及采动黄土层的附加变形机理。在上述基础上构建了西部矿区开采沉陷预计及损害评价模型，并开发了相应的软件系统以便于实际应用。

本书可作为测绘工程、采矿工程、地质工程、环境工程、土木工程等专业高年级本科生和研究生的选修教材，也可供相关专业的工程技术人员参考。

图书在版编目（CIP）数据

西部矿区地表变形损害监测与评价/汤伏全著. —北京：科学出版社，2024.6
ISBN 978-7-03-077052-3

Ⅰ.①西… Ⅱ.①汤… Ⅲ.①矿区-地表-变形观测-地层损害-评价-西北地区②矿区-地表-变形观测-地层损害-评价-西南地区 Ⅳ.①TD325

中国国家版本馆 CIP 数据核字（2023）第 225497 号

责任编辑：童安齐 / 责任校对：赵丽杰
责任印制：吕春珉 / 封面设计：北京睿宸弘文文化传播有限公司

科学出版社 出版
北京东黄城根北街 16 号
邮政编码：100717
http://www.sciencep.com
北京中科印刷有限公司印刷
科学出版社发行　　各地新华书店经销
*
2024 年 6 月第 一 版　　开本：B5（720×1000）
2024 年 6 月第一次印刷　　印张：16 3/4
字数：320 000

定价：190.00 元
（如有印装质量问题，我社负责调换）
销售部电话 010-62136230　编辑部电话 010-62137026

前　　言

　　西部矿区是我国主要的煤炭生产基地，煤炭资源开发与利用在区域经济社会发展中具有重大战略意义。多年来，大规模地下采煤已造成大范围地表沉陷与损害、水资源流失、井下涌水溃砂、地下水位下降、植被枯死、地表荒漠化等一系列地质环境问题，使得原本十分脆弱的生态环境进一步恶化，导致矿区内适合居民安置和工程建设的选址范围不断减小，引发资源开发与环境保护之间的矛盾日益突出，制约西部矿区经济社会的可持续发展。上述问题已成为社会关注和学术界研究的重大课题。

　　西部煤炭生产基地主要分布在陕西、山西、河南、甘肃、宁夏等黄土高原区域，以及陕西、内蒙古等荒漠化风积沙覆盖区域，其地理环境复杂，人居生态环境脆弱。开采沉陷损害不仅表现为地面沉陷、设施破坏、地质灾害等不可逆的破坏形式，还反映在采动对地理、地质、生态环境的扰动损伤方面，这种损伤因开采沉陷扰动程度和本身环境条件的不同，呈现出复杂的时空演化特征。然而，长期以来开采沉陷理论与实践研究的重点，主要集中在中东部平原矿区，学术界重点关注基岩尤其是坚硬岩层对开采沉陷的控制性影响，而对于西部特有地理环境和地质采矿条件下的开采沉陷及环境损害问题研究不足。近年来，有关学者将地下采煤作为扰动因素，从现象上定性探讨了采煤对于地形因子、土壤侵蚀、土体理化特性、土地利用/覆被变化等地表主要环境因子的扰动影响，对矿区地表环境损伤问题开展了定性和静态的评估。本书作者长期从事西部矿区开采沉陷及损害监测与防治方面的研究，尤其对黄土矿区覆盖采煤沉陷中土层与基岩双层介质的耦合作用机理，以及黄土层附加变形及破坏机理进行了专门探索。

　　矿区开采引起的地表沉陷与损害问题涉及开采沉陷学、地理学、工程地质学、测绘学等多学科领域，属于典型的多学科交叉课题。由于西部矿区地表条件复杂及传统监测手段有限，目前在开采沉陷全过程、全盆地的地表变形损害监测与定量评价方面的研究尚不充分。本书通过翔实的观测资料、量化的试验结果、多学科融合的理论分析，在总结西部矿区采煤沉陷与地表损害基本特征的基础上，利用 GNSS、无人机 LiDAR、InSAR、多源遥感、重力测量等测绘技术对西部矿区地表变形和环境变化进行监测，对地下开采引起的矿区沉陷、土壤特性变化及采空区地表重力异常效应进行分析和评价，构建适用于西部矿区开采沉陷及地表损害的监测技术体系和定量评价模型，开发相应的预计评价系统，并通过工程实例展示其应用前景。

　　本书的研究成果融合了现代测绘学、开采沉陷学、土力学等多学科理论与方法，通过相关学科之间的交叉与渗透，丰富了西部矿区开采沉陷的理论与实践。

　　本书介绍的主要成果是在国家自然科学基金面上项目（项目编号：52274168，51674195）、科技部第六批中国-南非合作项目（项目编号：2012DFG71060）、陕西省自然科学基金面上项目（项目编号：2016JM5048）的资助下取得的。其中，参与本书主要内容研究及相关工作的研究生有：赵军仪（第二章），芦家欣、何柯璐、杨倩（第三章），董龙凯、黄景偲（第四章），李雯雯、谷金（第五章），李庚新、乔德京（第六章），张健（第八章）。在项目研究过程中，得到了西安科技大学夏玉成教授、余学义教授、侯恩科教授、赵兵朝教授等多位专家的指导和建议；在项目试验过程中，得到了西安科技大学朱庆伟教授、陈秋计教授、孙学阳教授、龚云副教授、刘英副教授，陕西省一八五煤田地质有限公司韦书平、李小涛，彬长矿业公司周对对、张敏等同志的帮助。在本书撰写过程中，得到了西安科技大学李朋飞教授及多位研究生的协助。在此，作者一并向他们表示诚挚的感谢。此外，书中还引用了许多学者和工程技术人员发表的文献资料，在此对各位作者表示由衷谢意。

　　由于作者水平有限，书中难免存在不足之处，恳请读者指正。

作　者

2024 年 5 月

于西安科技大学

目　　录

第一章　西部矿区采煤地表变形损害的基本特征

1.1　概　　述

1.1.1　西部矿区地表变形损害概况

西北黄土覆盖区和风积沙覆盖区是西部煤炭资源分布最广的两类典型矿区，其地理环境和地质采矿条件存在明显差别，地下采煤引起的地表沉陷损害特征也有显著差异。

1. 黄土覆盖矿区地表变形损害

西部黄土覆盖矿区地处黄土高原及其过渡地带，具有典型的黄土沟壑区地貌特征，黄土层厚度占开采深度的30%～70%，地形起伏多变，地貌破碎，垂直节理发育，地表水和地下水资源匮乏，人居生态环境脆弱[1]。多年来，地下采煤引起的地表变形损害主要表现在大面积地面沉陷或塌陷导致的建筑物和耕地破坏，引起水资源流失、地下水位下降、土壤理化性质改变、植被枯死、土地退化、山坡崩塌与滑坡等衍生灾害。以陕西黄土矿区为例，自20世纪60年代以来，铜川、蒲白、韩城、黄陵、彬长等大型矿区相继开发，累计采煤沉陷区面积达数百平方千米，并以每年4%～5%的速度持续增长。黄土矿区内的农村建筑物下压煤占可采储量的1/5以上。对于采煤区的村庄目前多采用"先搬后采"方式在非开采区进行易地重建，这就造成了新建居民区与耕地分离，带来行政管理上的困难。随着煤炭开采的不断推进，矿区内村庄搬迁选址日益困难，现已成为矿山企业亟待解决的难题。同时，由于多条高速公路、铁路及大量工矿建筑位于煤炭开采区，受黄土层特殊的地质地貌环境影响，处于保护煤柱或老采空区上方的地面设施，在受到邻近工作面开采扰动后产生持续变形，进而诱发地面开裂、山坡滑移、滑坡及路堑边坡破坏等衍生地质灾害，成为威胁矿区过境交通线和大型建筑物安全的重大隐患。随着采空区地表巨厚黄土层对于下覆基岩形成长期的荷载作用，将可能引起老采空区上覆基岩失稳导致地表破坏，对矿区环境治理与社会经济可持续发展造成潜在威胁。

2. 风积沙覆盖矿区地表沉陷与损害

西北风积沙覆盖区主要位于毛乌素沙漠与陕北黄土高原的过渡地带，是我国乃至全球最大的煤炭生产基地。以榆神府矿区为例，区域总面积 8 369km²，煤炭可采储量达 800 多亿 t。矿区地势大致从西向东、从西北向东南倾斜，地形总体表现为西北高、东南低。东部平均海拔 1 000～1 200m。东北部为窟野河、秃尾河、孤山川、清水河、黄甫川及其支沟切割破碎的黄土梁峁丘陵。北部为辽阔的风沙滩地，平均海拔 1 100～1 250m[2]。区内较大河流均发源于西部白于山地或北部风沙丘陵地区，向东南或东部奔流，注入黄河。北部沙漠草滩区地势开阔平坦，沙丘、草滩交错分布。东北部黄土丘陵沟壑区，梁峁起伏，沟壑纵横。区域生态环境十分脆弱，风积沙厚度大，水资源匮乏，土地贫瘠，地形破碎。植被覆盖度低，为 15%左右，多以沙生植被为主，降雨量少且集中，年平均降水量 400～500mm，多集中于 7～9 月，风沙较大，最大风速可达 25m/s，易形成沙尘暴，属于干旱-半干旱气候区，荒漠-半荒漠生态系统[3]。榆神府矿区煤层厚度大，赋存条件简单，埋深普遍较浅，开采强度高。近 30 年来，大批现代化矿井如大柳塔、柠条塔、红柳林、榆树湾、金鸡滩等相继建成投产，已成为全国最重要的煤炭生产基地。然而，大规模的煤炭开采使得榆神府矿区地质环境问题日显突出，因大面积地表塌陷导致水资源流失和地质灾害的现象非常严重。据初步统计，截至 2018 年，榆神府矿区采空区面积超过 800km²，地表塌陷区面积超过 1 000km²，造成的事故和灾害时有发生。例如，2005 年 11 月 16 日中午 12:00，府谷县的府榆煤矿发生采空区冒顶事故，导致地表塌陷面积 11 万 m²；同月 17 日 21:50，该矿再次发生大面积冒顶事故，引起地表山体不断下沉，井下巷道被堵塞，地表塌陷面积扩大至 26 万 m²，多处道路和房屋破坏，对矿区居民生命财产构成严重威胁。

1.1.2　地表变形监测技术进展

随着矿山开采强度的提高，所引发的地表沉陷问题日益严重，对矿区生态环境及安全生产造成了严重威胁。对矿区地表开采沉陷进行监测，在此基础上进一步研究地表沉陷规律，对于指导矿山安全生产及矿区生态环境治理大有裨益。目前，矿山开采沉陷监测中传统的布设地表移动观测线测量、近景摄影测量、全球定位系统-实时动态差分（global positioning system-real-time kinematic，GPS-RTK），不便于大范围的地表变形监测[4]。水准测量、导线测量、GPS 观测等经典方法尽管能够获取一定量的数据，精度也较理想，但具有监测周期长、监测点保护困难、工作量大、监测成本高昂等不足，特别是对于大范围采空区地面的持续变形及其长期稳定性监测很少。三维激光扫描、卫星遥感等技术的快速发展，为解决上述问题提供了新的途径。

1. 三维激光扫描技术

三维激光扫描是一种非接触主动式快速获取物体表面三维密集点云的技术，已成为高时空分辨率三维对地观测的一种主要手段。现阶段，三维激光扫描技术已被用于监测矿区开采沉陷并取得了一定的成效。Ren 等[5]说明了无人机搭载不同的传感器可广泛应用于矿区地形测量和三维建模、土地破坏评估和生态监测、土地复垦及生态修复的评估等研究，特别是在复杂采矿环境下的应用有待进一步探索。李永强等[6]、曾凯等[7]将三维激光扫描技术用于开采沉陷监测，采用人机交互的方式处理点云数据，取得较好的效果。随着扫描仪精度和有效扫描距离的不断提高，该技术在矿区沉陷监测中展现出良好的应用前景。胡大贺等[8]通过试验表明，三维激光扫描用于矿区沉陷监测的精度可达厘米级。卢遥等[9]以山西农田覆盖为主的某矿区为例，对像元大小为 1m 的数字高程模型（digital elevation model，DEM）进行高斯低通滤波，实现了 DEM 残余植被噪声去除，结果表明，机载激光雷达（light detection and ranging，LiDAR）技术能够快速获取整个矿区地表空间位置及垂直相对位置的动态变化量，有望实现中小尺度上的矿区开采沉陷监测。梁周雁等[10]将三维激光扫描应用于最大变形为厘米级的区域，通过试验说明了豪斯多夫（Hausdorff）距离的点云对点云的直接比较法提取地表变形信息的有效性。柏雯娟[11]结合三维激光扫描技术构建 DEM，研究表明，在若干代表性监测点上，监测结果与实测值的误差仅为毫米级，证明利用三维激光扫描技术可对矿区开采沉陷进行快速高精度监测。于海洋等[12]通过试验表明基于 LiDAR DEM 不确定性分析的矿区沉陷信息提取适用于大面积开采沉陷监测，能够快速确定沉陷区位置，较准确获取沉陷区的地理空间信息。Zhou 等[13]、Lian 等[14]将地面三维激光精细扫描与全站仪、GPS 的绝对位移监测优势相结合，实现了矿区采动过程中的滑坡、台阶、裂缝及高压塔倾斜等的有效监测，论证了二者结合在矿区监测应用中的广阔前景。Nguyen 等[15]通过地面三维激光扫描点云，修正优化网格表面进一步生成非均匀有理 B 样条曲面，最终拟合点集曲面结果允许确定厘米级精度的地表位移变形。

综上所述，三维激光扫描技术已成为矿区沉陷监测的有效手段，地面激光扫描精度高于机载激光扫描，但多适用于小范围的局部监测；目前该技术的应用多结合了人工判别、手动处理，实现了 LiDAR 沉陷监测的简单应用，一般监测精度均为厘米级，且仅有少数研究从 DEM 去噪、有效沉陷信息提取的角度展开，针对沉陷 DEM 去噪的有效性、误差改进研究较少。由于算法自动处理获取的沉陷 DEM 结果存在一定误差，有待进一步优化数据处理流程，减少人工判别，以提升监测的高效性和结果的精确性。

2. 雷达干涉变形监测技术

合成孔径雷达干涉（interferometric synthetic aperture radar，InSAR）技术是近几十年来发展迅速的技术，相对于传统的监测方法，其具有全天候测量、低成本、高分辨率、高覆盖度等优点，现已逐渐成为矿区地表变形监测和预计的重要工具之一。目前，InSAR 技术在矿区的应用研究主要包括两个方面：①矿区地表 InSAR 三维变形高精度监测；②基于 InSAR 的矿区地表变形预计。在矿区地表三维或三维时序变形高精度监测方面，尹宏杰等[16]将差分干涉测量短基线集时序分析技术（small baseline subset InSAR，SBAS-InSAR）用于监测湖南冷水江锡矿山地表视线方向（line of sight，LOS）变形，其他时相位 InSAR 技术，如 Stacking InSAR 和永久散射体合成孔径雷达干涉测量（permanent scatterers-InSAR，PS-InSAR）也被相继引入矿区地表 LOS 时序变形监测[17]。

但由于获取的时序变形沿着 LOS 方向，而非地表真实三维变形，因此，NG 等[18]提出利用 3 个不同平台或轨道 SAR 数据估计地表三维时序变形。但该方法对数据要求比较苛刻，所以实际应用前景有限。Li 等[19]引入开采沉陷模型，实现了基于单个 InSAR 干涉对的矿区地表三维变形预计。杨泽发等[20]将 Li 等的方法扩展到基于单个雷达成像几何学 SAR 数据的矿区地表三维时序变形监测。在基于 InSAR 的矿区地表变形预计方面，Fan 等[21]提出结合概率积分法模型和 InSAR 技术实现了矿区地表沉降预计。然而，由于该方法忽略了水平移动对 LOS 变形的贡献，且无法估计全部的概率积分法参数，所以其实际应用受到一定制约。

2006 年，Bechor 等[22]提出一种多孔径干涉测量的方法来获取沿轨道飞行方向的变形，该方法的提出为三维变形的获取提供了另一种方法。2009 年，有关学者提出一种改进的多孔径干涉测量（multi-aperture interferometry，MAI）方法，用于去除地形误差增强相干性，采用该方法能够明显增强沿轨方向变形的监测精度。随着 SAR 影像元分辨率的提高和 SAR 卫星成像带宽的增加，Pixel-tracking 方法和 MAI 方法开始广泛应用到三维变形监测领域，并取得较好的成果。2014 年，Hu 等[23]系统地总结了基于 SAR 影像获取三维变形的发展过程，针对现有的技术进行了详细分析，并提出了未来的研究方向。针对煤炭资源开采引起的矿区地表三维变形的监测，在最近几年得到了较快的发展。2014 年，祝传广等[24]利用升降轨的 ASAR 影像与 ALOS-PALSAR 影像进行联合解算，获取了矿区受煤层采动影响的三维变形场，并分析了三维变形对地表建筑物的影响。同年，李志伟等根据开采沉陷原理利用两幅 ALOS-PALSAR 影像对钱孜营煤矿进行监测，获得了开采工作面的三维变形图差分干涉图，为矿区三维变形的获取提供了新的思路。2015 年，Fan 等[25]采用差分干涉与 Pixel-tracking 方法及概率积分法预计模型相结合的手段获取了大柳塔矿区的三维变形场。2016 年，Diao 等[26]采用

D-InSAR 与概率积分法预计模型相结合的方法获取了峰峰矿区某工作面的三维地表变形。

综上所述，为了从 D-InSAR 处理的变形结果中获取地表移动参数，需要将 D-InSAR 得到的雷达视线方向的一维变形量通过空间集合关系分解成东西、南北、上下三个方向的三维变形量。如何将一维变形量分解成三维变形并且通过三维变形得到地表移动参数是获取地表移动规律的基础。获取工作面开采区域的地表移动规律，将为大型综合机械化放顶煤工作面开采的生态复垦、地面环保、建筑物保护及安保煤柱设计等提供可靠的技术依据并为矿井安全生产提供第一手开采沉陷资料。

1.1.3 地表变形损害评价简述

本书所涉及的矿区地表变形损害监测和评价主要包括地表沉陷变形、植被、土壤、裂缝、建（构）筑物、采空区稳定性等方面。学术界围绕煤矿区高强度开采引起的上述地表损害问题展开研究，取得了一定的研究成果。

1. 地表沉陷与变形预计评价模型

常规的开采沉陷预计评价模型的方法包括概率积分法、负指数函数法、典型曲线法、力学模型法等，主要是针对平地条件下单一长壁工作面基岩层开采沉陷原理建立的，难以适用于西部黄土山区和厚风积沙浅埋煤层条件下的开采沉陷预计模型[27]。一些学者将黄土山区的土层和基岩视为两种不同介质，将斜坡自重滑移变形与平地条件的开采沉陷量进行叠加建模，提出了多种开采沉陷模型，主要有从变形传递叠加角度构建的开采沉陷分层介质预计模型[28-29]，基于岩土力学和开采沉陷学理论建立的土、岩双层介质下沉空间逐层传递的开采沉陷模型[30]，加入地形变化修正参数的影响函数法改进模型[31]，考虑黄土斜坡滑移变形的沟壑区潜在滑坡模型[32]等。本书作者将黄土矿区地表沉陷分解为黄土层荷载作用下的基岩采煤沉陷及基岩面不均匀沉降导致的黄土层沉陷，建立了黄土覆盖矿区开采沉陷的双层介质模型，通过数值模拟确定了黄土层自重作用于基岩的等效荷载与开采充分程度的量化关系，导出了适合黄土矿区的概率积分法改进模型[27]，基于黄土山区采动附加变形机理模型导出了各种附加变形的预计模型。针对榆神府矿区浅埋深厚松散层切冒式塌陷盆地特征，一些学者基于顶板周期性垮落特征构建了地表非连续沉陷预计模型，利用岩体力学的拱形理论构建了地表"切冒"型塌陷模型。

地表最大下沉值直接反映开采沉陷的强度并控制着其他移动变形量，是衡量开采沉陷的主要指标。目前，针对西部矿区最大下沉量的预计主要是通过数值模拟或实测数据建立相关的经验公式,如通过数值模拟得出地质采矿因素对地表最大下沉值的影响程度,利用回归分析拟合得到地表最大下沉值与多因素的函数表达式[33-34]。这些预计模型对西部矿区沉陷的定量预计评价工作具有一定的适用性。

2. 地下采煤引起的地形因子、土壤侵蚀及理化性质变化

西部黄土高原丘陵沟壑区是世界上侵蚀产沙最严重的区域之一,大规模地下采煤引起的地表塌陷进一步改变了局部地形特征,引起地形因子变化,破坏了地表土壤结构,促进土壤淋溶侵蚀及水土流失,使得土壤环境恶化,已引起学术界的关注[35]。一些学者从地理学的土壤侵蚀角度出发,基于野外考察和采用地理信息系统(geographic information system,GIS)、遥感(remote sensing,RS)技术分析表明,黄土高原煤炭开采区的水土流失和土壤侵蚀强度与原有地貌条件下的水土流失特征之间存在密切的关系[36],开采沉陷盆地改变了原有的地形特征,影响地表径流和汇水的分布特征[37],尤其在沟谷地形下会影响到地表径流分布和区域水系环境[38]。西部矿区土壤侵蚀强度的空间分布与原有地形、植被等因子相关,也与采煤强度相关,黄土矿区开采沉陷还会引起严重的水土流失[39]。这些研究从地理学角度分析了地下采煤对黄土矿区水土流失和土壤侵蚀的影响,但很少揭示开采沉陷变形与地形因子、土壤侵蚀的量化关系。

矿区土壤侵蚀和土壤结构的破坏导致土壤理化性质恶化,在水土流失作用下,土壤的营养流失会增加,造成土地损伤[40]。目前,国内外针对矿区土壤理化性质变化的研究手段主要有三维相似材料模拟实验[41]、现场取样及室内测定[42]、遥感反演[43-44]。在开采过程中矿区土壤中水分和土壤湿度将发生变化[45-46],而且沉陷区土壤中有机质、全磷、碱解氮、全钾、pH等指标也会发生变化[47]。本书作者利用2008~2018年的Modis遥感影像反演,分析了榆神府矿区和彬长矿区表土层的湿度变化。上述研究对开采沉陷变形与土壤理化参数,尤其是土体力学参数之间的量化关系和时间效应研究尚少。

3. 开采引起的土地特征/植被覆盖变化研究

土地利用/覆被变化(land use/cover change,LUCC)模型是土地利用、土地覆盖变化及全球变化研究的主要方法,国内对煤矿区土地利用动态变化的研究比较薄弱[48]。近年来,一些学者利用遥感时序方法分析了沉陷区地物的变化趋势[49-50],利用Landsat影像提取开采区植被归一化指数(normalized difference vegetation index,NDVI),并分析了采矿因素的影响[51-52]。在东部矿区,已有学者利用无人机遥感反演模型估算玉米等的生物量[53]。

一些学者针对煤矿区生态环境破坏过程及评价方法进行了研究[54-55],并揭示

煤矿开采区地表环境破坏具有一定的自修复特征和自我修复效应[56]。近年来，本书作者及其研究团队采用多时序遥感影像监测了彬长矿区植被覆盖指数的变化。但是，现有成果对于采煤沉陷变形与土地利用/覆被变化的互馈影响机理和时序变化研究尚不充分；在利用遥感尤其是无人机低空遥感技术监测西部矿区环境变化方面，还涉及许多技术问题有待解决。

4. 沉陷区地表长期稳定性监测与评价

重力场的变化，能较好地反映地壳厚度的差异、地壳密度的变化和地下物质迁移等构造活动信息，研究采空区上方重力场的时空动态演化特征，可为进一步探讨现今的采空区发展规律提供一定的根据，重力场随时间变化与采空区中空隙、空洞的形成和发展规律有内在联系。因此，通过重力仪探测采空区地面的重力异常来反演分析上覆地层空隙的变化，对采空区的稳定性监测与评价显得十分必要。

在非充分采动或地表为湿陷性黄土层、松散沙土覆盖的条件下，沉陷区内破裂岩土中往往存在大量的空洞或空隙，在上覆岩土特别是巨厚黄土层自重作用下会发生压缩或黄土湿陷，导致沉陷区地表产生持续的残余变形[57]。有关学者通过InSAR影像处理获得老采空区地表变形数据，建立了地表残余下沉速度与地质采矿参数的经验关系式[58]。针对采空区"空洞"效应导致的重力场变化，本书作者基于布格重力理论采用数值模拟方法得到了采空区地表的重力异常分布特征，建立了采空区深度、宽度、厚度、开采边界与地表重力异常分布的关系，为利用重力变化反演煤矿采空区演变提供了一定基础[59]。但是，由于煤矿地下采空导致的地表重力场的变化量本身较小（50～300μGal），西部矿区重力场变化复杂，加上重力测量仪器本身的误差影响，重力测量数据的噪声处理是该方法用于沉陷区长期稳定性监测与评价的关键，目前研究已取得一定进展。

1.1.4　本领域研究存在的问题

综上所述，国内外在矿区地表变形监测与地表环境损害评价方面开展了大量研究，且均已取得显著成果，但仍存在以下问题。

（1）缺乏地表沉陷全过程、全盆地、高分辨率监测数据的支持和验证。现有的开采沉陷学研究主要集中在中东部平原矿区，已有成果主要依据沉陷主断面上的实测资料建立开采沉陷剖面模型并进行参数求取，难以真实、全面地反映西部矿区复杂的地理、地质条件与开采沉陷时空演变特征之间的量化关系，学术界在复杂地貌矿区地表三维沉陷动态信息的采集、精细沉陷数字高程模型构建、模型参数表达、沉陷变形指标与地形因子耦合关系等方面，缺乏系统深入的研究。近年来，本书作者及其研究团队采用购置的 SZT-R250 无人机激光扫描移动测量系统，在黄土沟壑区开展地面扫描及精细 DEM 建模的现场试验，探索适用于复杂地貌矿区采煤沉陷动态监测的新手段，为本书内容的研究奠定了基础。

（2）西部矿区自身生态环境脆弱，人居稀少，煤炭开采引起的地表损害不仅在于沉陷及其造成的不可逆的破坏性，更多地反映在沉陷所引起的地表环境损伤在时间、空间上的演变效应，尤其是采煤沉陷对于土体理化特性、土壤侵蚀与损伤、土地利用/植被覆盖、沉陷区长期稳定性等主要环境因子的损伤效应。现有成果多从地理学角度在现象上反映地下采煤对地表环境因子造成的定性的、静态的损伤，尚未通过开采沉陷全过程、全盆地、高分辨率的长时序监测和试验结果揭示西部矿区地理、地质条件-开采沉陷变形-环境因子损伤三者之间的互馈机理和量化关系。

（3）针对沉陷区地表长期稳定性问题。现有成果主要从地质力学建模分析和变形监测方面，评价采空区的地质稳定性，难以揭示沉陷区内部破碎岩土中的空洞演变特征及其带来的安全隐患，而沉陷区内空洞的运移和密度场的变化必然导致地表重力场变化，学术界普遍认为这种重力异常因量级小而难以进行测量和数据反演。本书作者通过试验进一步分析了 CG-5 重力仪测量数据的随机误差及其分布特征，为重力测量数据反演采空区空洞变化及构建采空区地表稳定性评价模型提供了新的技术途径。

本书拟通过翔实的观测资料、量化的试验结果、多学科融合的理论分析，在系统总结西部矿区采煤沉陷与地表损害基本特征的基础上，利用全球导航卫星系统（global navigation satellite system，GNSS）、无人机 LiDAR、InSAR、多源遥感、重力测量等技术对西部矿区地表变形和环境变化进行监测试验研究，探索地下开采引起的矿区植被、土壤特性及采空区重力异常变化，构建适用于西部矿区条件的开采沉陷及损害评价模型，通过工程实例展示测绘新技术在矿区开采沉陷和地理环境领域的应用前景。

1.2　西部矿区开采沉陷模式

地下煤层被采出后，覆岩原有的应力平衡状态被打破，采空区周围和上覆岩层将发生复杂的动态移动与变形，引起应力重新分布，直至达到新的平衡，这种开采引起的覆岩移动，将由下往上逐层影响传递，导致地表产生沉陷变形与破坏。开采沉陷与破坏是一个复杂的时间-空间问题，不同地质采矿条件下开采沉陷与破坏表现为不同模式，西部矿区开采沉陷基本模式可归结为四类，即"三带"型沉陷模式、"切冒"型沉陷模式、厚松散层薄基岩过渡型沉陷模式（简称"过渡"型沉陷模式）、特厚急倾斜煤层开采沉陷模式。

1.2.1　"三带"型沉陷模式

在正常开采条件下，开采影响区覆岩由下向上大致可分为三个不同的开采影响带，即冒落带、裂缝带（或称断裂带）和弯曲带，通称为"三带"。这是常规开采条件下采动覆岩变形破坏的一般特征。采动覆岩的冒落裂隙带高度主要取决于覆岩的岩性、开采高度、顶板管理方法及开采方法等因素。当基岩厚度较大以及开采厚度较小时，在"裂隙带"上方直至地表仍存在一部分岩层及松散层呈整体移动，形成弯曲下沉带，地表出现连续变形。

现有的开采沉陷理论和实践表明，当基岩厚度 H 与开采厚度 m 之比 $H/m \geqslant 40$ 时，一般存在典型的"三带"特征。若覆岩存在"三带"特征，通常表明地表变形为连续移动变形；反之，若地表出现连续移动变形，则覆岩存在着"三带"特征。在铜川等厚黄土层覆盖的矿区开采条件下，采深一般在 200m 以上，基岩厚度在 100m 以上，开采厚度一般小于 2.5m。在黄陵、彬长等矿区的大采深、厚松散层覆盖条件下，基岩厚度在 300m 以上，开采厚度一般在 5~6m，基岩厚度与开采厚度之比一般大于 40 倍以上，覆岩中可形成比较明显的"三带"特征，地表移动通常表现为较平缓的沉陷盆地。只有在地质构造或地貌等因素影响下，才会产生局部地表裂缝和台阶。因此，在上述的厚黄土层覆盖区，地表变形可视为连续且能近似用数学模型来描述其变形分布特征。

在黄土覆盖矿区大采深、综放工作面开采条件下，地表移动变形经历极不充分采动到非充分采动，再到充分采动三个阶段，会逐步引起采空区上覆岩层产生移动、变形、离层、断裂等特征，造成地表下沉，导致不同程度的地表沉陷损害。以陈家沟煤矿八采区 8512 及 8513 综放工作面地表移动观测数据为基础，研究了大采深多工作面开采条件下地表移动变形规律，其结论为：在开采一个工作面时，地表处于极不充分采动，大采深极不充分采动地表移动变形一般较小，地表损害一般在Ⅰ级以内，开采后地表建筑物能够安全使用；开采两个工作面时，地表处于非充分采动，地表水平移动范围比常规开采条件下范围要大，且水平移动范围一般比下沉范围大；预计在第四个工作面开采后地表达到充分采动；地表处于极不充分采动时，下沉系数为充分采动的 30%，非充分采动时，下沉系数为充分采动条件下的 60%；地表达到充分采动时，最大下沉值处于采空区中央上方，从盆地中心至边缘下沉值逐渐减小趋近于 0；拐点处的水平变形值与曲率值均为 0；预计地表达到稳态时，最大下沉量为 5 003mm，地表移动变形也将达到Ⅳ级损害以上。

1.2.2　"切冒"型沉陷模式

在上覆基岩中，若干较坚硬的厚岩层往往是控制采场支承压力和岩层与地表移动的"关键层"（或称为"控制层"）。关键层的位置可根据岩层控制的关键层理论，利用其刚度条件和强度条件式进行判别。各关键层中破断距最大者即为主关键层，当主关键层处于下部的冒落带时，主关键层的周期性断裂垮落直接造成其上的各个亚关键层失去支撑而断裂下沉。当基岩厚度 H 与开采厚度 m 之比 $H/m \leqslant 40$ 时，全部基岩都处于冒落断裂带内，整个基岩层将随着主关键层的垮落而产生周期性的全厚切落式断裂下沉。同时，地表松散层将随基岩的切落式断裂而同步产生地堑式塌陷。在此模式下，覆岩不存在典型的"三带"特征，而往往发生"切冒"，即地表沉陷以突然形成的不规则塌陷坑为主。

实际资料表明，在榆神府矿区一些薄基岩下浅埋煤层综放开采条件下，由于基岩厚度很小，煤层开采后覆岩在开切眼和工作面前方出现切落，直接发展到地表，地表出现大的裂缝，随着工作面的不断向前推进，在采空区一侧的水平移动和地表下沉也会逐渐增加，从而在地表形成台阶，出现塌陷坑。在这种条件下，地表移动范围和动态下沉过程与顶板周期来压步距及发生时间有直接关系，老顶岩层的周期性断裂可迅速影响到地面，使地表产生下沉及台阶状塌陷。例如，神府大柳塔 1203 综采工作面采深 60m，基岩厚度 25m，其中两层砂岩被判别为关键层，主关键层为厚度 2.2m 的粉砂岩，位于亚关键层下面，距煤层顶板不足 5m，处于采煤冒落带内。当工作面推进至 23m 时，顶板初次来压，主关键层破断，发生切落式冒顶，次日地表形成塌陷坑，深 6～7m。随着采空区扩大，地表形成大范围的不规则地堑式塌陷盆地。

1.2.3　"过渡"型沉陷模式

当煤层上覆基岩厚度 H 与开采厚度 m 之比 $H/m \leqslant 40$，且上部为厚松散层覆盖时，若基岩强度较低，且覆岩中不存在关键层，则在煤层开采后，由于上覆松散层抗拉伸变形能力较小，随着工作面的推进，在工作面前方将会出现拉伸裂缝，局部出现台阶状下沉等，地表变形在局部表现为非连续变形。

若在基岩中存在关键层，则应视关键控制层位置及其特性来确定覆岩是存在"三带"特征还是"切冒"型特征。当关键层处在基岩上部的裂隙带，其下部岩层厚度达到一定程度时，由于岩石具有碎胀性，冒落的岩石能够充填关键层下部空间，使关键层不发生破坏或者即使发生破断但并未失去连续性，则覆岩仍然表现为"三带"特征；当关键层处在开采煤层的直接冒落带时，关键层将随着工作面的推进出现断裂垮落，有可能表现为"切冒"特征，导致地表塌陷。

在榆神府矿区、黄陵矿区、彬长矿区的许多工作面开采覆岩变形都具有这种"过渡"型特征，地表沉陷介于连续平缓移动盆地和"切冒"型塌陷坑两者之间。这种"过渡"形态在地表显现为：地表移动盆地内出现台阶状裂缝，尤其在采空区边界上方附近地表台阶状错裂破坏非常严重，采空区以外地表沉陷变形急剧缩小，地表移动盆地十分"陡峭"，盆地中央较平缓且发育裂缝，但趋于闭合。

近年来，大采高一次采全高综合机械化采煤法已在榆神府等矿区大量应用，该开采工艺具有产量高、回采率高、安全性好等优点，现已成为我国厚煤层开采的重要方法。然而，大采高一次采全高工作面地表沉陷变形规律与一般综放开采有较大差异，使得地表沉陷变形更加剧烈，变形集中，地表下沉系数偏大，水平移动系数、拐点偏移系数偏小，地表下沉速度快，地表裂缝更为发育，地表沉降活跃期短，但累计下沉量占总沉降量的比重高，沉陷过程在空间上和时间上更加集中，对地面破坏更为显著。

1.2.4 特厚急倾斜煤层开采沉陷模式

西部矿区特厚急倾斜矿井主要分布在窑街矿区、华亭矿区、靖远矿区等，有的井田煤层厚度达 100m。急倾斜煤层的开采对覆岩及地表的破坏程度比一般开采条件更严重。目前对于急倾斜煤层开采条件下岩移机理的认识还处于探索阶段，尤其是对特厚急倾斜煤层及水平分层开采方法所引起的地表沉陷问题研究不足。有关学者以甘肃窑街三矿特厚急倾斜煤层开采条件为原型，采用相似材料模型试验法研究了水平分层开采时的岩层移动、垮落的基本形式，以及在浅部与深部条件下，岩层结构对覆岩移动的不同影响模式，揭示了特厚急倾斜煤层水平分层开采时岩层变形破坏的特征和机理。研究表明，特厚急倾斜煤层水平分层开采的岩层移动，可分为浅部和深部两个阶段，浅部开采覆岩为应力拱结构、深部为铰接岩梁结构，可控制覆岩移动破坏。从岩层移动模式来看，采动影响区岩体呈现以沿底板滑移为主的松散岩块区，以及既沿层向滑移也沿法向向采空区移动的层状岩体区的分区沉陷特征。从覆岩支撑方式来看，浅部开采阶段在煤岩体内形成一端位于采空区下方煤岩体，一端位于采空区上方煤岩体的应力拱结构，从而抑制了上覆煤岩体向采空区的垮落和移动；随以下各分层的开采，应力拱的下拱脚向下部煤岩体转移，上拱脚逐步向上发展，应力拱发育至地表时，拱顶失稳，拱结构消失。此时，岩层结构转变为一端位于采空区下部煤岩体，一端位于采空区垮落岩体上的铰接岩梁结构。岩层移动在松散体区中向下滑落，顶板侧成层区既沿法向弯曲、垮落，也沿层理面向下滑移，底板侧主要沿底板以剪切滑移为主。因老采空区岩体沿倾向垮落，而顶板岩体沿岩层法向偏下山移动，两者传播方向的差别，揭示出急倾斜煤层分层开采岩层移动方向的非一致性。地表移动盆地形态随开采阶段的不同而发生变化，浅部开采阶段为非对称性的瓢形盆地，随着开采深度的增加，非对称性逐渐减弱，且顶板侧水平移动大于底板侧水平移动。关于急倾斜煤层开采沉陷问题本书不做研究。

1.3 黄土覆盖矿区地表变形与破坏特征

西部黄土覆盖矿区地形起伏多变,地质地貌复杂,属于自然地质灾害易发区。在地下采煤作用下,不仅产生大面积的地表沉陷或塌陷,导致水资源流失、地下水位下降、植被枯死、地表荒漠化加剧,还可能诱发山体滑移与滑坡。黄土矿区地表移动与破坏具有特殊性。

1.3.1 地表移动与破坏的主要形式

1. 地表沉陷盆地及其下沉分布类型

地表沉陷盆地变形是煤层开采影响地面的主要表现形式。在厚黄土层矿区开采条件下,地表移动变形可划分为连续变形、裂缝与台阶。实测资料分析表明,地表移动盆地内的变形破坏特征取决于下沉盆地的纵向与横向发育程度。由于地表最大下沉值 W_0 控制了地表移动盆地在垂直方向上的移动强度,而地表最大下沉值至移动边界的距离(称为移动半盆地长度 L),则直接反映了移动盆地在横向上的发育程度,因而其比值 K_0($K_0 = W_0 / L$)可近似地描述地表下沉盆地的"平缓"程度。这里将 K_0 称为下沉分布特征参数。黄土矿区部分工作面地表下沉分布特征参数见表1.1。

表 1.1 黄土矿区部分工作面地表下沉分布特征参数

观测站名称	采深 H_0/m	下沉值 W_0/mm	倾向		走向	
			L_1/m	W_0/L_1	L_3/m	W_0/L_3
Y905	181.8	1 326	175	7.58	198	6.69
W291	455	1 262	338	3.73	526	2.40
D508	180	1 645	196	8.39	209	7.87
S262	284	451	186	2.42	209	2.16
L2157	314	780	150	5.20	285	2.74
S204	79	5 620	105	53.5	110	51.1
H102	135	700	183	3.83		
H103	134	567	223	2.54		

注:L_1、L_3 分别为工作面沿倾向、走向的长度(单位为 m)。

对比实际资料分析,地表下沉分布越平缓时,其值 K_0 越小;反之则越大。因此,可根据 K_0 的大小将各地表下沉分布类型分为以下三种。

第 I 种类型:$K_0 < 4.0$。包括最大下沉值很小的弯曲型下沉盆地,以及下沉量较大但移动盆地范围很大、整体移动变形很平缓、最大变形值较小的地表下沉

盆地。如表 1.1 中 H102 观测和 H103 观测站即可划为此类型。实测资料表明，随着采深的增加，地表下沉分布曲线趋于平缓，尤其对于 $H_0 > 350\text{m}$ 的深部开采，地表下沉盆地显著变缓，移动范围增大，各种变形值减小，地表破坏程度明显降低，如 W291 观测站即是如此。

第 II 种类型：$4.0 \leqslant K_0 \leqslant 7.0$。地表为断裂型下沉，且为常规开采深度，符合地表移动变形一般规律的情形。

第 III 种类型：$K_0 > 7.0$。地表为断裂型下沉，最大下沉量较大而移动盆地范围较小，地表变形值大并产生明显的台阶状下沉，使地表破坏程度加大，尤其是下沉曲线在采空区边界上方附近"陡峭"。如表 1.1 中 Y905、D508 和 S204 工作面开采可视为此类型，其中 S204 工作面采深不足 100m，K_0 值超过 50，地表破坏程度最剧烈。

2. 地表裂缝与台阶

由以上分析可知，地表下沉分布特征参数越大，表明地表裂缝和台阶状破坏越剧烈。在厚松散层覆盖的矿区，采动地表裂缝在采空区上方移动盆地中央时多为闭合型裂缝，在盆地边缘处多为张开型裂缝。

闭合裂缝随工作面的推进按一定步距在工作面前方地表产生和发展。其发展过程由地表动态水平变形控制，在推进工作面前方的地表动态拉伸变形带，地表开始产生小的裂缝并逐步增大，当工作面推过该裂缝后，地表动态变形转化为水平压缩变形，使裂缝变小甚至闭合。

闭合裂缝形状一般呈"C"形分布，在边缘段分叉发育，具有高度的分形特性。裂缝的发育宽度、闭合程度及发育深度与开采强度、深度及覆岩特性有关，地表裂缝有时可能与采空区断裂带连通。例如，Y905 地表观测站裂缝首先产生于开切眼上方，地表移动进入活跃期后，开切眼上方裂缝与上下顺槽裂缝连通，构成井上下连续的宽度为 30~60mm、落差为 30~100mm 的贯通裂缝，随着采空区的不断扩大，地表移动速度加大，地表裂缝沿煤层走向方向伸展，宽度达 200mm、落差达 400mm。D508 观测站由于采厚大与采深小的特点，K_0 值较大，地表变形剧烈。地表移动主要表现为台阶状逐段断裂坍塌，各段间距 30~60m 不等，断裂坍塌形成的裂缝较宽且深，最大裂宽达 400mm、落差达 1 900mm。

张口裂缝一般在切眼外侧的地表拉伸变形区首先形成。随着工作面的推进，裂缝在工作面外侧平行于上下顺槽向前延展。回采结束后，在采空区外围地表拉伸变形区形成椭圆形张口裂缝带。其出现的范围可由裂缝角确定。实际资料分析表明，张口裂缝的大小取决于开采强度、采深及土深比。裂缝步距大小与采深、覆岩强度和老顶周期来压步距三者之值成正比。但是，若采动区内有发育完整的活动断层时，很可能在断层露头处产生开裂和沿断层面的开裂和滑移。

实测资料发现，位于采空区外侧的张口裂缝发育主要呈现以下特征。

（1）采动程度较大的综采工作面地表裂缝较多且较大，如大柳塔矿和王石凹矿等综采工作面开采后，地表裂缝遍及采空区地表的各个区域，且裂缝落差、裂宽均较大。

（2）采深小于 200m 的单工作面采后地表出现张口裂缝；地形复杂的山区，地表裂缝更为发育。

（3）采深大于 200m 的对拉工作面及常规布置（面间煤柱 10～30m）的多工作面采后，在煤柱上方地表易出现裂缝。

应该指出的是，受地表采动裂缝的影响，地表移动往往不均匀、不连续而以断块形式运动，这给跨越裂缝的建筑物造成特别大的损害。

3. 采动地表滑移与山体滑坡

厚黄土山区地貌地质条件较复杂，地下开采引起的地面破坏不局限于常规的开采沉陷与变形，在一定的条件下开采还会引起表土层滑移和山体滑坡。

开采沉陷诱发的山体滑坡可称为采动滑坡。实践证明，采动滑坡的发生与地形地貌的关系极为密切。由于矿区地貌支离破碎、沟壑纵横，具备滑坡产生的地形条件，开采诱发的山体滑坡时有发生，是铜川、韩城等矿区开采引起的主要灾害之一。在建筑下采煤时，应首先评价开采沉陷能否引起山体滑坡的问题。

由开采沉陷诱发的表土层滑移和采动滑坡，其共同特征是均指向山体下坡方向移动，造成地表移动范围增大，变形规律复杂。但从成因上分析，滑移是表土层受不均匀应力作用产生的塑性变形，一般滑移影响大小和边界受裂缝分布位置和开采影响所控制；表土层滑移在时间和空间上与采空区存在对应关系，与开采沉陷同时发生，相互叠加。表土层滑移伴随在正常的开采沉陷变形之中，其大小一般按叠加原理由实际移动量去除常规开采移动预计值而反演得到。在进行地表移动预计和保护煤柱设计时必须根据地形坡度和坡向来估计滑移量或适当减小相应的参数值。

采动滑坡则是斜坡某部分岩土体沿滑床面以相对滑动的形式向较低水准面的整体性位移，滑坡范围一般与采空区位置有一定的关系，但主要取决于地形地质条件的控制作用。从成因上分析，开采沉陷诱发山体滑坡的机理可归结为以下几点。

（1）地下开采改变了覆岩和地表斜坡原始应力平衡状态。开采沉陷使坡体失去下卧支撑，黄土梁端部"V"形深切沟谷边坡在重力作用下形成滑坡。滑坡多见于陈家河流域山势陡险的黄土梁端头，该区域采深较小，采动程度较大，开采对山体的扰动大，加上具备滑坡临空面的山区地形条件，从而导致了采动滑坡的发生。

（2）岩体移动变形促使滑动面的生成及古滑坡体的复活。由于采动岩体产生垂直方向的拉伸和压缩变形，处于竖向拉压变形带的软弱夹层或古滑坡面因强度低而首先产生破坏。同时，由于地下采煤是一个动态过程，采动区内任一点都经历着复杂的"拉伸-挤压"交替出现的动态变形，当超过软弱地带岩层的力学强度时必将导致古滑坡面复活或新滑移面的生成。

（3）开采裂缝的形成加速了山体滑坡的进程。裂缝使岩层（或黄土层）开裂而失去连续性，受切割的块体整体强度降低，特别是裂缝加剧了地表水的渗透，极大地降低了山体斜坡的稳定性。在铜川矿区，许多出现在采空区边界的永久性裂缝破坏了黄土边坡的连续性，往往成为滑坡后缘切面。例如，铜川望西滑坡、周家沟滑坡的成因主要为：地下采煤工作面垂直于山梁推进，使地表顺梁产生了较大的裂缝，形成了滑坡后缘切面，在雨水的侵入催滑作用下，导致了滑坡的发生。

采动滑坡发生的时间与规模虽然与地下开采有一定的关系，但主要取决于其他诱发因素的影响，这些因素的影响往往具有突发性。从波及影响范围和破坏程度上看，采动滑坡的危害性往往大于开采沉陷和表土层滑移。采动滑坡的定量预测十分复杂和困难，现有的开采沉陷理论难以解决。目前只能在地质调查基础上，对可能的滑坡体进行专门的地质稳定性评价和监测，并采取滑坡整治或其他保护措施。

1.3.2　地表动态移动变形的基本特征

根据铜川等矿区地表移动实测资料分析，在具有常规"三带"型沉陷模式的开采条件下，地表最大下沉点的下沉速度、移动活跃期等，与开采深度和松散层厚度及开采条件等直接相关。表 1.2 为黄土矿区四个观测站地表动态移动特征参数，其移动活跃期定义为下沉速度>1.67mm/d 的时间段。

表 1.2　黄土矿区四个观测站地表动态移动特征参数

观测站名称	最大下沉值/mm	采深/m	土层厚/m	岩层厚/m	推进速度/(m/d)	最大下沉速度/(mm/d)	初始期 天数	初始期 累计下沉/%	活跃期 天数	活跃期 累计下沉/%	衰退期 天数	衰退期 累计下沉/%	移动总天数
Y905	1 326	182	110	72	0.7	13	81	3	176	91	168	6	425
W291	1 262	455	60	395	0.8	2	150	15	190	32	785	53	1 125
D508	1 645	180	103	77	3	43	40	1.8	105	95.6	105	2.6	250
W2502	1 505	442	37	405	4.5	22	0	0	120	90.3	330	9.7	450

综合分析表 1.2 中的对比数据表明，厚松散层矿区地表动态移动变形具有如下特征。

1. 地表最大下沉点的下沉速度

下沉速度（V_0）是反映地表动态变形程度的重要定量指标。它与采深、土岩比、覆岩综合普氏硬度及推进速度有关。在采深、土岩比、覆岩综合普氏硬度大体相同的情况下，地表下沉速度与工作面推进速度之间表现为正相关关系；在工作面推进速度基本相同的情况下，地表下沉速度与采深负相关，与土岩比正相关，与覆岩综合普氏硬度负相关。表 1.2 中 W291 观测站的 V_0 值最小，D508 观测站的 V_0 值最大。

2. 活跃期持续时间及其下沉量

厚黄土覆盖区地表移动与变形具有发展快、稳定快、活跃期短的基本特征。活跃期间的下沉量大，多数占到总下沉量的 90% 以上。一般来说，活跃期持续时间与最大下沉速度负相关；活跃期的地表下沉量与最大下沉速度正相关。

3. 移动过程总时间

地表移动变形的总时间与地表最大下沉速度负相关，如 W291 观测站的最大下沉速度最小，因而其总移动时间长达 3 年；由于该观测站移动变形平均速度缓慢，因而破坏性小。

4. 综合分析

采深是影响地表动态变形的主要因素。当采深较小时，开采影响传播到地表较快，地表下沉变化连续性差，最大下沉速度快，活跃期短，累计下沉量反而更大，地表移动总时间缩短，如榆神府矿区多数工作面开采均具有上述特征。当采深大时，地表移动启动较慢，下沉曲线平缓连续，下沉速度小，且变化也小，活跃期短或无活跃期，如 W291 观测站采深 455m，地表下沉速度较小，在 0～2.0mm/d。

开采速度与厚度对地表下沉速度及持续时间有重要影响。开采速度与厚度越大，最大下沉速度越大，活跃期越短而累计下沉量越大，移动总时间相应缩短，如 W291 观测站与 W2502 观测站采深类似，但由于 W2502 工作面的推进速度和采厚都明显大于 W291 观测站，因而 W291 观测站几乎无活跃期（68% 的下沉量在初始、衰退期完成），衰退期长达两年以上，而 W2502 观测站活跃期下沉量达 90%，衰退期仅有 6 个月。

松散层厚度是影响地表动态移动规律的重要因素。由于土层强度远小于基岩，断裂离层发展速度比岩层迅速。从表 1.2 中可见，随着土岩比的增加，地表下沉速度有增大的趋势，移动持续时间缩短，即土层越厚，活跃期内地表的移动变形越激烈。

1.3.3　地表移动稳定后的角量参数

地表移动角量参数是描述开采沉陷规律的重要指标，也是设计工程保护煤柱的基本参数。铜川黄土矿区 7 个观测站实测求得的地表移动稳定后的最大下沉角、综合移动角、边界角等角量参数见表 1.3。

表 1.3　黄土矿区实测地表移动稳定后的角量参数

观测站序号	观测站名称	土深比 $H_\pm/H_0$	最大下沉角 θ / (°)	走向移动角 δ / (°)	下山移动角 β / (°)	上山移动角 γ / (°)	走向边界角 δ_0 / (°)	下山边界角 β_0 / (°)	上山边界角 γ_0 / (°)
1	Y905	0.605	84	77.5		73.1	67.9	65.8	
2	W291	0.132	89		68		62		
3	D508	0.572	84	75	77.5	49	73	54.5	47
4	S262	0.285		85		86.2	66.6		68.3
5	L2157	0.08		80.9		81.1	65.1		76.5
6	L2405	0.058		75.5			68		
7	W2502	0.084			81		70	66	66

地表移动稳定后的角量参数除了与覆岩（土）性质及土深比有关外，还与地貌特征及采深等因素密切相关。上述所涉及的观测站地表为厚黄土层覆盖，地形起伏较大，地貌复杂且多为黄土台塬，黄土层垂直节理发育，具有较强的湿陷性。这种特殊的地表结构将使观测点的移动量出现异常，实测结果未必能反映地表移动的真实规律，如 Y905 观测站上山移动盆地边界附近为一大沟谷陡坡，由于坡向与采动地表拉伸位移方向相反，上山方向边界角增大 10° 以上。

地形坡度较大导致的表土层采动滑移现象在厚松散层矿区普遍存在。表土层向下坡的滑移与正常开采移动的叠加影响，不仅使地表下沉和水平移动量增大，也造成地表移动参数出现异常，如 D508 观测站下沉盆地中央的山体在裂缝的切割作用下产生局部滑移，使移动角和边界角参数偏离正常值。

地质构造（尤其是断层）及采动过程形成的裂缝对地表移动具有切割控制作用。当其位于正常移动盆地以外时，会使移动范围增大，导致移动角和边界角减小；位于正常移动盆地边界内时，可切断地表移动向外传递导致移动角增大。

开采深度对地表移动盆地范围及其破坏程度具有较大的影响。随着采深的增加，地表移动范围增大，变形值减小，移动盆地更平缓，如 W291 观测站采深大于 450m,实测得到的地表移动范围远大于其他小采深的观测站,地表破坏性变小,移动角和边界角值偏小。

因此,在厚黄土层覆盖的矿区,由于影响地表移动角量参数值的因素较多且具有不确定性,在实际工程应用中需加入一定的调整量。在进行新的观测站设计及保护煤柱留设时,应考虑移动角的不确定性误差,适当减小角值。这里以基岩和表土移动角的解算中误差的 2 倍作为改正值。同时,由于表土层移动角受地形影响很大,当地形坡向与移动盆地倾向基本相同时,按表 1.4 列出的数值对土层移动角给予修正。当地形坡向与移动盆地倾向相反时,可采用平地土层移动角。

表 1.4　黄土矿区地表移动角的取值

地表移动角	参数取值			
地形坡度/（°）	0～10	10～20	20～30	>30
土层移动角 φ_1 /（°）	60	60～56	56～48	<48
走向基岩移动角 δ_2 /（°）		75		
下山基岩移动角 β_2 /（°）		65		
上山基岩移动角 γ_2 /（°）		76		

1.4　榆神风积沙覆盖矿区地表移动与破坏特征

1.4.1　地表塌陷与破坏形式

榆神府矿区采煤引起的地面塌陷按其形态特征可划分为地表塌陷盆地、切冒型塌陷坑、塌陷槽、裂缝等形式,以地表沉陷盆地和"切冒"型塌陷坑为主。

1. 地表塌陷盆地

在开采深厚比较小的工作面时,地表常出现一种切落式塌陷盆地,其范围一般大于采空区边界。在地形较平坦矿区,塌陷盆地中央总体上呈现平底形式,沿工作面周边因塌陷而形成缓坡形态。塌陷深度一般在 1～5m,如神东大柳塔矿 1209 工作面地面塌陷深度达 2.9m,呈长条形塌陷盆地形态。

2. 切冒型塌陷坑

在开采薄基岩浅埋煤层时,地表有时会出现倒锥形漏斗和椭圆形塌陷坑。倒锥形漏斗一般呈上大下小的圆形或椭圆形塌陷坑,地面直径为 10 多米至几十米,深度为几十厘米至 10 多米,如神东大柳塔煤矿 1203 工作面地表松散层中出现的倒锥形漏斗。椭圆形塌陷坑地面直径一般为几十米至几百米,深度为几十厘米至 10 多米,坑壁近直立。

3. 塌陷槽

在开采薄基岩煤层时,地表有时会出现塌陷槽形。这种塌陷槽类似于地堑,其两侧为松散层裂缝,中间下陷。塌陷槽宽 1m 至几十米,下陷深度一般为 10 多厘米至几米,如府谷县府榆煤矿采空区地面塌陷区内,在黄土松散层中发育多处塌陷槽。

4. 裂缝

裂缝是榆神府风积沙矿区地面塌陷的常见形式。塌陷裂缝一般长几米至几百米,宽几厘米至几十厘米。根据裂缝两侧的错落特点又可进一步区分为正台阶状裂缝、负台阶状裂缝及无明显错落裂缝三种。正台阶状裂缝倾向与坡向一致,负台阶状裂缝台阶倾向与坡向相反,裂缝大体平行排列,台阶高度一般为几厘米至 1m 左右。在地形较平坦地区,工作面中部正台阶状裂缝的台阶倾向与工作面前进方向大多相反;工作面两侧巷道附近裂缝多呈斜列台阶式展布,台阶倾向工作面;工作面两侧巷道外侧较远处,则发育平行于工作面两侧巷道的台阶式裂缝,台阶倾向工作面,如神东补连塔煤矿 32203、32204 工作面开采后地表就出现了这种台阶式裂缝。在地形切割较强烈的斜坡地带,既有正台阶状裂缝,也有负台阶状裂缝,如府谷县府榆煤矿采空区地面塌陷区松散层斜坡地带发育有负台阶状裂缝、阶状裂缝。除此之外,还有部分区域的拉伸裂缝两侧未发生相对错动,裂缝的宽度最大达 1m 多。在风积沙矿区部分采动裂缝会随时间而闭合消失。

1.4.2 塌陷区地表动态移动参数

针对榆神府矿区常规的地表塌陷盆地特征,根据金鸡滩矿 101 工作面、薛庙滩煤矿 301 工作面、榆树湾煤矿首采工作面的地表移动观测资料,获得塌陷区地表动态移动特征参数。

1. 地表移动启动距

随着回采工作面的推进,采空区尺寸逐渐增大,上覆岩层的破坏影响将波及地表。地表移动启动距定义为地表开始产生下沉时,所对应的工作面推进距离。按照上述三个观测站实测资料确定的地表动态移动参数如表 1.5 所示。

表 1.5 榆神府矿区实测地表动态移动参数

工作面	采深/ m	启动距/ m	超前影响角/ (°)	最大下沉速度滞后角/ (°)	移动持续总时间/d		
					初始期	活跃期	衰退期
金鸡滩 101 工作面	246	105	56	57	7	24	225
薛庙滩 301 工作面	175	59	57.2	63.2	9	54	144
榆树湾首采工作面	230	74	51.5	66.5	8	41	190

2. 地表下沉超前影响角

回采工作面推进距离超过启动距后,地表前方的点逐渐开始下沉,这种现象为超前影响。工作面前方开始移动的点与该时刻的工作面推进边界的连线,与水平线在煤柱一侧的夹角称为超前影响角,该角度参数的大小与采深相关。根据实测资料确定的三个工作面地表下沉超前影响角如表 1.5 所示。

3. 地表最大下沉速度滞后角

回采工作面推进过程中,采空区上方地表点的下沉速度取决于该点与采空区的相对位置关系。在接近充分采空的情况下,地表沉陷盆地中下沉速度最大的点,与该时刻工作面推进边界的连线,与水平线在采空区一侧的夹角称为最大下沉速度滞后角。根据实测资料确定的三个工作面地表最大下沉速度滞后角如表 1.5 所示。

4. 地表移动持续总时间

根据实测资料确定的三个工作面地表移动三个阶段的移动持续总时间如表 1.5 所示。

相对于黄土覆盖矿区而言,榆神府风积沙覆盖矿区的地表移动活跃阶段的持续时间更短,移动速度和变形剧烈程度更大。上述三个近水平煤层工作面开采宽度大(平均 280m),推进速度快(平均 10m/d),开采厚度大(平均 5.5m),采深较小(平均 220m),深厚比平均只有 40 倍,而地表松散沙层较厚(平均 70m),这些特征导致开采影响向上传播速度很快,地表下沉和移动速度大且变形剧烈,绝大部分的下沉量在很短的活跃阶段内基本完成。

1.4.3 塌陷区地表稳定后的移动参数

根据三个典型工作面地表移动观测站实测资料,确定地表移动稳定后的角量参数,包括沿走向和倾向主断面的边界角、移动角、裂缝角、最大下沉角和充分采动角,结果如表 1.6 所示。

表1.6 榆神府矿区实测地表稳定后的角量参数

走向主断面					
工作面	边界角/(°)	移动角/(°)	裂缝角/(°)	最大下沉角/(°)	充分采动角/(°)
金鸡滩101工作面	56	73	79	—	61
薛庙滩301工作面	51	77	86	—	65
榆树湾首采工作面	50	71	77	—	60
倾向主断面					
工作面	边界角/(°)	移动角/(°)	裂缝角/(°)	最大下沉角/(°)	充分采动角/(°)
金鸡滩101工作面	55	74	79	90	—
薛庙滩301工作面	53	76	84	87	—
榆树湾首采工作面	51	71	78	89	—

与铜川黄土覆盖矿区对比发现,榆神府风积沙覆盖矿区采煤工作面宽度和采厚更大,采深更小,地表塌陷达到充分程度,地表移动变形量更大。地表移动稳定后的边界角及移动角参数更小,走向和倾向上各受地形起伏、松散层厚度和煤层倾角的影响更小,参数值更为稳定,具有较好的规律性。

1.4.4 采煤塌陷引起的地表环境变化

生态脆弱、开采强度大的榆神府煤炭基地是西部矿区的代表性区域,大规模开采沉陷导致地表植被及土壤环境发生了变化。

1. 植被覆盖变化

从植被变化来看,该区域采煤塌陷后植被群落的动态演替规律及其驱动因子比较薄弱,采矿活动对矿区植被影响比较明显[60]。开采引起的矿区植被变化大致分为三个阶段。①植被衰退期。此阶段塌陷区生态因子虽受到塌陷干扰但并未完全恶化,植物群落仅处于生物量减少和覆盖度降低等退化状态。②植被恶化期。该阶段植被和生态因子处于共损状态,植物群落生产力降低,多样性减小。③植被恢复期。此阶段随着塌陷土壤生态系统的稳定,植物群落物种逐渐恢复,植被指标有向未沉陷样地生态系统接近的趋势,但整体上植物生长状况仍未达到塌陷前的水平。榆神府矿区植物生长型构型以一年生、二年生和多年生草本为主,乔木-灌木植物较少,植被恢复过程中,广幅种和小灌木是人工植被恢复的优选乡土物种,如黑沙蒿-赖草和紫花苜蓿始终是该区域的优势建群物种,该类植物对立地条件要求低,群落较稳定,并对采煤塌陷地生态环境有较强的适应能力[61]。

2. 塌陷区土壤理化性质变化

大量的地表采动裂缝造成地表土地结构破坏，土壤物、化、生等性质发生劣化，其中以土壤水分最敏感，土壤水分在西北生态脆弱区具有维系地表植被、保持水土的重要生态功能。相关研究表明，台阶式地裂缝近距土壤在不同深度的含水率介于7%～13%，垂向上总体表现为土壤含水率随着深度的增加而增加，且存在先提高后降低的两段式变化特点，可能是土壤开裂、水分蒸发强度增大所致。无裂缝区土壤含水率垂向上总体表现为随着深度的增加，土壤含水率呈现先降低后提高的两段式变化规律。台阶式地裂缝近距土壤在除了表层以外的各个深度的含水率均高于无裂缝区土壤，且台阶式地裂缝对0～20cm土壤水分的干扰强烈[62]。此外，塌陷震动导致研究区风沙土结构松散，使得采煤塌陷初期表层土壤硬度、体积质量显著减小，而土壤孔隙度增加，同时大于1.00mm的石砾和0.05mm以下的土壤粉粒，以及黏粒含量相对降低；塌陷区地表土壤物理性质一定年限后逐渐恢复，土壤硬度和体积质量增加而土壤孔隙度减小，土壤颗粒有细化现象，但这一演化过程十分复杂，还有待进一步深入研究[63]。

参 考 文 献

[1] TANG F Q, LU J X, LI P F. A prediction model for mining subsidence in loess-covered mountainous areas of western China[J]. Current Science, 2019, 116(12): 2036-2043.

[2] 王双明, 范立民, 黄庆享, 等. 榆神矿区煤水地质条件及保水开采[J]. 西安科技大学学报, 2010, 30(1): 1-6.

[3] 侯恩科, 车晓阳, 冯洁, 等. 榆神府矿区含水层富水特征及保水采煤途径[J]. 煤炭学报, 2019, 44(3): 813-820.

[4] 汪云甲. 矿区生态扰动监测研究进展与展望[J]. 测绘学报, 2017, 46(10): 507-518.

[5] REN H, ZHAO Y L, XIAO W, et al. A review of UAV monitoring in mining areas: current status and future perspectives[J]. International Journal of Coal Science and Technology, 2019, 6(3): 320-333.

[6] 李永强, 刘会云, 毛杰, 等. 三维激光扫描技术在煤矿沉陷区监测应用[J]. 测绘工程, 2015, 24(7): 43-47.

[7] 曾凯, 姜岩. 三维激光扫描技术在地表沉陷监测中的应用[J]. 地矿测绘, 2015, 31(2): 28-30.

[8] 胡大贺, 吴侃, 陈冉丽. 三维激光扫描用于开采沉陷监测研究[J]. 煤矿开采, 2013, 18(1): 20-22, 35.

[9] 卢遥, 余涛, 卢小平, 等. 基于高差分析的点云数据提取矿区地表沉陷信息方法[J]. 测绘通报, 2013(3): 22-25.

[10] 梁周雁, 赵富燕, 孙文潇, 等. 基于三维激光扫描技术的地表变形监测方法研究[J]. 测绘与空间地理信息, 2017, 40(6): 213-216, 219.

[11] 柏雯娟. 用三维激光扫描技术监测矿山开采沉陷[J]. 金属矿山, 2017(1): 132-135.

[12] 于海洋, 杨礼, 张春芳, 等. 基于 LiDAR DEM 不确定性分析的矿区沉陷信息提取[J]. 金属矿山, 2017(10): 1-7.

[13] ZHOU D W, WU K, CHEN R L, et al. GPS/terrestrial 3D laser scanner combined monitoring technology for coal mining subsidence: a case study of a coal mining area in Hebei, China[J]. Natural Hazards, 2014(70): 1197-1208.

[14] LIAN X G, HU H F. Terrestrial laser scanning monitoring and spatial analysis of ground disaster in Gaoyang coal mine in Shanxi, China: a technical note[J]. Environmental Earth Sciences, 2017(76): 287.

[15]　NGUYEN Q L, MICHAL M, LA P H, et al. Accuracy assessment of mine walls surface models derived from terrestrial laser scanning[J]. International Journal of Coal Science and Technology, 2018, 5(3): 328-338.

[16]　尹宏杰, 朱建军, 李志伟, 等. 基于 SBAS 的矿区形变监测研究[J]. 测绘学报, 2011, 40(1): 52-58.

[17]　朱建军, 李志伟, 胡俊. InSAR 变形监测方法与研究进展[J]. 测绘学报, 2017, 46(10): 1717-1733.

[18]　NG A H M, GE L L, ZHANG K, et al. Deformation mapping in three dimensions for underground mining using InSAR-Southern highland coalfield in New South Wales, Australia[J]. International Journal of Remote Sensing, 2011, 32(22): 7227-7256.

[19]　LI Z W, YANG Z F, ZHU J J, et al. Retrieving three-dimensional displacement fields of mining areas from a single InSAR pair[J]. Journal of Geodesy, 2015, 89(1): 17-32.

[20]　杨泽发, 朱建军, 李志伟, 等. 基于单个雷达成像几何学 SAR 影像的矿区三维时序形变监测方法: 中国, 201610546270. 1[P]. 2016-12-14.

[21]　FAN H D, CHENG D, DENG K Z, et al. Subsidence monitoring using D-InSAR and probability integral prediction modelling in deep mining areas[J]. Survey Review, 2015, 47(345): 438-445.

[22]　BECHOR N B D, ZEBKER H A. Measuring two-dimensional movements using a single InSAR pair[J]. Geophysical Research Letters, 2006, 33(16): L16311.

[23]　HU J, LI Z W, DING X L, et al. Resolving three-dimensional surface displacement from InSAR measurements: a review[J]. Earth-Science Reviews, 2014, 133: 1-17.

[24]　祝传广, 张继贤, 邓喀中, 等. 多源 SAR 影像监测矿区建筑物三维位移场[J]. 中国矿业大学学报, 2014, 43(4): 701-706, 725.

[25]　FAN H D, CHENG D, DENG K Z, et al. Subsidence monitoring using D-InSAR and probability integral prediction modelling in deep mining areas[J]. Survey Review, 2015, 47(345): 438-445.

[26]　DIAO X P, WU K, HU D H, et al. Combining differential SAR interferometry and the probability integral method for three-dimensional deformation of mining areas[J]. International Journal of Remote Sensing, 2016, 37(21): 5196-5212.

[27]　汤伏全. 西部厚黄土层矿区开采沉陷预计模型[J]. 煤炭学报, 2011, 36(S1): 74-78.

[28]　宋世杰, 王双明, 赵晓光, 等. 基于覆岩层状结构特征的开采沉陷分层传递预计方法[J]. 煤炭学报, 2018, 43(S1): 87-95.

[29]　赵国旭, 谢和平, 余学义. 极坐标系下预计地表移动变形的综合模型[J]. 辽宁工程技术大学学报(自然科学版), 1999, 18(4): 380-383.

[30]　顾伟, 谭志祥, 邓喀中. 基于双重介质力学耦合相关的沉陷模型研究[J]. 采矿与安全工程学报, 2013, 30(4): 589-594.

[31]　蔡音飞, VERDEL T, OLIVIER D, 等. 地形影响下的开采沉陷影响函数法优化[J]. 煤炭学报, 2016, 41(1): 271-276.

[32]　ZHAO B C, YU X Y, WANG J D. Study on surface movement and deformation by mining in Loess Gully region[J]. Applied Mechanics and Materials, 2013, 295-298: 3005-3009.

[33]　张文泉, 刘海林, 赵凯. 厚松散层薄基岩条带开采地表沉陷影响因素研究[J]. 采矿与安全工程学报, 2016, 33(6): 1065-1071.

[34]　许国胜, 张彦宾, 李德海, 等. 厚松散层下开采地表动态移动参数研究[J]. 矿业安全与环保, 2016, 43(5): 70-73.

[35] 王双明, 杜华栋, 王生全. 神木北部采煤塌陷区土壤与植被损害过程及机理分析[J]. 煤炭学报, 2017, 42(1): 17-26.

[36] 王青杵, 王贵平. 黄土高原煤炭开采区水土流失特征的研究[J]. 水土保持研究, 2001, 8(4): 83-86.

[37] 张广磊, 鞠金峰, 许家林. 沟谷地形下煤炭开采对地表径流的影响[J]. 煤炭学报, 2016, 41(5): 1219-1226.

[38] 汪炜, 汪云甲, 张业, 等. 基于 GIS 和 RS 的矿区土壤侵蚀动态研究[J]. 煤炭工程, 2011, 1(11): 120-122.

[39] 张勇, 王亚峰, 赵晓光. 陕西省彬长矿区水土流失与地质灾害的关系初探[J]. 水土保持通报, 2013, 33(5): 305-308.

[40] 王军, 杨小敏, 赵欢欢. 我国西北地区浅埋煤层开采对生态环境影响研究[J]. 河南理工大学学报(自然科学版), 2015, 34(5): 730-734.

[41] 雷少刚, 肖浩宇, 郄晨龙, 等. 开采沉陷对关键土壤物理性质影响的相似模拟实验研究[J]. 煤炭学报, 2017, 42(2): 300-307.

[42] 王平, 王金满, 秦倩, 等. 黄土区采煤塌陷对土壤水力特性的影响[J]. 水土保持学报, 2016, 30(3): 297-304.

[43] BIAN Z S, LEI H, YANG I, L, et al. Integrated method of RS and GPR for monitoring the changes in the soil moisture and groundwater environment due to underground coal mining[J]. Environmental Geology, 2009, 57(1): 131-142.

[44] 刘英, 吴立新, 岳辉. 基于梯度结构相似度的矿区土壤湿度空间分析[J]. 武汉大学学报(信息科学版), 2018, 43(1): 87-93.

[45] 毕银丽, 邹慧, 彭超, 等. 采煤沉陷对沙地土壤水分运移的影响[J]. 煤炭学报, 2014, 39(S2): 490-496.

[46] YANG D, BIAN Z, Lei S. Impact on soil physical qualities by the subsidence of coal mining: a case study in Western China[J]. Environmental Earth Sciences, 2016, 75(8): 1-14.

[47] 夏玉成, 冀伟珍, 孙学阳, 等. 渭北煤田井工开采对土壤理化性质的影响[J]. 西安科技大学学报, 2010, 30(6): 677-681.

[48] 胡振琪, 王金, 杨成兵, 等. 基于 RS 与 GIS 的榆林地区土地动态变化分析[J]. 水土保持学报, 2008, 22(4): 82-85.

[49] KENNEDY R, ANDREFOUET S, COHEN W, et al. Bringing an ecological view of change to Landsat-based remote sensing[J]. Frontiers in Ecology and the Environment, 2014, 12(6): 339-346.

[50] JUSTICE C, GIGLIO L, ROY D, et al. MODIS-Derived global fire products, land remote sensing and global environmental change[M]. New York: Springer, 2010: 661-679.

[51] 白宇, 胡海峰, 廉旭刚. 山西翼城矿区采动地表植被指数时空变化分析[J]. 煤炭工程, 2017, 49(9): 146-149.

[52] MA C, GUO Z, ZHANG X, et al. Annual integral changes of time serial NDVI in mining subsidence area[C]// Transactions of Nonferrous Metals Society of China, 2011, 21: 583-588.

[53] 肖武, 陈佳乐, 笪宏志, 等. 基于无人机影像的采煤沉陷区玉米生物量反演与分析[J]. 农业机械学报, 2018, 49(8): 169-180.

[54] 卞正富, 雷少刚, 刘辉, 等. 风积沙区超大工作面开采生态环境破坏过程与恢复对策[J]. 采矿与安全工程学报, 2016, 33(2): 305-310.

[55] 徐嘉兴, 赵华, 李钢, 等. 矿区土地生态评价及空间分异研究[J]. 中国矿业大学学报, 2017, 46(1): 195-203.

[56] 胡振琪, 龙精华, 王新静. 论煤矿区生态环境的自修复、自然修复和人工修复[J]. 煤炭学报, 2014, 39(8): 1751-1757.

[57] 汤伏全, 郑志琴. 西部煤矿区地表沉陷雷达遥感监测试验研究[J]. 测绘通报, 2013(9): 47-50.

[58] 邓喀中, 王刘宇, 范洪冬. 基于 InSAR 技术的老采空区地表沉降监测与分析[J]. 采矿与安全工程学报, 2015, 32(6): 918-922.

[59] 汤伏全, 李庚新, 原一哲. 煤矿采空区地表重力异常效应模拟研究[J]. 煤炭学报, 2018, 43(4): 945-950.

[60] 谭学玲, 闫庆武, 王瑾, 等. 榆神府矿区植被覆盖的动态变化及其影响因素[J]. 生态学杂志, 2018, 37(6): 1645-1653.

[61] 张亦扬, 强于鲜, 李萌津, 等. 榆神府矿区采煤塌陷地植被群落恢复演替特征[J]. 绿色科技, 2019(6): 65-66, 71.

[62] 马坤, 杨磊. 榆神府矿区台阶式地裂缝近距土壤水分的垂向变化特征[J]. 绿色科技, 2019(4): 158-159.

[63] 杜华栋, 赵晓光, 张勇, 等. 榆神府覆沙矿区采煤塌陷地表层土壤理化性质演变[J]. 土壤, 2017, 49(4): 770-775.

第二章　基于 GNSS 的矿区地表移动监测

全球导航卫星系统（GNSS）定位技术以其全天候、高精度、高效率等显著特点，已在工程变形监测领域推广应用，其测量方式有静态定位、动态定位、连续观测等模式，在数据采集和处理模式、定位精度和测量效率方面各有优势[1-4]。在矿区采煤沉陷监测中，常规地表移动观测站的观测常采用静态 GNSS 与全站仪导线及水准测量综合方法、GNSS 实时动态（real time kinematic，RTK）差分测量方法来获取测点的三维坐标信息，静态 GNSS 测量精度高、观测值稳定可靠，但观测时间较长，效率不高，后者测量速度快、效率高，但精度低于静态观测模式。近年来，集成 GNSS 数据采集、自动传输和实时处理的 GNSS 连续监测系统已经用于矿区开采沉陷的动态监测，并取得了良好的效果。

2.1　GNSS 连续监测系统简介

GNSS 连续监测系统以 GNSS CORS 技术、网络通信技术、GIS 技术、数据库技术等为支撑，利用监测点上的 GNSS 接收机实时采集数据，数据由通信网络传输至控制中心，控制中心软件对观测数据进行基线解算，用以获取监测点三维位置坐标，再通过相应软件实现数据处理、地图表现、数据库建立、图形管理和成果输出等。以南方自动监测系统（south monitoring system，SMOS）为例，子系统包括 GNSS 基准站、GNSS 连续监测站、数据控制中心和网络通信四个部分。

数据控制中心主要利用 SMOS 软件对监测数据进行处理与分析。在 SMOS 软件支撑下，可以连续、自动、实时地完成监测对象外部变形数据的采集及处理，其处理流程框图如图 2.1 所示，可实现数据处理、变形分析、数据库管理、图形表现和监测成果等。

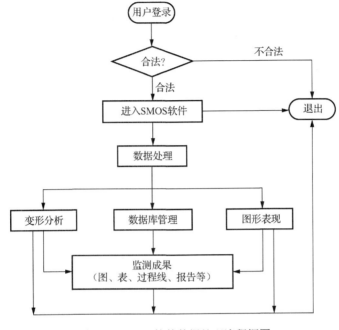

图 2.1　SMOS 软件数据处理流程框图

2.2　矿区地表沉陷 GNSS 连续监测试验

常规的矿区地表移动观测站获取的监测数据时间连续性差，难以准确反映地下开采引起的地表动态沉陷变形移动随时间发展、变化的复杂过程。为此，在陕北金鸡滩煤矿 106 工作面地表布设 GNSS 连续监测系统，开展矿区开采沉陷连续监测现场试验。

1. GNSS 连续监测系统布设

试验区选择在金鸡滩煤矿 106 工作面地表。金鸡滩煤矿地处毛乌素沙漠与陕北黄土高原接壤地带，矿区西北部以沙漠滩地为主，地形较平缓；东部、南部以黄土梁峁为主，地形起伏变化较大。地势总体东高西低，海拔 1 210～1 240m，该区为典型的中温带半干旱大陆性气候，四季冷热多变，昼夜温差较大，常年干旱少雨雪，蒸发量大。106 工作面走向长度 5 523m，倾向长度 300m，煤层平均倾角 0.5°，平均采高 5.5m，平均采深 262m。工作面走向方位角为 46°，左侧同煤层 108 工作面已在先期回采，右侧为未采区。

采用广州某公司 SMOS 自动监测系统进行地表动态移动监测。在 106 工作面两侧地表分别布设了 6 个 GNSS 连续运行监测点，各连续监测点的位置分布图如

图 2.2 所示。其中，监测点 JC03、JC06 布设于 106 采空区走向中心线上，两监测点间水平距离为 220m。JC01 和 JC05、JC02 和 JC04 分别对称布设于 JC03 两侧，形成 106 工作面倾向观测线，各监测点间水平距离为 150m。其中 JC02 和 JC04 分别布设于 106 工作面边界上方地表，JC01 位于 108 老采空区地表，JC05 布设于未采区地表。监测站现场布设照片如图 2.3 所示。

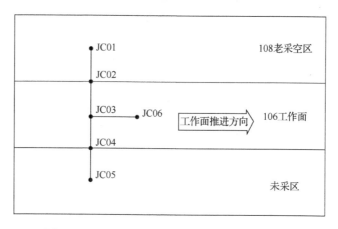

图 2.2　106 工作面地表连续监测点的位置分布图

图 2.3　监测站现场布设照片

2. 监测数据采集与处理

与常规的矿区开采沉陷监测方法不同，GNSS 连续监测系统的数据量较大，对于系统硬件、软件要求较高。监测数据的连续与否、粗差有无及稳定程度等，都将影响地表移动变形参数的求取及地表移动变形规律的分析。

GNSS 技术运用于变形监测的工作模式多种多样，常见的有周期性重复观测、固定连续测站阵列及实时动态监测三种模式。该次试验采用周期性重复观测模式，观测周期为 1h，其数据处理可分静态基准数据处理和监测阶段动态数据处理。

1）静态基准数据处理

基准时段的观测采用 GNSS 静态相对定位方式进行，该阶段的数据处理主要是通过对基准站和监测站的同步观测数据进行基线解算及网平差处理，获取基准站及各监测站的初始坐标 (X_0, Y_0)，并以此作为变形分析的基准数据。静态数据处理主要涉及基线解算、外业数据检核、网平差及坐标系统转换等工作。

当前，GNSS 基线解算软件多种多样，各型号接收机大都配备随机处理软件，但不同的基线解算软件采用的解算方案、模型各不相同，解算结果各异。GNSS 连续监测系统的不同观测周期应选用同一基线解算软件进行数据处理。

2）监测阶段动态数据处理

金鸡滩煤矿 GNSS 连续监测系统监测阶段的观测周期为 1h，即系统数据中心每小时解算一次各监测站坐标数据。动态数据处理就是要精确获取各监测点在监测阶段的实时坐标 (X_i, Y_i)，为地表动态移动变形分析提供实时监测数据。监测阶段的数据处理时应当考虑监测点在观测过程中位置的动态变化因素。该系统监测阶段的数据处理采用卡尔曼滤波方法进行处理[1-3]。卡尔曼滤波方法是一个递推计算过程，确定初始值后即可求得滤波值，算法便于计算机实现，适合煤矿开采沉陷 GNSS 监测网动态数据处理[4]。

3. 坐标转换

受矿区煤层分布、地质及开采条件等限制，一般煤矿工作面开采走向（或倾向）与坐标轴斜交。为了方便计算地表移动变形计算及相关规律分析，一般将监测数据的平面坐标转换成沿工作面走向、倾向方向的独立平面坐标，如图 2.4 所示，JC 为研究矿区工作面地表监测点，现要将该点平面监测数据所在的 O-NE 坐标转换为矿区独立平面坐标系 O_1-XY 下的坐标，因监测范围较小，可选用平面四参数转换模型，具体转换模型如式（2.1）所示。

$$\begin{bmatrix} X \\ Y \end{bmatrix} = m \begin{bmatrix} \cos\alpha & -\sin\alpha \\ \sin\alpha & \cos\alpha \end{bmatrix} \begin{bmatrix} E \\ N \end{bmatrix} + \begin{bmatrix} e_0 \\ n_0 \end{bmatrix} \tag{2.1}$$

式中：α 为旋转参数；m 为转换尺度参数；e_0、n_0 为平移参数，即坐标转换四参数，其中，旋转参数 α 可根据工作面走向方位角确定，尺度参数一般定义为 1，为方便计算可将平移参数设置为 0。该试验中工作面走向方位角为 46°，则旋转参数 α 为 44°。

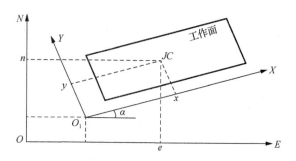

图 2.4　工作面坐标转换示意图

根据以上 GNSS 连续监测系统数据处理方法可得各监测点实时监测坐标数据。需要说明的是，在矿山开采沉陷监测过程中，对于地表点的水平移动和下沉计算都是相对变化量。可以认为，各监测点的下沉量就是同一时期大地高的变化量。

2.3　监测数据精度与可靠性评价

试验区 GNSS 连续监测系统自 2018 年 5 月 28 日开始运行，至 2018 年 6 月 6 日工作面回采推进距离为 581m，距监测站达 339m，其间地表各监测点的空间位置处于移动前的稳定状态。选取各监测点自 5 月 28 日至 6 月 6 日（共计 10 天）的监测数据进行统计分析，以采空区中心监测点 JC06 为例，该点的(X,Y,H)坐标数据统计如图 2.5 所示。

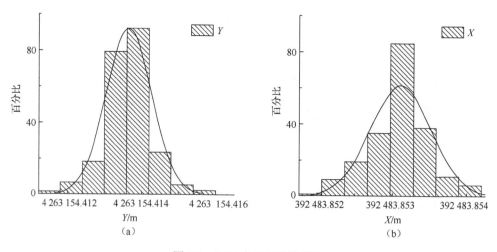

图 2.5　JC06 点坐标数据统计

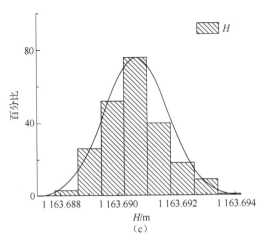

图 2.5（续）

　　监测点坐标数据分布满足正态分布。利用坐标中误差 σ、极差 Δ（最大值与最小值之差）及 2σ 区间数据占比等指标，评价 GNSS 连续监测数据的精度及其稳定性。表 2.1 给出各监测点监测坐标的精度指标及其平均值。

表 2.1　各监测点监测坐标的精度指标及其平均值

点号	坐标	中误差 σ	极差 Δ /mm	平均值/m	$\pm 2\sigma$ 区间数据占比/%
	X	0.442	2.6	4 263 219.936 7	91.2
JC01	Y	0.490	3.9	392 117.782 8	95.6
	H	0.680	6.2	1 163.633 4	94.1
	X	0.594	3.8	4 263 110.993 8	93.5
JC02	Y	0.291	2.1	392 221.209 8	94.2
	H	0.798	8.3	1 164.038 3	96.4
	X	0.625	3.1	4 263 003.324 3	91.7
JC03	Y	0.789	4.4	392 324.990 0	93.8
	H	0.918	6.5	1 161.626 1	92.7
	X	0.303	2.4	4 262 893.860 1	91.9
JC04	Y	0.392	2.3	392 427.238 8	95.3
	H	0.704	5.3	1 162.654 9	94.6
	X	0.334	2.4	4 262 795.974 5	93.3
JC05	Y	0.364	2.4	392 520.294 7	94.0
	H	1.120	9.0	1 161.962 9	94.6

点号	坐标	中误差σ	极差 Δ /mm	平均值/m	±2σ区间数据占比/%
	X	0.618	5.2	4 263 154.413 7	92.9
JC06	Y	0.408	4.5	392 483.853 0	86.9
	H	1.090	6.9	1 163.690 6	94.3

由表 2.1 可知，GNSS 连续监测系统监测数据稳定可靠，误差分布合理，完全满足煤矿开采沉陷监测的精度要求。

2.4 矿区地表沉陷时序数据分析

试验区 GNSS 连续监测系统自 2018 年 5 月 28 日开始监测，至 2019 年 4 月 11 日停止，可提供各监测点每小时的三维坐标，数据量丰富且具有时序性。下面根据各监测点的坐标时序数据绘制地表点的下沉、水平位移变化曲线，分析不同时间尺度下的地表动态沉陷特征。

1. 地表监测点的移动轨迹曲线

利用各个 GNSS 连续监测点的坐标时序数据，绘出各监测点在工作面推进过程中的移动轨迹曲线，如图 2.6 所示，其中图（a）、（b）分别表示采空区中心地表点 JC03、JC06 的移动轨迹曲线，图（c）、（d）分别表示工作面边界地表点 JC02、JC04 的移动轨迹曲线，三角形代表监测点的起始位置，圆圈代表其移动稳定后的位置。同时，移动轨迹在竖直面和水平面的投影即为监测点的下沉及水平方向的位移值。

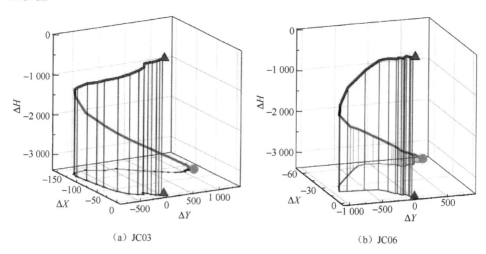

（a）JC03   （b）JC06

图 2.6 地表各监测点移动轨迹（单位：mm）

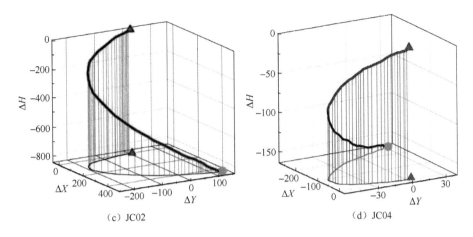

（c）JC02　　　　　　　　　　　　　（d）JC04

图 2.6（续）

　　由图 2.6 可知，在工作面推进过程中，地表点的移动轨迹呈三维空间分布，在下沉的过程中也伴随水平位移。各监测移动稳定后，在水平方向都存在指向工作面方向的位移量，表示各点稳定后并未回到初始位置的正下方，而是偏向于停采线一侧。对比图 2.6（a）、（b）可知，采空区中心地表点 JC03 与 JC06 在空间上的移动轨迹相似。对比图 2.6（c）、（d）可知，采空区左、右边界地表点 JC02、JC04 在倾向方向（x 轴）的水平位移指向采空区中心，左边界（老采空区一侧）监测点 JC02 的各向移动量都大于对称的右边界（煤柱一侧）的监测点 JC04，两侧移动特征失去对称性。

　　2. 倾向主断面下沉和水平位移分布曲线

　　利用倾向监测线上 5 个连续变形监测点的高程数据，选取各点从移动初期至趋于稳定期间共 7 次的坐标数据计算下沉量和沿倾向水平位移量，并利用双曲线型剖面函数对各监测点的下沉和水平移动值进行拟合，得出工作面推进过程中不同时期的地表倾向线的下沉和水平位移变化曲线，如图 2.7 所示。

　　随着工作面回采及时间的推进，各监测点的下沉量逐渐增大，最后趋于稳定。工作面中心两侧地表下沉呈现非对称特征，108 工作面老采空区一侧地表下沉值普遍较大，对称位置上的监测点 JC02、JC04 移动稳定后的下沉值分别为 862mm、161mm。各监测点沿倾向的水平位移都指向移动盆地中心，但老采空区一侧监测点的移动量明显较大，采空区中心地表点 JC03 点水平位移指向 108 工作面老采空区一侧，说明受相邻老采空区影响下水平煤层开采地表沉陷具有非对称特征。

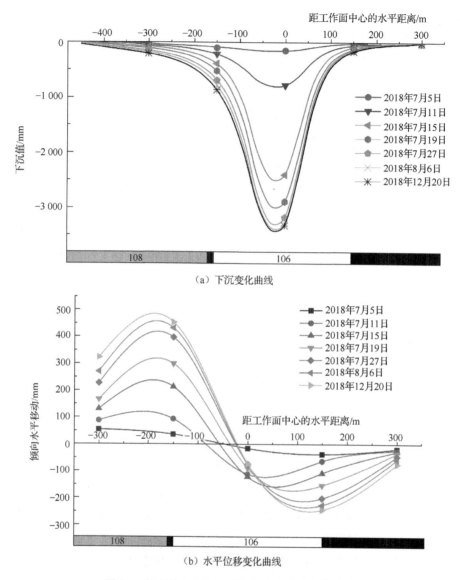

（a）下沉变化曲线

（b）水平位移变化曲线

图 2.7　倾向线各监测点下沉和水平位移变化曲线

3. 采空区中心地表点下沉和水平位移过程曲线

按照开采沉陷基本原理，将工作面推进过程中地面点从开始移动到最终趋于稳定状态（连续 6 个月观测地表累计下沉量≤30mm）的移动过程，可划分为三个阶段，即启动阶段（从地表点下沉 10mm 开始到下沉速度 $v \leqslant 1.67 \text{mm/d}$）、活跃阶段（下沉速度 $v \geqslant 1.67 \text{mm/d}$）和衰退阶段（下沉速度 $v \leqslant 1.67 \text{mm/d}$）。由于 GNSS 连续监测系统能提供各监测点每小时的坐标数据，时间分辨率高，可以更直观地揭示地面点的动态移动特征及其下沉、下沉速度随工作面位置的变化关系。以工作面中心地表监测点 JC03、JC06 坐标时序数据绘出地表点最大下沉点的累计下沉值 W、下沉速度 v 曲线及对应工作面推进边界距该点水平距离 L 的关系图，简称 W-v-L 关系曲线图，如图 2.8 所示。

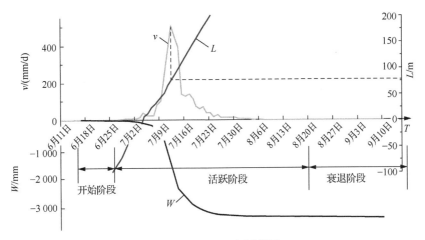

（a）JC03点W-v-L关系曲线图

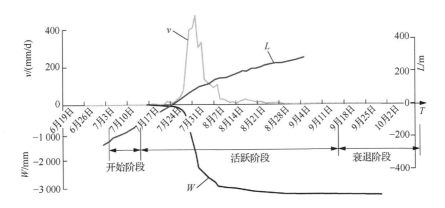

（b）JC06点W-v-L关系曲线图

图 2.8　采空区中心地表点 W-v-L 关系曲线图

JC03 和 JC06 同为采空区中心地表监测点，两点间水平距离为 220m。对比图 2.8（a）、（b）可知，两者下沉曲线、下沉速度曲线及与工作面推进边界的相对位置关系具有基本相同的变化特征，下沉量主要集中在移动活跃阶段，其活跃期下沉量达总下沉量的 97%，最大下沉速度达 507mm/d，发生位置滞后于工作面推进边界平均为 85m，地表点移动过程总时间平均为 184d。

利用 JC03、JC06 的坐标时序数据绘出工作面中心地表点沿走向方向的水平位移变化曲线，如图 2.9 所示。

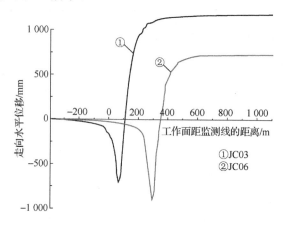

图 2.9　JC03、JC06 沿走向水平位移变化曲线

图 2.9 示出，当工作面推进位置距监测线平均距离为 257m 时，监测点开始移动，位移方向指向采空区推进边界（与工作面推进方向相反，定义为负）。随着工作面的不断推进，水平位移值逐渐增大而后变小，直至位移方向变正，最终稳定时仍存在较大的正向水平位移量。可见，稳定后采空区中央地表点的水平位移并不为零，而是偏向于工作面停采线一定的距离。

为了反映井下工作面推进过程中地表点下沉量与水平位移量之间的关系，当工作面推进至任意位置 L 时，定义地表点的水平位移值与对应的下沉值的比值为水平移动比率 λ。利用 JC03、JC06 的监测数据绘出工作面推进过程中水平位移比率 λ 变化曲线，如图 2.10 所示。

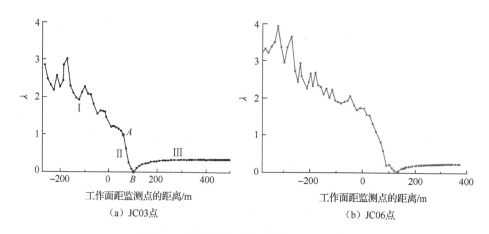

（a）JC03点　　　　　　　　　　（b）JC06点

图 2.10　地表点水平位移比率 λ 变化曲线

地表点的水平位移比率 λ 在移动初期大于 1，随着工作面的推进而逐渐减小为零，之后逐渐增大并最终稳定在 0.3 左右。水平位移比率 λ 的变化曲线分成以下三个区段。

（1）Ⅰ区间：$\lambda > 1$。水平移动值大于下沉值，地表点以水平位移为主。

（2）Ⅱ区间：$\lambda < 1$。水平移动值小于下沉值，地表点水平位移逐渐减小为零。

（3）Ⅲ区间：$\lambda < 1$。水平移动值逐渐向相反方向增大，地表点稳定后仍存在一定的指向停采边界的水平位移量。

参 考 文 献

[1] 刘志强, 刘逸群. 路面附着系数的自适应衰减卡尔曼滤波估计[J]. 中国公路学报, 2020, 33(7): 176-183.

[2] 王龙, 李红娟. 基于模糊卡尔曼滤波车速估算的泊车运动学模型研究[J/OL]. 重庆理工大学学报(自然科学版), 2020, 20(5): 1-9.

[3] 黄声享, 刘经南. GPS 变形监测系统中消除噪声的一种有效方法[J]. 测绘学报, 2002(2): 104-107.

[4] 陈长坤. 基于自适应卡尔曼滤波的开采沉陷地表移动变形数据处理及预报研究[D]. 淮南: 安徽理工大学, 2019.

第三章　基于无人机LiDAR的矿区
沉陷监测

　　常规地表沉陷监测主要通过布设走向和倾向观测线采用大地测量方法获取离散点的三维坐标变化。在复杂地质采矿条件、多工作面连续开采、"三下"开采等条件下实施监测时，需要掌握整个沉陷盆地的三维变形特征，采用上述常规手段显然难以实现[1-2]。随着测绘技术的快速发展，基于激光测距原理的三维激光扫描LiDAR技术，已广泛应用于实体三维信息采集与建模。近年来，将LiDAR装备在无人机上对地面扫描的机载LiDAR集成技术，已在数字城市建设和地理国情监测中成功应用[3]，但是在西部矿区复杂地理环境下进行采煤沉陷监测尚处于试验探索阶段，在飞行控制、点云分类去噪、沉陷模型构建和去噪等方面都存在诸多技术问题[4-5]。

　　通过无人机LiDAR获取采煤沉陷区高精度、高分辨率的点云数据，经过滤波（分离出地面点和非地面点）和地面点高程内插形成格网数字高程模型（DEM），以及对沉陷区多期DEM进行叠加求差，生成地表高程变化模型（称为沉陷DEM）。目前，国内外已有大量关于点云数据插值、滤波的有效算法，但各种算法在特定地理环境中的适用性研究较少[6-8]。在激光点云滤波、插值、DEM叠加过程中，利用现有的算法流程不可避免存在噪声和建模误差，使得沉陷DEM包含显著的误差，一般通过算法对模型进行平滑去噪改善其效果[9-10]。为了探索在西部矿区地形起伏而植被较少的地理环境下利用机载LiDAR技术开展矿区沉陷监测的可行性，本书作者及其研究团队在黄土高原沟壑区和榆神矿区采煤沉陷区利用无人机LiDAR进行地面扫描试验，开展点云数据处理、沉陷监测及建模方法研究，包括对现有的点云滤波算法进行比较和算法改进、对所获取的初始沉陷DEM进行误差分析与精度评定、基于小波阈值算法提出沉陷模型的多尺度去噪优化等，从而显著改进沉陷模型的精度和可靠性，推进机载LiDAR技术在西部矿区采煤沉陷监测中的实际应用。

3.1　机载 LiDAR 测量原理

机载 LiDAR 是一种搭载在飞机上的机载激光探测和测距系统,是集激光扫描仪、全球定位系统和惯性测量单元(inertial measurement unit,IMU)于一体的主动式空间测量技术,能够快速准确地获取地表目标对象的三维坐标信息、回波强度信息、回波次数信息以及扫描角度等信息,是采集三维空间数据信息的一种全新的技术手段。本节简要介绍机载 LiDAR 系统组成和测量原理。

3.1.1　机载 LiDAR 系统组成

机载 LiDAR 系统主要包括激光扫描仪、GPS 接收机、惯性测量单元和成像设备等。该系统以飞行器作为载体,构成了机载 LiDAR 测量系统,如图 3.1 所示。

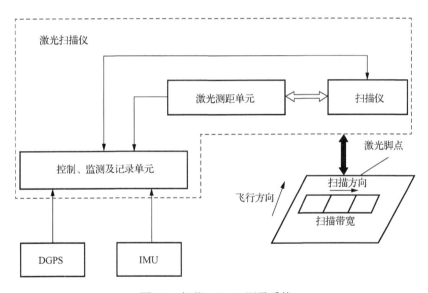

图 3.1　机载 LiDAR 测量系统

1. 激光测距仪

激光测距仪主要包括激光测距单元,光学机械扫描单元,控制、监测及记录单元三个部分,根据其测距原理,可分为脉冲式测距仪和相位式测距仪。脉冲式测距是通过测定激光脉冲信号所经历的时间 t、光速 c 计算参考中心与反射目标对象之间的距离 s,如下式所示:

$$s = \frac{1}{2}ct \tag{3.1}$$

相位式测距通过测定发射波和返回波之间的相位差 ϕ 得到参考中心与反射目标对象的距离 s，如下式所示：

$$s = \frac{1}{2}c\left(\frac{\phi}{2\pi} + NT\right) \tag{3.2}$$

式中：T 为波的周期；N 为激光从发射到接收所经历的整周期数。

相位式测距仪多用于短距离测量的 LiDAR 系统，而多数 LiDAR 系统采用脉冲式激光测距。激光测距的精度可以达到厘米级甚至毫米级。

2. 动态差分 GPS 接收机（DGPS）

机载 LiDAR 系统基于 GPS 载波相位测量原理，采用动态差分技术进行精确定位，经过修正接收机所测得的实时位置数据，得到地表激光焦点的准确三维坐标信息。

3. 惯性测量单元（IMU）

惯性测量单元（IMU）的核心部件由加速度计和陀螺等构成。加速度计检测物体在载体坐标系统独立三轴的加速度信号，陀螺检测载体相对于导航坐标系的角速度信号，测量物体在三维空间中的角速度和加速度，将其对时间进行积分，并变换到导航坐标系中，最终解算出物体的姿态、速度和相对位置等参数。

4. 成像装置

为了获得目标对象特征的光谱信息，LiDAR 系统在飞行器上安装有 CCD 数码相机，可以获取高分辨率影像，并制作成数字正射影像，用于辅助自动滤波、产品分类；还可以作为一种信息源，将激光脚点坐标数据与数字正射影像进行坐标匹配，以及将影像单个像素的 RGB 赋予对应激光脚点数据，使其不仅具有空间三维坐标，还具有真实的色彩信息。

3.1.2　机载 LiDAR 系统工作原理

机载 LiDAR 系统是基于边角测量原理进行地面点定位工作的，即通过 GPS 定位技术、惯性测量单元和激光测距技术共同获得激光雷达信号发射中心点与被测目标对象激光脚点间的距离、飞行器的空间三维坐标及姿态角（俯仰角 α、侧滚角 ω 和航偏角 κ），最终利用边角的量测理论计算出目标激光脚点的三维坐标[11]。机载 LiDAR 系统的定位原理如图 3.2（a）、（b）所示。

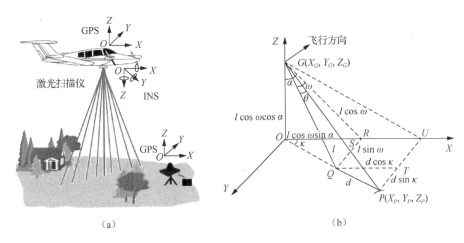

（a）　　　　　　　　　　　　　　（b）

图 3.2　机载 LiDAR 系统的定位原理

机载 LiDAR 系统位于 G 点上，目标对象为点 P，$G(X_G, Y_G, Z_G)$ 为 G 点坐标信息，(α, ω, κ) 为飞机姿态信息。θ 为当前激光束与扫描起始激光束的夹角，可由编码器按固定的激光脉冲间隔得出。目标点 P 的坐标公式如下：

$$
\begin{cases}
X_P = X_G + \left(s\cos\theta - \dfrac{s\sin\theta}{\sqrt{1-b^2}}b \right)\cos\omega\sin\alpha + \dfrac{s\sin\theta}{\sqrt{1-b^2}}\cos\kappa \\[3mm]
Y_P = Y_G + \left(s\cos\theta - \dfrac{s\sin\theta}{\sqrt{1-b^2}}b \right)\sin\omega + \dfrac{s\sin\theta}{\sqrt{1-b^2}}\sin\kappa \\[3mm]
Z_P = Z_G + \left(s\cos\theta - \dfrac{s\sin\theta}{\sqrt{1-b^2}}b \right)\cos\omega\cos\alpha
\end{cases}
\tag{3.3}
$$

其中

$$
b = \cos\omega\sin\alpha\cos\kappa + \sin\kappa\sin\omega \qquad s = \frac{1}{2}ct
$$

式中：α 为俯仰角；ω 为侧滚角；κ 为航偏角；c 为光速；t 为激光发射到被接收所需时间。

3.2　点云数据预处理及精度验证

3.2.1　LiDAR 数据预处理

机载 LiDAR 系统完成信息采集后，将获取的 GPS、IMU 记录数据及激光测距数据进行数据解算与转换，生成标准点云数据文件。该过程即为机载 LiDAR 数据预处理，其中，轨迹解算即融合全球导航卫星系统（GNSS）、后差分数据与惯性导航单元数据，得到高精度坐标与位置和姿态测量系统（position and orientation system，POS）信息。该步骤采用专门软件完成轨迹解算。点云解算即进行基准站、移动站数据的格式转化，惯导数据的格式转化，提供由激光扫描仪导出的点云数据处理结果，可导出*.las、*.xyz、*.view 等格式的点云数据，通过随机软件（如南方 ZTPreProcess）可以完成 POS 与原始激光点云数据的融合、三维点云数据的解算。此外，还需对点云数据进行航带拼接及检校，即对点云数据进行粗差探测，剔除高程异常点及独立点；运用校验参数对姿态角和高程偏移量进行修正，消除 IMU 和激光扫描仪相对姿态导致的微小变化；进行一定角度的重叠区裁剪以保证得到密度均匀的激光点区域和精度较高的点云，对不同时期扫描获取的点云数据进行配准，以保证后期叠加分析的可靠性。一般检校完的点云数据为高斯投影、WGS-84 坐标。

机载 LiDAR 数据预处理流程如图 3.3 所示。

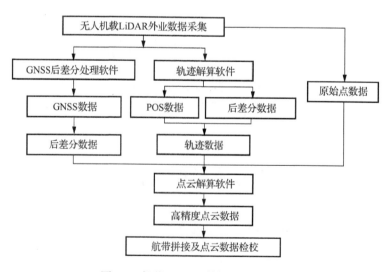

图 3.3　机载 LiDAR 数据预处理流程

3.2.2　点云数据精度验证

机载 LiDAR 拥有高精度、受外界干扰小等优点，尽管机载 LiDAR 测量系统标称精度较高，但一些外界干扰、驾驶人员的操作水平等偶然因素仍然会影响数据质量。机载激光扫描原始点云的精度与系统性能、飞行高度、飞行线路、地貌条件、植被覆盖等因素密切相关。为了保证数据的可靠性，应对所采集数据的绝对精度及相对精度进行验证。

以榆神矿区某矿综采工作面地表风积沙区的扫描数据为例，说明点云精度的验证结果。该试验区位于毛乌素沙漠边缘与黄土高原的过渡地带，地形起伏较为明显，植被覆盖度低且以低矮沙生植被为主[12]。井下综放工作面开采煤层平均厚度 10.5m，煤层倾角 0.5°，平均开采深度约 260m，工作面宽度 300m，地表最大沉陷量预计在 5m 以上。采用南方测绘仪器有限公司生产的 SZT-R250 型无人机 LiDAR 系统对工作面开切眼一侧的沉陷区域进行地面扫描。扫描区长约 1400m、宽约 800m。分别在工作面回采 400m（2019 年 4 月）、800m（2019 年 6 月）时进行两期数据采集。每期重复两次扫描获得独立的两组数据。无人机飞行高度约 70m，使用 GNSS 和惯导系统 INS 进行定位，其中激光发射频率为 100kHz，角分辨率为 0.001°，扫描数据精度为 5cm，在经过解算与转换处理后，生成标准点云数据文件，其坐标系统与矿区坐标系一致。点云平均密度超过 30 点/m²，满足 0.5m 分辨率的 DEM 建模要求。

点云数据的绝对精度通过 GNSS-RTK 实测 100 个采样点数据进行验证，相对精度通过同一期的一组数据先抽稀至 1000 点后，与该期另一组点云数据构建的 DEM 进行高程对比，其差值视为相对误差。两期四组点云数据误差分布直方图及误差均值、标准差、均方根的误差指标统计，分别如图 3.4 及表 3.1 所示。

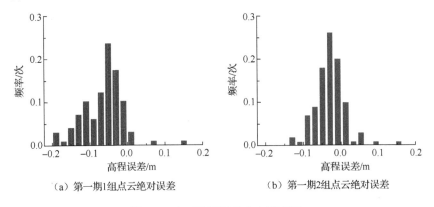

（a）第一期1组点云绝对误差　　　　　　（b）第一期2组点云绝对误差

图 3.4　点云数据误差分布直方图

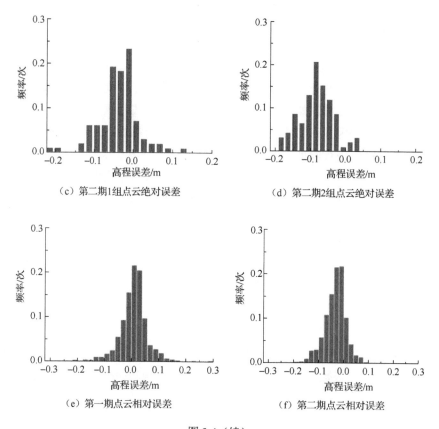

（c）第二期1组点云绝对误差　　　　　（d）第二期2组点云绝对误差

（e）第一期点云相对误差　　　　　　　（f）第二期点云相对误差

图 3.4（续）

表 3.1　点云数据误差指标统计

	点云数据	误差均值/m	误差标准差/m	均方根误差/m
绝对精度	第一期 1 组	0.069 0	0.046 8	0.083 4
	第一期 2 组	0.041 0	0.031 4	0.051 6
	第二期 1 组	0.046 6	0.039 5	0.061 0
	第二期 2 组	0.086 3	0.042 0	0.095 9
相对精度	第一期	0.037 6	0.037 8	0.053 3
	第二期	0.042 8	0.036 0	0.055 9

　　由图 3.4 可知，各组数据的绝对误差基本在 20cm 以内，高程绝对误差存在一定的系统性误差，这类误差可在多期 DEM 叠加求差时部分消除。点云数据中误差在 10cm 内的数量占比超过 50%。部分采样点处在斜坡、植被遮挡处使得误差较大；同一期两组点云数据相对误差均在 5cm 以内。

3.3 现有点云滤波算法及其适用性分析

点云数据滤波是基于 LiDAR 获取高精度 DEM 及生成高精度沉陷模型的关键步骤。近年来，国内外学者提出了多种点云滤波算法，按照滤波原理可分为两种，即一种是基于激光脚点回波强度信息的滤波，另一种是基于高程变化的滤波，后者应用较广泛。目前主流的点云滤波算法有三角网渐进加密滤波、渐进形态学滤波、基于高程阈值的滤波、基于坡度阈值的滤波、多尺度曲率滤波五种，此外还有基于移动曲面拟合的滤波、基于分割的滤波、基于机器学习的滤波等多种算法[13]。然而，在西部矿区尤其是黄土高原沟壑区，这些滤波算法对特殊地理环境的有效性和适应性缺乏专门研究。因此，本书作者通过试验对比分析上述五种主流算法用于黄土沟壑区和榆神风积沙矿区点云数据滤波的实际效果，为西部矿区 LiDAR 监测数据处理提供技术手段。

3.3.1 五种点云滤波算法的基本原理

1. 三角网渐进加密滤波

由 Axelsson[14-15]提出的不规则三角网渐进加密滤波（progressive triangulated irregular network densification filtering，PTDF），通过不断建立地面三角网来分类地面点，目前已在 TerraScan 软件中商用。该算法选择地面一些高程较低的点作为初始地面点，先确定最大建筑物的尺寸参数，认为其尺寸范围内至少存在一个最低点为地面点，然后用已经选择的最低点作为初始地面点建立不规则三角网模型，通过不断加入新的激光点更新地面模型。算法包含迭代角度及迭代距离两个关键参数，迭代角度是指目标点及其在三角面上的投影点与距离该目标点最近的三角顶点间的最大角，迭代角度选择越小，迭代过程对地形起伏的监测能力越差。迭代距离是指目标点到三角面的距离，当三角面很大的时候，保证其在加入新的激光点后跳跃不至于太大，有助于剔除高度较低的建筑物。

针对该试验区域，仅有两个区块数据存在小面积建筑，不存在建筑的区块最大建筑尺寸由 1～10m 进行测试，最大地形坡度参数由标准坡度数据统计。由于地形复杂、沟壑较多，其迭代角度设置为 22°，迭代距离 0.5m 效果较佳。较大的迭代角度可以保留地形细节，较小的迭代距离易于去除低矮植被。

2. 渐进形态学滤波

Zhang 等[16]提出了渐进形态学滤波（progressive morphological filtering，PM），从 LiDAR 点云数据集移除非地面点，通过逐渐增大窗口尺寸，使用高差阈值，该滤波方法在保留地面点的同时能够去除不同尺寸的地物。该算法首先将 LiDAR 数据集划分矩形格网，格网大小通常小于激光雷达测量点的平均间距，以便大多数激光雷达点被保留。如果某单元格中不存在测量值，则为其分配最近邻值。各单元格中最低点 $p_j(x_j, y_j, z_j)$ 构成一个初始近似曲面。对初始曲面执行形态学开运算导出第二个曲面，将单元格 j 的上一曲面 $i-1$ 与当前曲面 i 之间的高程差 $dh_{i,j}$ 与阈值 $dh_{i,T}$ 进行比较，确定格网单元中的点是否为非地面点。阈值 $dh_{i,T}$ 由下式确定：

$$dh_{i,T} = \begin{cases} dh_0 & w_i \leqslant 3 \\ s(w_i - w_{i-1})c + dh_0 & w_i > 3 \\ dh_{max} & dh_{i,T} > dh_{max} \end{cases} \tag{3.4}$$

式中：dh_0 为近似 LiDAR 系统测量误差的初始高差阈值；dh_{max} 是最大高差阈值；s 是预定义的最大地形坡度；c 是格网单元尺寸；w_i 是第 i 次迭代的滤波窗口尺寸。增加滤波窗口尺寸并重复进行形态学开运算，直到滤波窗口的大小大于预先定义的最大地物尺寸。

该算法滤波的关键参数包括初始划分格网尺寸、窗口尺寸序列、最小及最大高差阈值、最大地形坡度值。经测试，初始窗口尺寸设置为 0.1m，以 21.5 成倍增大生成 8 个滤波窗口尺寸序列，最小及最大高差阈值分别设置为 0.01m、0.03m，最大地形坡度依据各区块标准坡度数据设置，可取得较佳滤波效果。

3. 基于高程阈值的滤波

相邻地面点间的高程差异通常与有限面积内地面与树顶、建筑物之间的高程差异不同。因此，可以利用某一地区的高程差来区分地面和非地面点。高程阈值滤波（elevation threshold with expand window，ETEW）算法即使用逐渐增大的搜索窗口来识别和移除非地面点[17]。同渐进形态学算法原理，该算法也将所有激光雷达点集做了格网划分，保留每个格网单元的最低点，通过增大格网尺寸进行多次迭代，判断当前格网内的点与最低点的高差是否超过一定阈值，以舍弃非地面点，直到没有点被舍弃时停止迭代。对于第 i 次迭代，点 $p_{i,j}$ 满足以下判定条件将被移除：

$$Z_{i,j} - Z_{i,min} > h_{i,T} \tag{3.5}$$

其中

$$h_{i,T} = sc_i \tag{3.6}$$

式中：$Z_{i,j}$ 为第 i 次迭代的第 j 个点的高程；$Z_{i,min}$ 为该格网中的最小高程；$h_{i,T}$ 为高度阈值，$h_{i,T}$ 与格网大小相关；s 为预定义的最大地表坡度；c_i 为第 i 次迭代的格网尺寸。在算法实施过程中，c_i 以 2 倍方式增加。

该滤波算法关键在于地面最大及最小高程限制，还需地面最大坡度，迭代次数设置。初始格网间距设为 0.1m，迭代次数为 5 次，其余参数均按标准数据统计获取。

4. 基于坡度阈值的滤波

除了高程差异，相邻地面点间的坡度差异也不同于地面与树顶、建筑物之间的坡度差异。Vosselman[18]提出了基于局部坡度实现地面点提取的滤波算法，试验所用基于最大地形坡度滤波（maximum local slope filtering，MLS）算法与其原理类似，即首先划分格网，保存每个单元的最低点 $p_j(x_j, y_j, z_j)$，如果某一点 $p_0(x_0, y_0, z_0)$ 与给定搜索半径内的其他点 p_j 间的最大坡度 $s_{0,\max}$ 小于预定义的阈值 s，则该点被分为地面点。判定条件如下：

$$\begin{cases} s_{0,j} = \dfrac{z_0 - z_j}{\sqrt{(x_0 - x_j)^2 + (y_0 - y_j)^2}} \\ p_0 \in 地面点(ground\ points) \end{cases} \Bigg| \quad s_{0,\max} < s \tag{3.7}$$

式中：$s_{0,j}$ 为 $p_0(x_0, y_0, z_0)$ 和 $p_j(x_j, y_j, z_j)$ 点构成的坡度。

该算法关键参数包括地面最大及最小高程、最大坡度、搜索半径及计算坡度的两点间最小距离，两点间最小距离设为 0.1m，其余参数由标准数据统计获取，对各区块搜索半径由 1～10m，0.1m 的间隔进行测试，采用最佳参数。

5. 多尺度曲率滤波

由 Evans 和 Hudak[19]提出的多尺度曲率滤波（multi-scale curvature classification，MCC）方法，主要适用于林区滤波。该算法基于薄板样条插值法建立插值曲面 $Z(s)$，定义新的矢量窗口处理 $Z(s)$，得到新的曲面 $x(s)$，判断点云高程是否超过一定曲率容差范围内的新曲面 c，以区分地面点及非地面点，通过改变格网大小使剩余点在三个尺度域上进行迭代，其中

$$c = x(s) + t \tag{3.8}$$

式中：s 为初始尺度参数，由点云间隔确定，即确定初始曲面 $Z(s)$ 的分辨率；t 为曲率容差阈值。

算法包含两个用户定义的参数 s 和 t，针对每个区块，s 为 0.1～2.0，以 0.1 为间隔测试；t 为 0.05～0.5，以 0.01 为间隔测试，取最佳滤波结果。

3.3.2　点云滤波效果评价方法

1. 滤波误差评定

采用滤波算法精度评定方法来评价各种滤波算法的滤波效果[20]。以影像辅助的、人工交互滤波的标准地面点云数据作为验证数据。该方法将点云数据的误分率分为三类：Ⅰ类误差是将地面点误分类为非地面点的误差，又称为拒真误差；Ⅱ类误差是将非地面点分类为地面点的误差，又称为纳伪误差；Ⅲ类误差为总误差。同时通过 Kappa 系数表征点分类结果与标准分类的一致程度。

$$Ⅰ类误差 = \frac{b}{a+b} \tag{3.9}$$

$$Ⅱ类误差 = \frac{c}{c+d} \tag{3.10}$$

$$总误差 = \frac{b+c}{a+b+c+d} \tag{3.11}$$

$$Kappa = \frac{m(a+d) - (eg + fh)}{m^2 - (eg + fh)} \tag{3.12}$$

式中：a 和 d 分别为正确分类的地面点和非地面点数量；b 为地面点错分为非地面点的数量；c 为非地面点错分为地面点的数量；m 为总分类点数；e 为标准结果的地面点数；g 为实际提取的所有地面点；f 为标准结果的非地面点数；h 为实际提取的非地面点数。

2. DEM 误差统计

以上滤波误差评定方法主要用于辅助各算法的参数测试，以最低分类误差确定各算法的最优参数。该方法仅从点的数量上反映了分类误差率，而直接对所提取地面点插值生成的 DEM 进行分析，更能有效反映基于不同算法生成 DEM 的高程误差。具体是利用实验数据将各种算法生成的 DEM 与标准 DEM 进行叠加，统计分析各采样区块高程差值的像元均值及标准差、高程误差在 0.1m 范围内的像元占比，即近 0 像元占比。选用 DEM 误差均值（mean absolute error，MAE）、标准差（standard deviation，STD）及拟合优度（R^2）三个数值指标对比分析各滤波算法对 DEM 建模误差的影响。各指标计算如下：

1）均值

$$MAE = \frac{1}{n} \sum_{k=1}^{n} (|Z_k - z_k|) \tag{3.13}$$

式中：Z_k 为验证点 k 的内插高程值；z_k 为采样点 k 的实际高程值；n 为验证点数。通过该指标反映各算法插值 DEM 的误差均值。

2）标准差

$$STD = \sqrt{\frac{1}{n}\sum_{k=1}^{n}(Z_k - \bar{Z})^2} \tag{3.14}$$

式中：$\bar{Z}$ 为各验证点处 DEM 内插高程均值。该指标可以反映 DEM 高程值偏离误差均值的离散程度。

3）拟合优度

$$R^2 = 1 - \frac{\sum\limits_{k=1}^{n}(Z_k - z_k)^2}{\sum\limits_{k=1}^{n}(Z_k - \bar{z})^2} \tag{3.15}$$

式中：$\bar{z}$ 为所有验证点的高程均值。该指标反映了插值结果与标准地表面的拟合程度，其值越接近 1，拟合效果越好。

3.3.3　黄土沟壑区点云滤波效果分析

为了对比五种主流算法在黄土高原沟壑区的激光点云滤波效果，以甘肃庆阳的黄土沟壑区为试验区域，基于不同算法的滤波结果构建 DEM，将其与手动编辑生成的标准 DEM 进行对比，分析其误差随地形、植被覆盖条件的变化关系，揭示不同滤波算法对黄土沟壑区 DEM 模型误差的影响。

1. 点云数据及标准 DEM

试验区域位于甘肃省庆阳市南小河沟流域的分支流域，属黄土高原沟壑典型区域。区域面积约 1km²，平均高程 1 200m，高程落差超过 150m，地貌起伏很大，土壤侵蚀严重。经多年封育、自然恢复，已形成天然荒草地植被群落，植被平均高度约为 0.5m，最大高度近 25m。

通过机载 LiDAR 移动测量系统获取点云数据，飞行高度最大 250m，解算后初始点云平均密度为 40 点/m²。经实地 GPS 检查点验证，点云数据的标准差 0.046m，不同架次间的相对标准差 0.058m。

为了给沟壑区 DEM 误差评定提供参考标准，将获取的原始点云数据在 TerraSolid 软件中进行手动精细分类，利用精细分类后的地面点通过自然邻域插值生成标准 DEM，其分辨率为 0.5m。经过点云精细分类的黄土沟壑区 DEM 如图 3.5 所示。

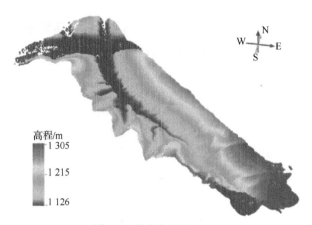

图 3.5　黄土沟壑区 DEM

2. 滤波性能影响因子提取

依据试验区域的地形坡度、植被覆盖度、高程变异系数等因子的差异，选取 15 个长 206m、宽 103m 的区块用于对比各算法的滤波效果，将不同算法生成的 DEM 与标准 DEM 进行叠加，统计分析 DEM 误差及其与各影响因子的相关关系。试验区域的滤波性能影响因子提取结果如下。

1）地形坡度

基于标准 DEM 提取各区块的坡度信息，以一个区块坡度数据各像元的平均值作为该区块的坡度统计量。经统计分析，整个沟壑区域的最小坡度为 0°，最大坡度达 87°，所选 15 个区块的平均坡度在 9°～45° 均有分布。

2）植被覆盖度

植被覆盖度反映了区域植被密度，其值为植被在地面的垂直投影面积与统计区总面积的比值[21]。在进行植被覆盖度提取时，应将点云空间划分成等间距格网，用高度阈值来区分地面及植被点，高度值大于给定阈值则被视为植被点并参与计算，其结果可保存为栅格数据文件。经对去噪后的点云分析可知，该区域植被基本高于 1m，分别以 10m、15m、20m 的格网间距和 1m 高度阈值测试提取植被覆盖度，将提取栅格结果的像元均值作为各区块植被覆盖度统计量。测试结果表明，10m 格网间距效果较佳，其对应的 15 个区块的植被覆盖度在 3%～78% 均有分布。

3）高程变异系数

高程变异系数是地表一定距离范围内，高程标准差与平均值的比值，反映了地表宏观区域高程的相对变化[22]。基于各区块标准 DEM 进行统计，计算各区块面积内高程标准差与均值的比值，15 个区块对应的高程变异系数在 0.002～0.023 均有分布。

3. 不同算法生成的 DEM 误差对比分析

DEM 误差由不同算法生成 DEM 与标准 DEM 叠加获取，对 DEM 误差进行分析，能更好反映滤波提取地面点与真实地形的差异。其中正值误差多由非地面点产生，负值误差则由漏提的地面点产生。由此分别对各区块 DEM 误差绝对值的标准差随滤波结果总误差的变化、DEM 误差正值的标准差随二类误差的变化、DEM 误差负值的标准差随一类误差的变化进行统计，其误差变化图分别如图 3.6（a）～（c）所示。结果表明，基于各滤波算法生成的 DEM 误差与 I 类、II 类误差之间不存在一致性。

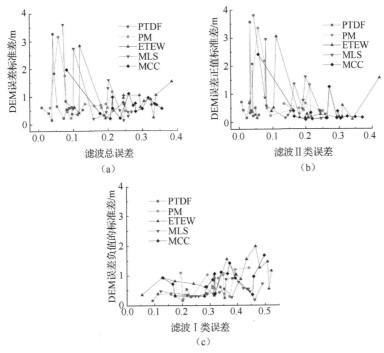

图 3.6　不同算法生成的 DEM 误差随滤波误差变化图

根据五种算法滤波结果对应的 DEM 误差统计直方图、DEM 误差绝对值的均值、标准差及近 0 像元占比随地形坡度、高程变异系数、植被覆盖度三个因子的变化，通过多元回归分析探究不同滤波算法在黄土沟壑区条件下的适用性。

1）整体分析

对每种算法滤波结果对应的 DEM 进行误差直方图统计。统计图以 0.5m 为间隔，并采用 GaussAmp 函数模型拟合，各算法滤波结果对应 DEM 误差统计直方图如图 3.7（a）～（e）所示，其拟合函数式如下式：

$$y = y_0 + Ae^{-\frac{(x-x_c)^2}{2w^2}} \tag{3.16}$$

其中

$$w = \frac{\text{FWHM}}{2(\ln 4)^2} \tag{3.17}$$

上述式中： A 为拟合曲线振幅，即峰值； y_0 为曲线最低值相对于 x 轴的偏移量； x_c 为峰值对应 x 坐标位置；FWHM（full width at half maximum）为半峰值对应的曲线宽度。

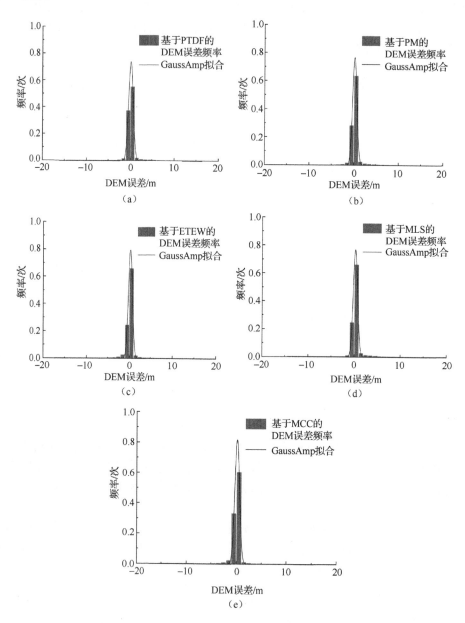

图 3.7　各算法滤波结果对应 DEM 误差统计直方图

经 GaussAmp 函数模型拟合[23]的各算法对应 DEM 误差分布拟合参数见表 3.2，

其中，R^2 为曲线拟合程度，A 为曲线与 x 轴组合区域覆盖面积。结合直方图及拟合结果分析，通过拟合曲线峰值及对应位置反映 DEM 差值近 0 像元占比，基于 PTDF 和 MCC 算法的 DEM 误差直方图峰值对应位置分别为 0.103 8m、0.132 3m，相比其他三种算法更接近 0，且 MCC 曲线拟合峰值高达 0.817 9，即其 DEM 近 0 像元占比更大；通过拟合曲线宽度反映 DEM 差值的误差极值，基于 ETEW 及 MCC 滤波算法的 DEM 误差拟合曲线 FWHM 较小，分别为 1.092 8m、1.104 4m，表明其对应 DEM 误差极值较小，通过 ETEW 及 MCC 滤波，能较好地去除较大高差的非地面点；MLS 滤波结果对应 DEM 误差拟合曲线峰值较小，为 0.767 6m，峰值中心处于 0.229 9 的位置，相对其他四种算法偏移较大，半峰值对应的曲线宽度达 1.136 3m，具有较大的误差极值，MLS 算法在沟壑区域的滤波效果最差。

表 3.2　基于 GaussAmp 模型的各算法对应 DEM 误差分布拟合参数

滤波算法	GaussAmp 模型拟合参数						
	A/m^2	x_c/m	y_0/m	w/m	FWHM/m	R^2	面积/m^2
PTDF	0.736 7	0.103 8	0.001 5	0.516 6	1.216 4	0.999 5	0.953 9
PM	0.764 0	0.197 7	0.001 1	0.491 4	1.157 2	0.999 2	0.941 1
ETEW	0.793 2	0.213 7	0.002 1	0.464 1	1.092 8	0.998 3	0.922 6
MLS	0.767 6	0.229 9	0.001 9	0.482 5	1.136 3	0.999 2	0.928 5
MCC	0.817 9	0.132 3	0.001 4	0.469 0	1.104 4	0.998 8	0.961 5

2）分块分析

黄土沟壑区域的点云滤波受区域地形、植被覆盖情况的影响。在此分析地形坡度、高程变异系数、植被覆盖度三个因子与 DEM 误差间的相关性，探究不同滤波算法在不同沟壑环境条件下的适用性。统计 15 个区块的实验结果，图 3.8（a）～（c）分别为 DEM 误差绝对值的均值、标准差及近 0 像元占比随地形坡度的变化，图 3.8（d）～（f）分别为 DEM 误差绝对值的均值、标准差及近 0 像元占比随高程变异系数的变化，图 3.8（g）～（i）分别为 DEM 误差绝对值的均值、标准差及近 0 像元占比随植被覆盖度的变化。

由图 3.8 可知，三个因子对各算法滤波对应 DEM 误差的影响呈现出明显的规律性。整体上，DEM 误差均值与标准差随三个因子的变化规律相近。

从地形坡度来看，当坡度小于 35° 时，PTDF 算法对应 DEM 误差近 0 像元占比最大，MCC 算法则具有最小的 DEM 误差，ETEW 算法对应 DEM 误差近 0 像元占比最低，MLS 算法对应 DEM 的误差均值及标准差最大，但随着坡度的增大，MLS 滤波方法更接近真实地形。

　　从高程变异系数分析，该系数小于 0.01 时，MLS 滤波算法对应 DEM 的误差均值及标准差最大，但近 0 像元占比表现较优；MCC 算法对应 DEM 滤波误差最小。该系数超过 0.01 时，各算法对应 DEM 误差均值及标准差呈现一定的上升趋势。

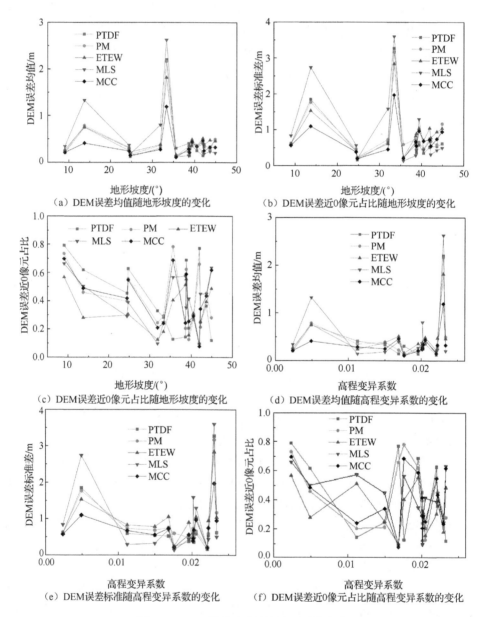

图 3.8　DEM 误差随滤波影响因子的变化

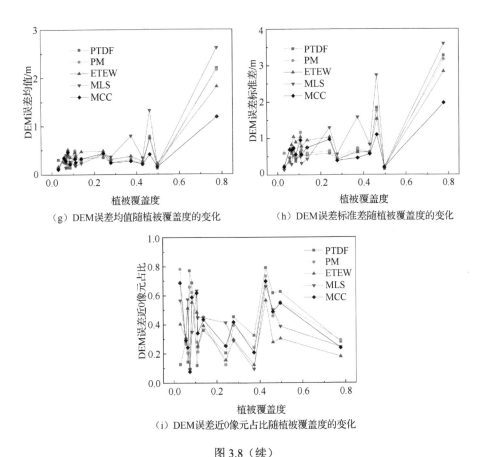

（g）DEM误差均值随植被覆盖度的变化　　　　（h）DEM误差标准差随植被覆盖度的变化

（i）DEM误差近0像元占比随植被覆盖度的变化

图 3.8（续）

从植被覆盖度分析，各算法对应的 DEM 误差均值及标准差随植被覆盖度的增大呈波动上升。植被覆盖度低于 20% 时，对算法滤波结果影响较小；植被覆盖度超过 20% 后，PTDF 算法在近 0 像元占比上更具优势，MCC 算法对应 DEM 误差最小，MLS 算法对应 DEM 误差均值及标准差最大。

3）各种滤波算法的适用性评价

基于以上五种滤波方法在不同地形及植被覆盖条件下所构建的 DEM 具有不同的误差结果，各方法在不同环境条件下的适用性与其参数阈值密切相关，其中，PTDF 算法滤波主要通过迭代距离及迭代角度两个参数协调控制加密三角网以选取地面点，能有效减少地形跳跃，因此，该算法构建的 DEM 在近 0 像元占比上最优，即基于该算法构建的 DEM 与标准 DEM 的误差在 0.1m 以内的像元占比更多，能有效去除低矮植被；该性能在小坡度、高植被覆盖度条件下表现更明显。

PM 算法构建的 DEM 在五种算法中误差适中，该算法通过对初始曲面执行形态学开运算，即先腐蚀、后膨胀的操作去除非地面点，在纤细处能较好地分离植被，因此该算法的滤波效果更多取决于地表地物形态，算法阈值随滤波窗口变化而变化，但参与阈值计算的坡度因子为固定值，其阈值仍然缺少一定的自适应性。

ETEW 算法构建的 DEM 整体上误差极值最小，在小坡度、高植被覆盖度条件下近 0 像元占比最低，原因在于该算法主要通过由预定义坡度与滤波窗口尺寸计算的高差阈值去除非地面点，在小坡度区域，预定义坡度为固定值，通过高差阈值可有效去除高植被点，但难以去除低矮植被，造成较小的误差极值及较低的近 0 像元占比，使其在坡度较小、低矮植被较多的条件下适用性较差。

MLS 算法构建的 DEM 效果最差，该算法仅在坡度大于 35° 时对应 DEM 误差较小，这主要受到该算法中坡度阈值的影响。为了更好地保留地形细节特征，其阈值接近滤波区块内的最大坡度，使其在大坡度区域保留下来的地形更多、植被更少，因此，MLS 算法在大坡度、低植被覆盖度区域具有更好的滤波效果，但坡度阈值设置较大时，即使有搜索半径参数的限制，MLS 算法也难以识别植被与真实地形凸起部分。

MCC 算法构建的 DEM 整体上近 0 像元占比较大，仅次于 PTDF 算法，其误差极值也较小，仅次于 ETEW，在小坡度、小高程变异、高植被覆盖条件下具有更好的适用性。该算法首先基于最低点进行薄板样条插值，判断各点加入后的曲率是否在容差范围内以进一步增加地面点，曲率容差较小难以保留地形细节，曲率容差较大难以去除低矮植被，因此该算法适用于高程变异较小的高植被区域。

除了 PTDF 算法，其他方法在阈值设置上缺少自适应性，特别是 PM、ETEW、MLS 算法中的坡度阈值多为固定值，使得算法取得较差的滤波效果。在地形复杂多变的条件下，对整个区域设定统一的坡度阈值是不合理的，坡度阈值应随实际地形而变化[24]。

3.3.4 榆神风积沙区域点云滤波效果分析

利用 3.2 节在榆神矿区风积沙覆盖区获取的两期四组点云数据，采用五种现有滤波算法处理点云并构建相应的 DEM，通过 DEM 误差对比分析各算法在榆神矿区地形起伏较缓和植被覆盖较低环境下的适用性。

1. 标准 DEM 与滤波性能影响因子

2019 年 4 月在试验区域采集的第一期点云数据中，选取 A、B、C、D 四个区块进行滤波算法对比。标准地面点提取由渐进三角网加密滤波（PTDF）算法处理及手动编辑完成。手动处理在不同宽度的剖面下编辑实现，根据地面点生成分辨率为 0.5m 标准 DEM，各区块标准 DEM 如图 3.9 所示。

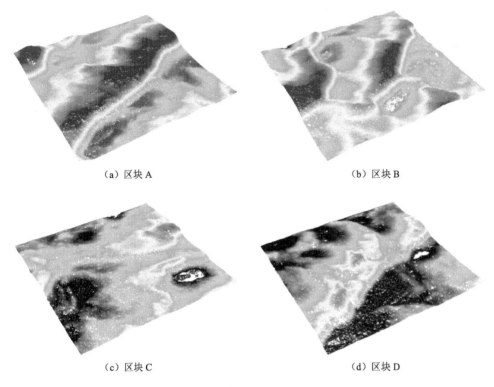

（a）区块 A　　　　　　　　　　　　　　　　　（b）区块 B

（c）区块 C　　　　　　　　　　　　　　　　　（d）区块 D

图 3.9　各区块标准 DEM

根据各区块点云数据结合无人机影像分析，确定各区块所对应点云密度、地面点密度、地形坡度均值、高程变异系数、植被覆盖度[25-26]如表 3.3 所示。由表 3.3 可知，各区块所对应点密度和各项滤波性能影响因子均无明显的差异，表明所选区块可以代表试验区的地理环境条件。

表 3.3　各区块点云密度和滤波性能影响因子

试验区块	点云密度/ （点/m²）	地面点密度/ （点/m²）	地形坡度均值/ （°）	高程 变异系数	植被覆盖度/ %
A	37.758	9.071	11.528 2	0.696 4	13.44
B	36.072	8.496	12.621 3	0.621 6	14.93
C	30.618	7.293	10.083 0	0.636 6	10.49
D	34.110	7.873	10.498 7	0.706 7	18.57

2. 不同算法生成的 DEM 误差分析

对各区块的算法误差分析包括滤波点分类误差、DEM 误差对比分析。

图 3.10（a）～（d）为各试验区域不同滤波算法对应点分类误差统计结果，从 I 类误差、II 类误差、总误差及 Kappa 系数来看，PTDF 算法具有相对明显的点云分类优势，总误差最小（仅 6.30%），而 Kappa 则系数最高（达 85.32%），点分类结果与标准结果最接近；MCC 算法点分类误差较大，总误差最大（达 20.48%），而对应的 Kappa 系数也最小（仅 51.94%）；ETEW、MLS 及 PM 算法总误差及 Kappa 系数介于中间。

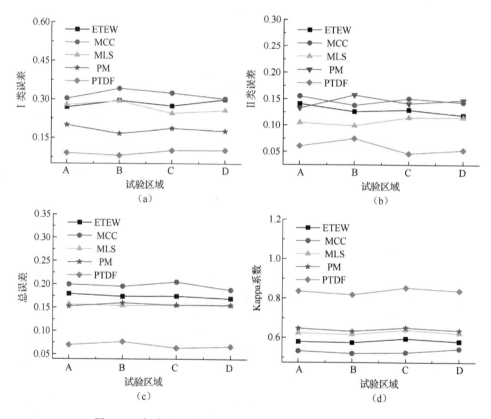

图 3.10　各试验区域不同滤波算法对应点分类误差统计结果

上述点分类误差统计结果只能反映点云滤波本身的错分率，不能反映所构建的 DEM 建模误差情况。为此，将各算法滤波结果对应 DEM 与标准 DEM 进行叠加，统计出对应 DEM 的误差分布直方图，如图 3.11 所示。

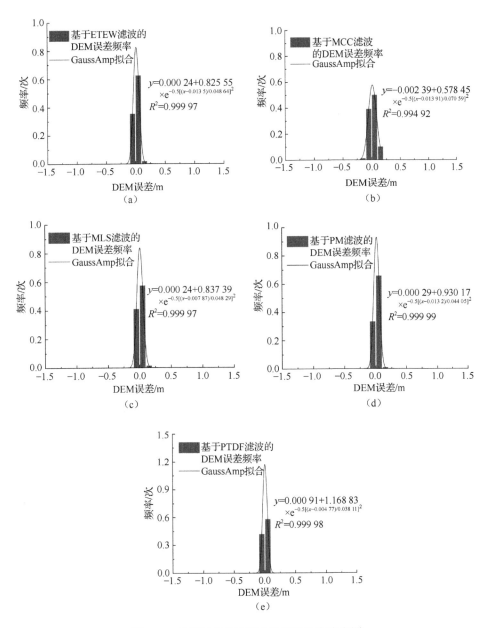

图 3.11　各算法对应 DEM 的误差分布直方图

采用 GaussAmp 函数模型拟合[27]上述直方图，拟合函数式同式（3.16），所得 DEM 误差分布的 GaussAmp 模型拟合参数如表 3.4 所示。

表 3.4　各算法对应 DEM 误差分布的 GaussAmp 模型拟合参数

插值算法	GaussAmp 模型拟合参数						
	A	x_c/m	y_0	w/m	FWHM/m	R^2	面积/m²
ETEW	0.825 55	0.013 50	0.000 24	0.048 64	0.114 53	0.999 97	0.100 65
MCC	0.578 45	0.013 91	−0.002 39	0.070 59	0.166 24	0.994 92	0.102 36
MLS	0.837 39	0.007 87	0.000 24	0.048 29	0.113 71	0.999 97	0.101 36
PM	0.930 17	0.013 20	0.000 29	0.044 05	0.103 72	0.999 99	0.102 69
PTDF	1.168 83	0.004 77	0.000 91	0.038 11	0.089 75	0.999 98	0.111 67

表 3.4 中拟合程度 R^2 均大于 0.99，拟合效果好，依据其辅助分析 DEM 误差分析图 3.11 可知，基于 PTDF 滤波结果对应 DEM 误差集中于小误差范围，滤波效果最优；MCC 滤波对应 DEM 误差稍大；PM、ETEW 与 MLS 算法构建的 DEM 误差更大，其滤波效果均较差。

在此基础上，统计出各算法滤波结果对应 DEM 的误差均值、标准差及拟合优度，其误差统计如图 3.12（a）～（c）所示。

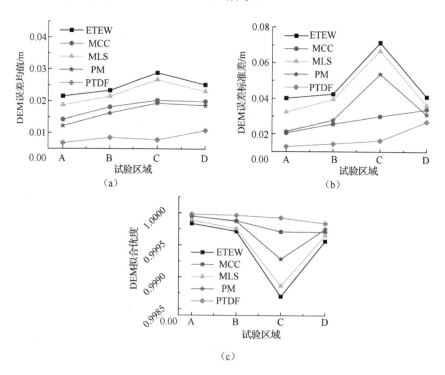

图 3.12　不同滤波算法对应 DEM 的误差统计

分析图 3.12 可知，四个区块中 PTDF 滤波结果对应的 DEM 误差最小，其误差均值最大为 0.006 8m，标准差最大为 0.012 9m，拟合优度达 99.998%，与标准结果近乎一致，具有最佳滤波效果；ETEW 滤波结果对应的 DEM 误差最大，其误差均值最大达 0.028 8m，标准差最大达 0.071 3m，最小拟合优度为 99.869 7%，滤波效果最差；MLS、MCC、PM 算法的滤波效果介于中间。

综上所述，从点云分类误差、DEM 误差分布和各项误差指标来看，可以得出一致的结果，PTDF 算法的滤波效果在五种主流算法中效果最佳，在榆神矿区点云数据滤波中具有最好的适用性。从该算法原理可知，通过迭代距离及迭代角度两个参数协调控制加密三角网以选取地面点，能有效去除低矮植被并减少地形跳跃，因而适用于榆神矿区地形坡度较缓而植被覆盖度不大且较为低矮的地理环境。其他算法在阈值设置上缺少自适应性，特别是 PM、ETEW、MLS 算法中的坡度阈值多为固定值，不适合榆神风积沙覆盖区的点云数据滤波。

3.4　基于 LiDAR 点云构建 DEM 的改进算法

利用现有的点云滤波算法提取地面点及构建的 DEM 中，往往仍包含部分非地面点信息，使得 DEM 叠加生成的沉陷模型含有明显的粗差。为了减少非地面点噪声，提出了一种针对点云二次滤波的改进算法和基于平地特征点云的提取算法。

3.4.1　点云二次滤波

在上述最优的三角网渐进加密滤波算法（PTDF）基础上，将点云按格网划分并对每个格网内的点云按高程大小排序，仅保留其中较低的部分点云作为类地面点（保留点云数量的百分比定义为类地面点保留阈值），通过调整格网大小和类地面点保留阈值来达到最优的沉陷 DEM 建模效果。具体算法流程如下。

（1）将两期地面扫描数据按照 PTDF 法进行滤波，按一定的格网尺寸存储点云数据。

（2）针对格网内点云数据按高程排序，设定初始的保留阈值（一般可取 40%～50%），提取每个格网内的类地面点云。

（3）对两期类地面点云分别构建一定分辨率（一般为 0.1～0.5m）的格网 DEM，按高程平均值法计算格网高程，将两期格网 DEM 叠加求差，得到初始沉陷 DEM。

（4）利用沉陷盆地以外的稳定区域统计出初始沉陷 DEM 的平均误差和标准差，分别表示沉陷 DEM 的系统性误差和随机误差，作为衡量沉陷 DEM 建模精度的依据。

（5）通过调整格网尺寸和保留阈值两个参数，计算沉陷 DEM 的误差值，直至达到最佳精度，将选定的两个参数用于多期扫描点云的二次滤波参数。

在上述二次滤波算法中，设置合理的格网尺寸和保留阈值是提高沉陷 DEM 精度的重要环节。如果所划分的格网尺寸越小，虽然格网内地形复杂度越低，所生成的 DEM 精细度也更高，但点云噪声和随机误差对于 DEM 叠加得到的沉陷模型精度影响也越显著；若所划分的格网尺寸越大，所保留的类地面点密度会越低，容易失去地形特征点，造成沉陷 DEM 精度降低。一般来说，所选格网大小应介于 DEM 的合理分辨率（一般为 0.1～0.5m）与最低分辨率（一般不超过 2m）之间；类地面点保留阈值决定了格网内用于代表地面点的点云相对数量，该阈值越小表示所选的点云代表性越好，但易造成地形失真，而阈值过大则会混入非地面点，并造成保留点云数据冗长、存储量大的结果，应结合扫描点云的密度、地形复杂度、植被等噪声点的相对数量，并在利用上述现有算法对同一期两次扫描数据进行滤波后，通过所叠加的 DEM 相对精度对比来确定本节改进算法的最优参数。

为了说明上述二次滤波算法的最优参数选取过程。利用前面的试验数据经 PTDF 滤波后，选择两期扫描数据中地表沉陷区以外的稳定区域，将点云格网大小分别设置为 0.2m、0.5m、1m、2m；类地面点保留阈值分别设置为 50%、30%、20%，生成不同参数组合条件下的两期扫描点云的差值 DEM（其分辨率为 0.2m）。对 DEM 高程差值进行统计分析，得到不同参数组合下差值 DEM 的平均误差值 m_p 和标准差值 m_0。其误差统计如表 3.5 所示。

表 3.5　不同参数的差值 DEM 误差统计　　　　　　　　　　（单位：m）

保留阈值 格网大小	平均误差值 m_p 和标准差值 m_0	20% m_p/m_0	30% m_p/m_0	50% m_p/m_0
0.2m	m_p	0.066	0.066	0.066
	m_0	0.086	0.086	0.086
0.5m	m_p	0.065	0.065	0.067
	m_0	0.079	0.079	0.081
1m	m_p	0.077	0.076	0.069
	m_0	0.086	0.083	0.080
2m	m_p	0.047	0.067	0.056
	m_0	0.057	0.063	0.066

由表 3.5 可见，当格网大小为 2m 且保留阈值为 20%时，所得的差值 DEM 平均误差 m_p=0.047m，标准差 m_0=0.057m，达到最小值。因此，试验区域地理条件

下二次滤波的最优参数为格网大小 2m 且保留阈值 20%。将上述参数用于沉陷区点云数据的二次滤波。

为了验证上述改进算法二次滤波的效果，随机选择标准差较大的 2 个 2m×2m 的点云格网，统计出二次滤波前后每个格网内 100 个栅格（分辨率 0.2m）的平均误差和标准差分布情况，所得两个 2m×2m 格网的误差分布图如图 3.13 所示。

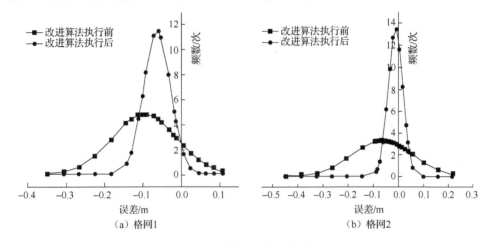

（a）格网1　　　　　　　　　　（b）格网2

图 3.13　二次滤波前后格网误差分布图

由图 3.13 可知，采用改进算法进行二次滤波后，DEM 格网的误差分布更趋向于标准正态分布，其平均误差和标准差均变小。图 3.13（a）中格网平均误差由 -0.100m 减小为 -0.062m（标准差由 0.083m 减小为 0.034m）；图 3.13（b）中格网平均误差由 -0.066m 减小为 -0.013m（标准差由 0.120m 减小为 0.029m），这说明经过点云二次滤波后所构建的 DEM 格网误差显著减小。

3.4.2　地面特征点云提取算法

采用 LiDAR 数据构建采煤沉陷模型的关键是从海量点云中提取地面点。现有的各种滤波算法尽管其原理和适用条件有所不同，实质上都是为了剔除点云中的非地面点，滤波后的点云中不可避免地存在少量的噪声点，导致所构建的沉陷 DEM 往往包含显著的粗差，现有文献通常利用后处理算法对沉陷模型进行平滑和去噪，但难以达到很好的改进效果。

利用 LiDAR 数据构建地表沉陷模型的实质是获取区域内地面点的高程变化信息。如果能够从海量点云数据中提取一些具有稳定、精确高程信息的特征点云，利用这些特征点的高程信息生成 DEM 并进行叠加，所得到的沉陷 DEM 则不会存在明显的噪声。显然，沉陷区域内的建筑物、道路、平地、地貌特征点等信息均可视为特征点云。西部矿区人居环境脆弱，建（构）筑物和道路等特征点往往不多，但地表大部分为裸露（沙）土，植被覆盖度较低，在一定尺度下存在大量高程近似的平地单元，其点云高程差异小且具有更高的扫描精度和可靠性。如果利用这些平地特征点云的叠加来构建沉陷 DEM，其效果将优于基于点云滤波的 DEM 建模方法。因此，提出一种基于点云高程信息搜索平地单元并提取特征点云的算法，该算法流程如下。

（1）利用虚拟格网对点云数据进行组织。将三维空间点云数据投影到 XOY 平面，平面被划分为无数个尺寸相同的格网，每个格网内部包含数个空间点[28]。

（2）初步剔除植被点。对各期采集的点云数据分别 2 倍抽稀为两组数据，构网建模得到相对高差栅格，像元大小与点云数据密度保持一致，假设点云数据的密度为 n 个/m²，则像元大小为 $d = \dfrac{1}{\sqrt{n}} m$。统计相对高差栅格平均值 μ 及标准差 σ，剔除高程差栅格像元值超过 $(\mu - \sigma, \mu + \sigma)$ 范围格网内部点云数据，对两期数据进行相同处理，得到两期数据满足高程差阈值条件的域 R_{e1} 和 R_{e2}。

（3）确定最低点集。以域 R_{e1} 为例，虚拟格网内部点云数据示意图如图 3.14 所示，格网尺寸为 dm，黑色点为格网内部高程最低点，浅灰色点为待剔除点。为了降低地面低矮植被对建模的影响，在保证沉陷建模点云密度要求的前提下，仅保留每个虚拟格网内部高程最低空间点。对各期数据进行相同处理，得到两期数据局部最低点集。

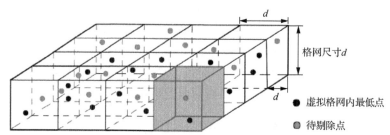

图 3.14　虚拟格网内部点云数据示意图

（4）确定监测区域。利用最低点集构建两期栅格数据，利用图像处理中的邻域运算对两期栅格数据进一步处理得到监测区域提取示意图如图 3.15 所示，其中白色像元为空值像元，浅灰色像元为非空像元附有像元值，黑色像元为监测区域。为了寻找监测区域，定义滑动块矩阵 $C = [1\ 1\ 1; 1\ 1\ 1; 1\ 1\ 1]$，滑动块矩阵逐行在图像上进行滑动，滑动时对模板经过区域进行运算，像元大小为 dm，滑动块矩阵对应的图像尺寸为 $3d \times 3d$ 的正方形区域。将滑动块矩阵与图像矩阵对应相乘得到矩阵 L，矩阵 L 元素数值与滑动块矩阵对应图像像元值对应相等。通过以下两个判断条件确定监测区域：

判断条件一：滑动块矩阵对应图像无空值像元。根据空值（NaN）与任意实数进行数学运算仍为空值这一结论，判断生成的矩阵 L 中是否存在空值，仅当矩阵 L 中不存在空值时保留对应图像矩阵。

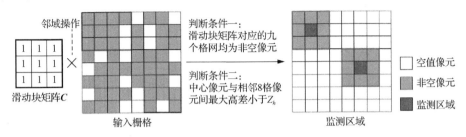

图 3.15　监测区域提取示意图

判断条件二：满足判断条件一的图像矩阵中心像元与相邻 8 个像元间最大高差小于 Z_h。Z_h 的确定方法示意图如图 3.16 所示，图中黑色点为像元值，像元值在格网几何中心，相邻像元与中心像元高差阈值为 $Z_h = \sqrt{2}d \times \tan\alpha$，其中 d 为格网尺寸，α 为区域平均坡度。

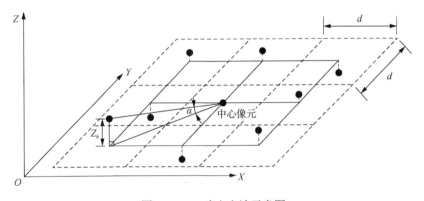

图 3.16　Z_h 确定方法示意图

当且仅当同时满足上述两个判断条件时，将滑动块矩阵对应图像的中心像元提取。滑动块矩阵在图像上滑动过程中对模板经过区域进行运算，将区域中满足条件的像元提取，对两期数据进行相同处理，其公共像元即为所寻找监测区域。

（5）步骤（3）中两期数据局部最低点集落入监测区域的点即为特征点云，通过监测区域中两期局部最低点集的高差得到监测区域沉降值，对沉降值进行栅格插值获取区域沉陷信息。

采用特征点云提取算法对某工作面点云数据进行特征点云提取，进一步插值生成采煤沉陷模型，模型走向主断面下沉曲线与该工作面地表移动观测站水准，以及 RTK 数据对应时间段两期实测下沉曲线对比如图 3.17 所示，可以看到模型走向主断面地表移动观测站对应沉降值对实测下沉值拟合程度较高。沉降范围内拟合效果更佳，稳定区域仍会存在微量误差。

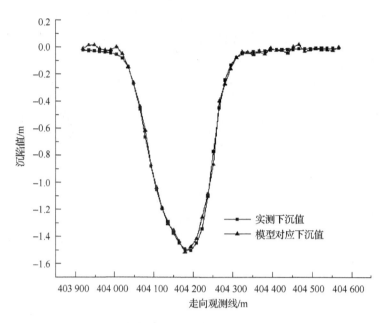

图 3.17　下沉曲线对比图

为了定量比较,对走向观测线上布设的 46 个沉降监测点处实测沉陷值与算法生成采煤沉陷模型对应监测点处的沉降值误差指标进行统计,表 3.6 为算法结果在模型主断面上的误差统计,主要采用平均误差及均方根误差两种误差评价指标,由表中可以看出特征点云提取算法平均误差仅 7mm,均方根误差 2.8cm,在可靠性及精度上均能满足采煤沉陷建模需求。

表 3.6　算法结果模型主断面误差统计

评价指标	平均误差	均方根误差
误差值/m	0.007	0.028

上述算法的实质是寻找可靠性高的平地单元。利用高程差阈值条件,初步剔除植被脚点,监测区域的搜索是保证特征点云所在格网周围八邻域均为近平面条件,仅保留中心格网内部点云数据,可以有效消除点云平面位置偏差对于高程精度的影响。提取特征点云数据后,通过插值算法构建 DEM。

3.5　点云插值算法对比分析

点云插值算法在很大程度上影响基于地面点云的 DEM 建模质量和精度。不同的插值方法适用的地理条件有所不同。本节利用 3.3.4 节中 A、B、C、D 四个区块点云数据，选取五种主流的插值方法分别生成 DEM，通过误差均值、标准差及拟合优度三个指标并结合误差分布图，分析各个算法在西部矿区地理环境条件下的适用性。通过不同插值算法分别插值成分辨率为 0.5m 的栅格数据，将手动编辑提取少量地面点用于插值算法的精度验证。

3.5.1　点云插值算法及参数设置

选取五种主流插值算法[29]分别构建 DEM 并进行误差分析。

1. 专业化数字高程模型插值

专业化数字高程模型（authorized digital elevation model，ANUDEM）插值算法通过嵌套式多分辨率迭代计算实现地形插值。插值过程由低分辨率到高分辨率按 50%逐级增大，直到分辨率达到用户指定的最大值。各级分辨率下拟合点高程为就近点的高程值，无就近点则采用高斯-赛德尔（Gauss-Seidel）迭代计算高程值。从原理上来看，该算法既具备了局部插值的高效性，又不失全局插值的连续性。

在使用 ANUDEM 插值算法时，设置输入数据类型为 Point Elevation，即为表面高程的点要素，主要数据为 SPOT，由于地形较为平滑，迭代次数设为 20 即可，较大的迭代次数设置适合山脊河流较多的区域。

2. 反距离权重插值

反距离权重（inverse distance weight，IDW）插值算法通过拟合点与样本点间的距离确定权重进行加权计算，离拟合点越近，其权重越大。设已知点坐标为 $X_i, Y_i, Z_i (i=1,2,\cdots,n)$，拟合点高程 z 的计算公式如下：

$$z = \frac{\left[\sum_{i=1}^{n} \dfrac{z_i}{d_i^2}\right]}{\left[\sum_{i=1}^{n} \dfrac{1}{d_i^2}\right]} \tag{3.18}$$

式中：d_i 为拟合点与样本点间的距离。该算法要求样本点分布均匀，且其密度足以反映局部地表变化。算法包含距离幂次及搜索半径两个关键参数，幂次越大，远处点影响越小。在本试验中距离幂次设置为 2，搜索半径限制为拟合点邻近 12 点。

3. 克里金插值

克里金（Kriging）插值算法包括普通克里金法和通用克里金法。本试验采用的 Kriging 插值为普通克里金法，即假定采样点不存在潜在的全局趋势，仅通过局部采样点、利用变异函数估算拟合点的高程值。试验选取球面函数，步长设置为 0.5m，搜索半径仍限制为邻近 12 点。

4. 自然邻域插值

自然邻域（natural neighborhood，NN）插值算法采用邻近采样点的值和距离估算拟合点的高程。与 IDW 插值算法不同的是，该算法通过泰森多边形划分空间，以及邻近多边形限制搜索半径，由拟合点形成的新的泰森多边形与原始多边形重叠面积占比确定各采样点的权重。

该算法仅具有局部高效性，通过泰森多边形进行局部调整，无须用户干预搜索半径、样本点数目等参数。

5. 样条函数插值

样条函数（spline function）插值算法包括规则样条法和张力样条法两种。区别在于生成表面的平滑性，前者生成的表面为光滑渐变，后者则以样本点取值范围为限制，生成的表面较为坚硬。每种方法都需要设置权重，权重越大，相应表面越光滑或越粗糙。试验选用规则样条函数插值，邻近采样点数仍设为 12，权重为默认值 0.1。

3.5.2 误差直方图统计

对每种插值算法对应的 DEM 进行误差直方图统计。统计所有验证点的高程误差分布，并采用 GaussAmp 函数模型拟合，误差统计直方图如图 3.18 所示。其拟合函数式如下：

$$y = y_0 + A e^{-\frac{(x-x_c)^2}{2w^2}} \tag{3.19}$$

其中

$$w = \frac{\text{FWHM}}{2(\ln 4)^2} \tag{3.20}$$

式中：A 为拟合曲线振幅，即峰值；y_0 为曲线最低值相对于 x 轴的偏移量；x_c 为峰值对应 x 坐标位置；FWHM 为半峰值对应的曲线宽度。

经 GaussAmp 函数模型拟合的各算法对应 DEM 误差分布的 GaussAmp 拟合参数如表 3.7 所示，其中，R^2 为曲线拟合程度，拟合程度均达 0.99 以上，具有较佳的拟合效果；面积为曲线与 x 轴组合区域覆盖面积。

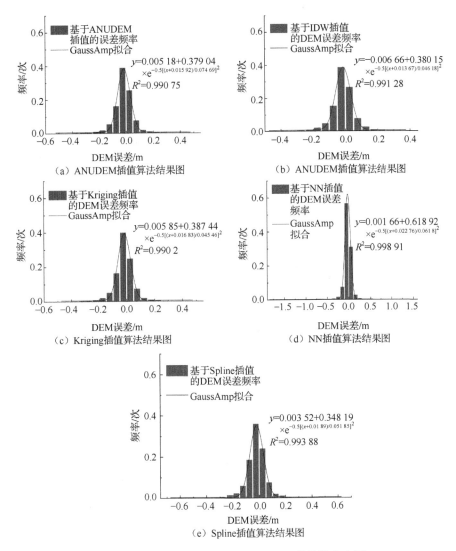

图 3.18　各算法插值结果对应 DEM 误差统计直方图

表 3.7　各算法对应 DEM 误差分布的 GaussAmp 拟合参数

插值算法	GaussAmp 拟合参数						
	A	x_c/m	y_0	w/m	FWHM/m	R^2	面积/m^2
ANUDEM	0.380 15	−0.013 67	0.006 66	0.046 18	0.108 76	0.991 28	0.044 01
IDW	0.379 04	−0.015 92	0.005 18	0.046 9	0.110 44	0.990 75	0.044 56
Kriging	0.387 44	−0.016 83	0.005 85	0.045 46	0.107 05	0.990 20	0.044 15
NN	0.618 92	−0.022 76	0.001 66	0.061 8	0.145 52	0.998 91	0.095 87
Spline	0.348 19	−0.018 9	0.003 52	0.051 85	0.122 09	0.993 88	0.045 25

结合直方图及拟合结果分析，ANUDEM 与 IDW 的曲线半峰值宽度较小，接近 0.1m，拟合峰值和曲线半峰值宽度反映了 DEM 误差的聚拢程度，拟合峰值越大，曲线半峰值宽度越小，DEM 大误差越小；同时，ANUDEM 具有最小的相对 x 轴原点的峰值偏移，为-0.013 67m，且 ANUDEM 误差拟合曲线与 x 轴组合区域覆盖面积最小，其总误差最小，所以 ANUDEM 算法的插值效果最好。

基于 NN 插值的 DEM 误差具有最大的拟合峰值，但是其峰值对应 x 轴坐标位置达-0.022 76m，相对其他四种算法偏移 0 值较大，且其最大误差超过 1m，其他算法最大误差不超过 0.5m，可见基于 NN 的插值效果最差。

IDW、Kriging、Spline 算法的误差峰值位置偏离 x 轴原点位移、与 x 轴组合区域覆盖面积、半峰值曲线宽度均仅次于 NN，分别为-0.0189m、0.045 25m^2、0.122 09m，由此可知，这三种插值算法效果较差。

3.5.3　误差指标对比

对 4 个试验区域统计各插值算法对应 DEM 的误差均值、标准差及拟合优度，其误差统计如图 3.19 所示。

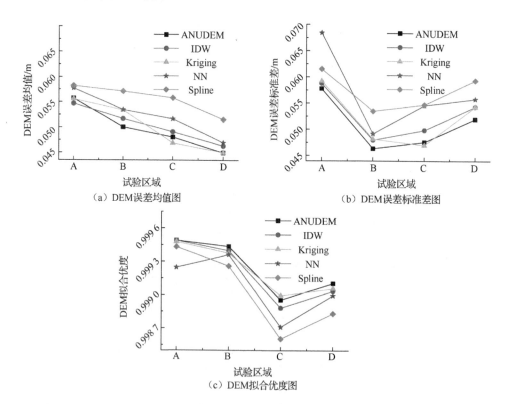

（a）DEM误差均值图　　　　　　　（b）DEM误差标准差图

（c）DEM拟合优度图

图 3.19　各试验区域不同插值算法对应 DEM 误差统计

分析图 3.19 可知，ANUDEM 插值算法效果最优，最小误差均值为 0.045 0m，最小误差标准差为 0.046 3m，最大拟合优度达 99.948 9%。

基于 Spline 插值的 DEM 误差均值明显高于其他算法，最大误差均值达 0.058 2m，误差标准差达 0.061 5m，拟合优度最小为 99.860 4%，表明该插值算法的误差均值及其离散程度最大，插值效果最差；基于 NN、IDW、Kriging 算法的 DEM 误差指标介于上述两个算法之间。

综上分析，基于 ANUDEM 的插值算法具有最佳插值效果，这与该算法的嵌套式多分辨率迭代处理相关，在不同分辨率下，拟合点处有就近点则采用就近点，没有就近点则通过高斯-塞德尔迭代逐次求出拟合值，该算法同时兼顾局部处理及全局处理，迭代次数的调整可优化插值结果的精度，多次迭代不会使其时间效率最高，但算法局部处理的高效性优化了其运行效率。

IDW、Kriging 及 Spline 插值算法均基于特定函数进行，调整函数的参数可改善插值精度，但实施难度较大；NN 插值算法主要借助泰森多边形划分点的空间计算权重，无须人为干预设置参数，但由于点云数据扫描的随机性，其点间距或密度并不均匀，所划分的泰森多边形差异较大，在一定程度上会影响拟合点的插值效果，因此基于 NN 插值的 DEM 误差较大。

3.6　基于点云的沉陷 DEM 建模

3.6.1　初始沉陷 DEM 获取

通过点云的滤波、插值及叠加处理后，可得到工作面地表沉陷 DEM。以榆神矿区实验数据为例，首先对 4 月、6 月两期数据（各取一组）进行滤波处理，采用最优的三角网渐进加密滤波算法（PTDF）进行点云初次滤波后，利用 3.4 节的改进算法进行二次滤波，然后采用专业化数字高程模型（ANUDEM）进行插值，构建分辨率为 0.5m 的 DEM，最后将 6 月与 4 月两期 DEM 进行叠加，得到初始沉陷 DEM，其三维视图如图 3.20 所示。

目前的滤波算法并不能完全分离出所有的地面点，且点云经插值得到 DEM，又进一步引入了插值算法误差，导致所得到的初始沉陷不可避免地存在明显的误差。图 3.20 中将高程方向拉伸 50 倍可凸显出模型误差的影响。

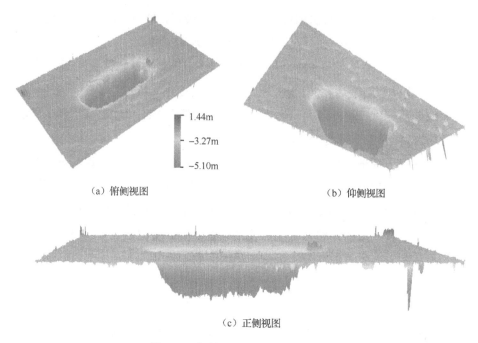

1.44m

−3.27m

−5.10m

（a）俯侧视图　　　　　　　　　　　　　　　　（b）仰侧视图

（c）正侧视图

图 3.20　初始沉陷 DEM 的三维视图

3.6.2　初始沉陷 DEM 的误差分析

上述初始沉陷 DEM 仍然存在明显的误差，分析表明沉陷 DEM 误差来源包含以下几个方面。

1）无人机 LiDAR 扫描点云的空间位置误差引起的沉陷模型误差

通过对每期两次独立扫描数据进行精度验证表明，试验条件下扫描点云的平面和高程相对误差不超过 0.05m，而沉陷建模是针对多期点云数据进行高程求差，如果基于同一位置的多期点云直接计算沉陷量（高差）时，其沉陷值的精度与目前 GPS-RTK 观测结果基本相当。但在利用点云内插生成 DEM 并进行叠加的过程中，因扫描点云的密度所限，在地貌起伏较大的情况下，即使是微小的平面误差也可导致显著的 DEM 叠加误差。通过试验数据对比表明，在建筑物、人工堆洼地、陡坎陡坡边缘处因很小的平面误差可使差值 DEM 产生明显的误差[30]。因此，复杂地貌条件下点云本身的位置误差对沉陷 DEM 有较大影响。

2）滤波算法未去除的非地面点引起模型误差

由于点云滤波算法的局限性，一些植被、低矮地物等非地面点不能完全去除，加上不同扫描时期植被生长状况有所差异，未去除的植被点分布位置并不重叠，导致叠加后的沉陷 DEM 出现明显噪声。

3）采用点云内插算法生成格网 DEM 引起的模型误差

因点云密度有限且多期点云位置分布不同，针对多期点云分别进行内插生成格网 DEM 时，会造成多次精度损失，而点云密度、格网尺寸和地形复杂程度均对点云内插精度产生显著影响。

4）水域覆盖范围变化导致的沉陷模型误差

研究区域包含几处明显的水域，沉陷前、后水域范围变化明显，沉陷后的水域范围明显增大。由于激光雷达在水域范围不能获取点云数据，利用水域边缘点参与 DEM 建模时，当两期数据水域范围明显变化时，会导致叠加生成的差值 DEM 出现较大误差。

上述四个方面的影响因素造成的沉陷 DEM 误差特性有所不同，对所生成的 DEM 去噪可先对每期数据生成的地形 DEM 去噪，也可对叠加后的沉陷 DEM 去噪，但地形 DEM 所反映的只是地貌形态特征，而直接对沉陷 DEM 去噪不仅能去除模型叠加导致的各项误差，还能利用沉陷 DEM 本身的分布特征和非沉陷区高差为零的先验知识，有利于去噪算法及合理参数的选取。因此，本节直接对叠加后的沉陷 DEM 进行去噪。

3.7　基于小波的沉陷 DEM 去噪

由于沉陷 DEM 的误差多为突变误差，且服从高斯分布。随着小波理论日益成熟及大量研究发现，其优良的时频局部化特征可以成功去除信号数据中的局部高频突变噪声[31-32]。利用小波（即有限长或快速衰减的振荡波形）的缩放和平移，实现对原始信号的良好匹配，再对基于小波展开匹配的系数做滤波处理，即可有效分离出信号的精细及粗糙成分。小波分析在图像去噪、分割及压缩等领域得到了广泛应用[33-34]，尤其在高斯噪声的滤除方面收到了很好的效果。因此，这里选取小波去噪的方法实现矿区沉陷 DEM 的去噪优化。

3.7.1　小波阈值去噪原理

小波去噪问题的本质是函数逼近问题，即如何通过小波基函数伸缩、平移获取的一系列函数空间，根据既定的衡量准则，确定对原始数据信号的最佳逼近，以区分有效信号和噪声信号。目前，小波去噪的基本方法有模极大值重构去噪、基于小波系数的相关性去噪、小波变换阈值去噪、平移不变量小波去噪，这里选择应用较广的小波变换阈值去噪的方法对矿区沉陷 DEM 进行处理，小波变换阈值去噪流程如图 3.21 所示。

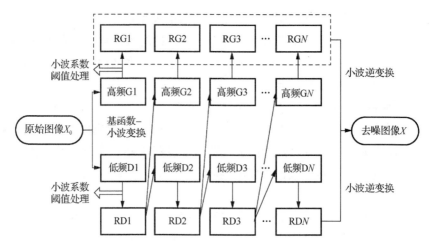

图 3.21　小波变换阈值去噪流程

首先，选择合适的小波基函数，确定分解层次，对原始图像进行小波变换，以分离出多个尺度层次的图像高频、低频信息；其次，设置阈值并依据阈值函数对变换后的小波系数进行阈值处理，将处理后的各层次高频及最后一个层次的低频信息进行小波逆变换以重构去噪后的图像，其中，整个处理流程中涉的小波变换及逆变换均属于二维连续变换，其数学表达式分别见式（3.21）和式（3.23）[35]。

二维连续小波变换：

$$
\begin{aligned}
WT_f(a;b_1,b_2) &= \left\langle f(x_1,x_2),\psi_{a;b_1,b_2}(x_1,x_2)\right\rangle \\
&= \frac{1}{a}\iint f(x_1,x_2)\psi\left(\frac{x_1-b_1}{a},\frac{x_2-b_2}{a}\right)\mathrm{d}x_1\mathrm{d}x_2
\end{aligned}
\tag{3.21}
$$

式中：$f(x_1,x_2)\in L^2(R^2)$ 表示一个二维图像信号，x_1、x_2 分别对应图像的横坐标和纵坐标；$\psi(x_1,x_2)$ 表示二维基本小波，小波的尺度伸缩和二维位移由 $\psi_{a;b_1,b_2}(x_1,x_2)$ 表示，即

$$
\psi_{a;b_1,b_2}(x_1,x_2) = \frac{1}{a}\psi\left(\frac{x_1-b_1}{a},\frac{x_2-b_2}{a}\right)
\tag{3.22}
$$

式中：$\dfrac{1}{a}$ 是为了保证小波伸缩前后其能量不变而引入的归一因子。

二维连续小波逆变换：

$$
f(x_1,x_2) = \frac{1}{C_\psi}\int_0^{+\infty}\frac{\mathrm{d}a}{a^3}\iint WT_f(a;b_1,b_2)\psi\left(\frac{x_1-b_1}{a},\frac{x_2-b_2}{a}\right)\mathrm{d}b_1\mathrm{d}b_2
\tag{3.23}
$$

其中

$$C_\psi = \frac{1}{4\pi^2} \frac{|\psi(\omega_1, \omega_2)|^2}{\omega_1^2 + \omega_2^2} \mathrm{d}\omega_1 \mathrm{d}\omega_2 \qquad (3.24)$$

3.7.2　小波阈值去噪的关键参数

小波阈值去噪中涉及小波基函数的选择、小波分解层次的确定、阈值函数选取、阈值的确定等关键问题，每个参数的选择确定对小波去噪结果都会产生一定的影响，以下对各关键参数的选择进行详细说明。

1. 小波基函数

小波基的选择主要依据以下五个方面的特性[36]。

（1）支撑长度。即为小波函数或尺度函数的支撑区间，频率趋于无穷大时，小波函数或尺度函数从有限值收敛到 0 的长度。支撑长度越长，计算效率越低，生成的高幅值小波系数越多，且过长时会产生边界问题，支撑长度过短不利于信号能量的集中。

（2）对称性。当图像处理所选小波基具有对称性时，可以有效避免相位畸变。

（3）消失矩。小波的消失矩定义如下：

$$\int t^p \psi(t) \mathrm{d}t = 0 \qquad (3.25)$$

式中：$\psi(t)$ 为基本小波；$0 \leqslant p < N$，则定义小波基函数具有 N 阶消失矩。

小波的消失矩越大，可以使更多的小波系数为零或产生更少的非零小波系数，更有利于数据压缩或去噪，但一般来说，消失矩越大，支撑长度也越长。

（4）正则性。小波的正则性决定小波在信号或图像重构中的平滑效果，正则性越好，其平滑性能越佳。但是一般情况下，正则性越好，支撑长度就越大，降低其计算效率，消失矩也会随正则性的变化而变化。

（5）相似性。所选小波的波形应尽量与原始信号波形相似，这样将更有利于数据的压缩或去噪。

小波基的选择应结合其应用目的，并协调兼顾以上五个方面的特性，以达到最佳应用结果。表 3.8 为支持连续小波变换的六个常见小波函数系列的特征统计。

表 3.8　支持连续小波变换的六个常见小波函数系列的特征统计

小波函数	表示形式	正交性	双正交性	紧支撑性	支撑长度	对称性	消失矩阶数
Haar	haar	有	有	有	1	对称	1
Daubechies	dbN	有	有	有	$2N-1$	近似对称	N

续表

小波函数	表示形式	正交性	双正交性	紧支撑性	支撑长度	对称性	消失矩阶数
Biorthogonal	biorNr.Nd	无	有	有	重构/分解：$2N_r+1/2N_d+1$	不对称	N_r-1
Coiflets	coifN	有	有	有	$6N-1$	近似对称	$2N$
Symlets	symN	有	有	有	$2N-1$	近似对称	N

2. 分解层次

在小波阈值去噪中，不同信号或图像数据都存在一个去噪效果最好的分解层数，即最佳分解尺度。小波分解层数会对数据去噪的效果产生很大影响，当分解层数过多，且对各层小波空间的系数都进行阈值处理时，会损失大量原始数据的有效信息，同时增加运算量、降低处理效率；分解层数过少，则数据噪声不能有效去除。应通过测试实验选取最优分解层次[35]。

3. 小波系数阈值

阈值的选择同样是小波阈值去噪中的一个关键问题，阈值过大或过小都会影响去噪效果。如果阈值设置过小，处理结果中仍然会存在大量噪声；阈值设置过大又会造成原始数据有效信息的缺失，使获取的结果过于平滑[37]。为了提高阈值选取效率，获取最佳阈值，改善去噪效果，很多学者提出了不同的阈值选取方法，目前的小波系数阈值确定方法主要有固定阈值、水平相关阈值、基于 Stein 的无偏似然估计原理的自适应阈值、基于贝叶斯估计的小波阈值、基于子代的自自适应阈值等[31-38]。

4. 阈值函数

在确定各层次小波系数阈值后，需结合一定的函数规则对整个系数空间进行处理，这个规则即为小波阈值函数。其中，硬阈值、软阈值函数属于最经典的阈值函数，软阈值相比硬阈值可以更好地保证数据的平滑性，在此基础上，有关学者进一步提出了半软阈值、折中阈值等改进函数[37]。

1）硬阈值函数

$$\lambda_{new} = \begin{cases} \lambda_0 & |\lambda_0| > t \\ 0 & |\lambda_0| \leqslant t \end{cases} \tag{3.26}$$

2）软阈值函数

$$\lambda_{new} = \begin{cases} \text{sign}(\lambda_0) \times (|\lambda_0| - t) & |\lambda_0| > t \\ 0 & |\lambda_0| \leqslant t \end{cases} \tag{3.27}$$

3）半软阈值函数

$$\lambda_{\text{new}} = \begin{cases} 0 & |\lambda_0| \leqslant t \\ \lambda_0 & |\lambda_0| \geqslant t_0 \\ \dfrac{\text{sign}(\lambda_0) \times t_0(|\lambda_0| - t)}{t_0} - t & t < |\lambda_0| < t_0 \end{cases} \tag{3.28}$$

4）折中阈值函数

$$\lambda_{\text{new}} = \begin{cases} \text{sign}(\lambda_0) \times (|\lambda_0| - at) & |\lambda_0| > t \\ 0 & |\lambda_0| \leqslant t \end{cases} \tag{3.29}$$

式中：λ_0 为原始数据分解系数；λ_{new} 为调整后的小波系数；$\text{sign}(\lambda_0)$ 为符号函数；a 为折中阈值函数的调整系数（当 $a = 1$ 时，该函数为软阈值函数；当 $a = 0$ 时，该函数为硬阈值函数）；t 和 t_0 均为小波系数阈值，其值均为百分比，根据系数越小，分解为噪声小波的可能性越大，按系数由小到大排列的百分比阈值分离噪声小波与信息小波。

在选定小波函数后，数据分解层次、小波系数阈值及阈值函数的设置也要协调兼顾、合理设置或选取，才能取得理想的去噪结果。

3.7.3　矿区沉陷 DEM 去噪方案

针对矿区沉陷 DEM 去噪，基于 MATLAB 平台对小波阈值去噪的关键参数进行测试对比，其中，分解尺度层次及阈值通过两个向量来存储表示，即 n 为尺度向量，p 为阈值向量，为保证沉陷模型的平滑性，采用软阈值函数处理，依据分解层数较少时，噪声占比较大，阈值设为随分解层数的增加而减小。通过统一变换尺度向量 n 及阈值向量 p，以沉陷 DEM 处理后的三维可视化结果为辅助，把握非沉陷区的去噪标准，即非沉陷区没有明显突变且接近平地状态，测试对比五个系列小波函数的去噪结果，选出去噪效果最好的小波函数。需要说明的是，非沉陷区的突变不是由开采沉陷引起的，而是由非地面点等其他非沉陷因素导致的，沉陷 DEM 中非沉陷区的沉陷值应接近为零，当这些突变噪声被消除后，可认为基本消除平滑了整个数据的非沉陷噪声。

应该指出的是，试验区域两期扫描时间段动态沉陷在倾向上不存在盆地平底区，沉陷盆地呈锥子形凹槽，若采用与非沉陷区相同尺度及阈值处理，其底部起伏会被视为突变噪声造成过度平滑，故沉陷区与非沉陷区的小波去噪应取不同尺度的参数。因此，针对不存在超充分采动平底区域的沉陷 DEM 去噪处理方案为：首先对全区域数据进行多层次分解；其次以沉陷预计模型或先验知识划定沉陷边界，对于沉陷区采用较少层次分解；最后将沉陷区处理结果与全区域处理结果做镶嵌处理，取二者重叠区域对应下沉的最小值作为结果。多尺度小波去噪处理流程如图 3.22 所示。

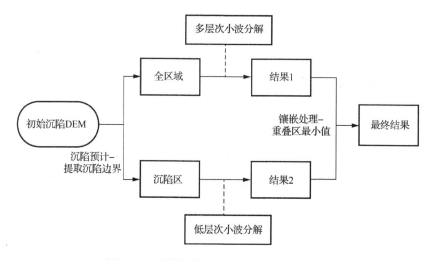

图 3.22　矿区沉陷 DEM 小波去噪处理流程

该方案将沉陷区与非沉陷区进行区别处理，全区域的多层次分解去噪能够以非沉陷区沉陷值为零这一先验条件为标准，去除整个区域由非开采沉陷因素引起的噪声和突变误差。沉陷区在镶嵌处理后取下沉最小值既保证了多层次分解对突变误差的平滑优势，也能靠较少层次分解保留沉陷区的真实下沉量，使沉陷盆地底部不会出现多尺度分解后的过度平滑现象。

经过测试，所测试对比的小波函数中，bior5.5 小波函数在 10 层分解、相同阈值向量 $p = [25, 23, 20, 18, 15, 13, 10, 8, 5, 3]$ 条件下对原始沉陷 DEM 处理后优先达到了最佳效果，该小波具有双正交性、紧支撑性，支撑长度为 11，消失矩为 4 阶，有利于有效信息的集中，较高阶的消失矩有利于数据去噪，且其非对称性适用于去除非沉陷因素引入的噪声信息。图 3.23 列出了 bior5.5、coif5、db8 三个不同小波函数在该条件下处理结果的正视图，为突出不同小波处理差异，纵向拉伸 50 倍显示。

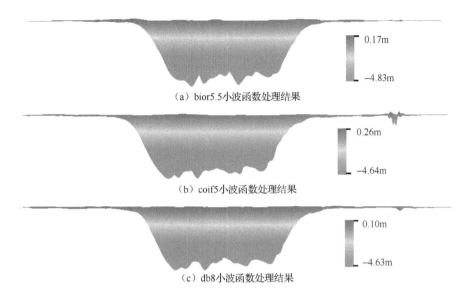

（a）bior5.5小波函数处理结果

（b）coif5小波函数处理结果

（c）db8小波函数处理结果

图 3.23　相同分解尺度及阈值条件下不同小波函数的处理结果的正视图

3.7.4　矿区沉陷 DEM 去噪结果分析

针对激光点云滤波和插值构建的初始沉陷 DEM，采用上述优化方案进行小波阈值去噪。通过实验来选择合适的小波函数、分解层次及小波系数阈值，并基于实测数据对比来验证其去噪效果。

利用榆神实验区域的两期四组点云数据得到两组含噪声的初始沉陷 DEM。经小波测试分析，采用上述去噪方案用相同参数对两组沉陷 DEM 分别去噪，得到去噪结果 1、结果 2。去噪后两组沉陷 DEM 应具有相同的分布特征，因此通过两组沉陷 DEM 进行对比、与实测数据对比以及主断面处理前、后进行对比，来验证沉陷 DEM 去噪的实际效果。由于研究区 4 月、6 月水域覆盖范围存在变化，最大水域面长达 200m，水面宽 50m，鉴于大面积空白区点云插值得到的沉陷结果缺乏可靠性，试验中去除了覆水区域。

1. 去噪后两组沉陷 DEM 的相对精度

经过上述试验得到研究区的两组沉陷 DEM 去噪结果 1 与去噪结果 2。显然，两组去噪结果之间差异性可以衡量沉陷 DEM 去噪结果的相对精度和可靠性。利用 ArcGIS 对格网下沉偏差进行统计表明，两组去噪结果之间的互差均值为 0.034m，互差标准差为 0.031m，均方根误差为 0.046m，各项误差指标均在 5cm 以内，两个沉陷 DEM 去噪结果的差异极小。与激光点云本身的采集精度相比，经过去噪处理后沉陷 DEM 中下沉量的相对精度并未降低。图 3.24 展示了去噪结果的三维视图。与图 3.20 的初始沉陷 DEM 的三维视图对比,可从视觉上看出去噪效果非常明显。图 3.24 示出沉陷 DEM 在非沉陷区域不再包含突变噪声信息,沉陷盆地以外的稳定区域内下沉值近乎为零;而沉陷区在去除突变噪声的同时,仍然较好地保留了地表沉陷盆地真实的细节特征,相比于常规的预计模型所描述的沉陷盆地,利用激光扫描点云构建的沉陷模型准确地反映了采煤沉陷盆地真实的非连续、非平缓特征。

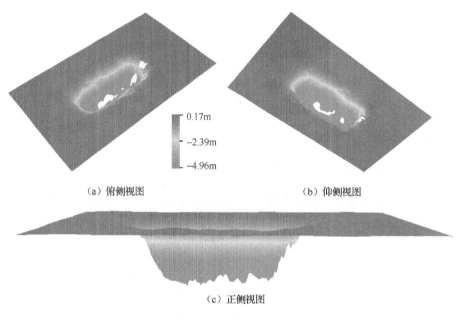

（a）俯侧视图　　　　　　　　　　　　　　（b）仰侧视图

（c）正侧视图

图 3.24　去噪结果的三维视图

2. 去噪前、后沉陷 DEM 主断面下沉对比

主断面分析是开采沉陷分析的重要方式。为了更直观地反映本节方法进行沉陷模型去噪的效果,基于处理前后的沉陷 DEM 分别沿下沉盆地走向和倾向主断面提取下沉剖面数据,两组沉陷 DEM 处理前后的主断面对比图如图 3.25 所示。其中,由于走向上存在 3 处覆水区域,下沉曲线不连续。去噪后取得了较好的平滑效果,但仍然很好地保留了沉陷盆地的下沉细节特征,沿走向主断面上下沉盆地的充分采动区(盆地底部区域)在进行了多层次分解小波去噪及镶嵌处理后,仍然存在起伏波动情况,经实地 RTK 测量验证了该曲线特征与实际相符。沿倾向主断面下沉盆地不存在平地区域,去噪后下沉曲线取得了较好的平滑效果,并保留了沉陷底部有效的沉陷信息。

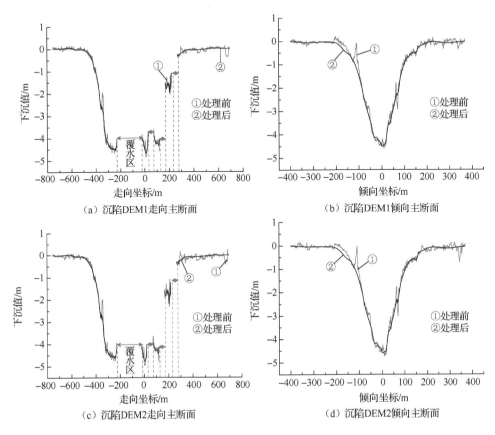

图 3.25　两组沉陷 DEM 处理前后的主断面对比图

3. 与实测数据对比

利用该工作面地表沉陷观测站的地表下沉实测数据，将两组沉陷 DEM 去噪处理前后的主断面下沉曲线与实测曲线进行对比，如图 3.26 所示。通过主断面内模型去噪处理前、后与实测数据之间的误差均值、误差标准差及均方根误差来验证去噪的实际效果。

由图 3.26 可知，去噪处理后沉陷区沿走向和倾向主断面上下沉曲线与实测下沉曲线拟合效果更好，特别是盆地底部区域更符合实际情况。在与实测数据进行对比时发现，少数测点标志桩高出或低于地面 0.05～0.1m，激光扫描时受点云密度所限，可能并未扫描到标志桩而是周围的地面点，导致地面点云高程与 RTK 实测的标志桩高程不等。进一步分析发现，由于 RTK 实测数据是不同时期基于同一标志桩采集的三维坐标，在此期间标志桩产生下沉并伴随着平面位移，在两次扫描期间实测标志桩的最大平面位移接近 2m，而 RTK 实测的下沉量是测桩原始高

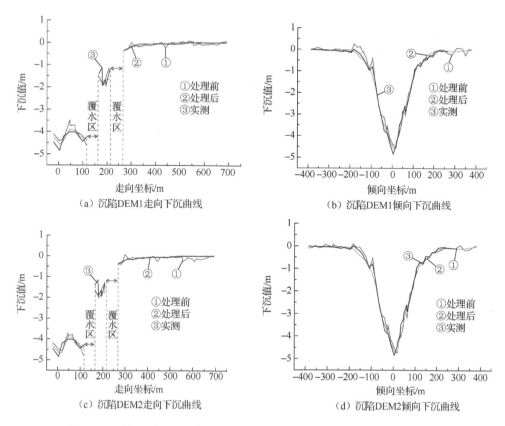

（a）沉陷DEM1走向下沉曲线　　　　　　　　（b）沉陷DEM1倾向下沉曲线

（c）沉陷DEM2走向下沉曲线　　　　　　　　（d）沉陷DEM2倾向下沉曲线

图 3.26　两组沉陷 DEM 去噪处理前后与实测数据的主断面下沉曲线对比

程与平面坐标变化后的测桩高程之差，实质上是不同平面位置的高程差值；而沉陷 DEM 的下沉量是两期点云 DEM 在相同平面位置上两个栅格的高差值。当测桩处周围地形起伏大或测桩的平面位移较大时，会造成明显的对比误差，因此在进行实测数据对比时，舍弃了地表起伏、位置变化和测桩高（低）于地面较明显的少部分测桩点。沉陷 DEM1、DEM2 去噪前后误差指标统计如表 3.9 所示。

表 3.9　沉陷 DEM 去噪前后误差指标统计　　　　　　　（单位：m）

去噪结果	误差均值		标准差		均方根误差	
	处理前	处理后	处理前	处理后	处理前	处理后
沉陷 DEM1	0.073	0.035	0.098	0.042	0.099	0.044
沉陷 DEM2	0.070	0.036	0.094	0.043	0.101	0.046

由表 3.9 可知，采用本节去噪方案后两组沉陷 DEM 的误差指标均明显减小，其中，去噪结果 DEM1 与 RTK 实测数据的均方根误差由去噪前的 0.099m 降低到

0.044m；去噪结果 DEM2 的均方根误差由去噪前的 0.101m 降低到 0.046m，而且去噪结果 DEM1、DEM2 对应的各项误差指标都基本一致，也表明本节针对点云数据处理和沉陷模型去噪的结果具有较高的可靠性。

经统计，去噪后沉陷 DEM 误差小于 10mm 的点数占比由处理前的 8% 提升至 15%。对于沉陷 DEM 中达到毫米级精度的这部分栅格，可视为准确的沉陷信息，进一步挖掘利用。

3.7.5　沉陷 DEM 边界提取

按照现行的开采沉陷规范要求，以地表下沉 10mm 等值线作为开采沉陷边界，按照去噪后的沉陷 DEM 提取下沉 10mm 的边界线，如图 3.27 所示。由于沉陷 DEM 的下沉标准差为 0.046m，其误差明显大于 10mm，导致所沉陷 DEM 在边缘区域下沉量出现正负交替，故依据边 10mm 下沉量来确定沉陷盆地边界非常不规则，不符合开采沉陷的基本特征。若取下沉标准差的 2 倍作为极限误差，可认为沉陷 DEM 中下沉量超过-0.091 6m 等值线所圈定的范围属于确定的沉陷区。图 3.27 中该等值线呈现明显的不规则形状并延伸到盆地外的稳定区域，这是由沉陷 DEM 的不确定性误差所致。沉陷边界必然位于该下沉等值线以外的边缘区域。根据矿区地表沉陷盆地的三维空间特征，地表下沉盆地边缘的坡度由内向外呈现由大到小的确定性趋势，最终接近为 0° 理论上可取下沉坡度（实质为地表倾斜变形）

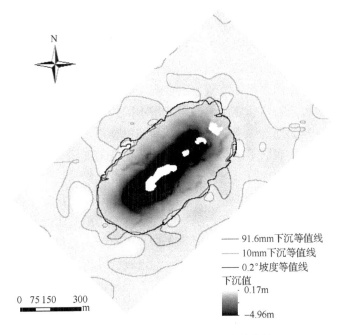

图 3.27　下沉等值线与 0.2° 坡度等值线

为 0°的等值线作为沉陷边界线，考虑到下沉量误差也会引起下沉坡度（倾斜）产生一定的误差，可根据沉陷 DEM 下沉标准差的大小，结合常规地表移动观测站中测点之间的距离，来确定下沉坡度（倾斜变形）的误差值，以此作为判定沉陷边界的下沉坡度临界值。试验区条件下常规地表观测站测点的合理间距应为 15m，由 DEM 下沉标准差 0.046m 计算出下沉坡度的临界值约为 0.2°。

为了探讨这一判别方法的可行性，按照下沉坡度 0.2°绘出对应的等值线如图 3.27 中黑色实线所示。该下沉坡度等值线不仅将确定的沉陷区域几乎包含在内，同时与 10mm 下沉等值线的最内边界大部分相吻合，并具有较好的平滑性，因此，本节试验条件以下沉坡度 0.2°作为临界值确定沉陷边界较合理，这与 RTK 实测所得的走向和倾向下沉边界基本一致。应该指出的是，根据沉陷 DEM 边缘区域下沉误差的随机性和正负抵偿特性，沿下沉盆地主断面方向选取若干相邻格网形成栅格组，计算栅格组的下沉均值，通过移动搜索出下沉均值接近为 0 或者 10mm 所对应的栅格组中心位置，可视为沉陷边界的合理位置。同时，针对获取的多期沉陷 DEM，将模型边缘非区内多期 DEM 叠加并取下沉均值，将有效提高沉陷 DEM 边界的确定性。

综上所述，在西部榆神矿区地形起伏、植被较少的风积沙覆盖矿区，采用机载 LiDAR 系统进行地表沉陷监测时，按照现有的常规点云滤波、内插算法所生成沉陷 DEM 精度不足。正常条件下无人机激光扫描点云数据本身的测量精度可达 0.03～0.05m，而采用扫描数据按照现有技术流程生成沉陷 DEM 时，受点云坐标误差、非地面点噪声、点云密度不足或复杂地貌环境带来的高程内插及 DEM 叠加误差等影响，所生成的初始沉陷 DEM 存在明显的噪声，难以达到开采沉陷精准建模的基本要求，而采用小波阈值的多尺度模型去噪方案能够有效去除沉陷模型的噪声。针对沉陷盆地和非沉陷区域选用不同的小波参数去噪，不仅能有效去除沉陷模型尤其是盆地边缘及非沉陷区域的随机噪声，也能很好地保留地表沉陷区尤其是盆地中央平底区下沉起伏变化的细节特征，展示出利用激光点云构建高分辨率矿区沉陷模型的优势。

经过小波去噪的沉陷 DEM 总体标准差在 50mm 以内，对于下沉量达到米级的西部矿区大梯度变形监测而言，基本能够满足其精度要求，而在沉陷边缘区域的相对精度不足，但经过去噪后的沉陷 DEM 中有一定数量的栅格下沉值误差在 10mm 以内，具有很好的精度和可靠性。通过试验发现，这些高精度下沉栅格主要分布在平坦光滑的地表处，通过计算格网高程起伏度并构建合理的算法，便能够搜索出这些高精度的下沉栅格，可作为沉陷边界精准提取和沉陷盆地二次建模的依据，本书作者正在开展进一步研究。

3.8　基于改进特征匹配算法的水平位移提取

由于地质采矿因素的综合影响，地下采煤面积扩大到一定范围后，岩石产生的移动和破坏会发展到地表，使得地表从原有的标高发生沉降，形成地表下沉盆地，也称地表移动盆地，地表移动盆地的形成，则会改变地表原有的形态，引起地表标高、水平位置以及坡度等发生变化，因此会对建（构）筑物、水体、铁路等产生影响。地下开采引起的地表移动过程是一个极其复杂的时间-空间过程，表现形式亦复杂，地表下沉盆地是其内各地表点的移动轨迹的综合反映。

地表点的移动可分为竖向移动分量和水平移动分量，竖向移动分量称之为下沉或隆起，水平移动分量沿某一断面（通常为主断面）分为沿断面方向的水平移动（纵向水平移动，简称水平移动）和垂直断面方向的水平移动（横向水平移动，简称横向移动）。

3.8.1　传统地表水平位移提取

地表移动研究方法主要有理论方法、经验方法、试验方法及其他方法。各种方法经常互补使用，综合评价。

1）理论方法

理论方法是应用经典力学理论，揭示岩层与地表移动机理。常见的计算地表移动的理论方法有随机介质理论、弹塑性理论、数值计算方法等，随着计算机的快速发展，有限元、边界元及离散元等数值方法也得到了极大的应用。我国学者以随机介质理论为基础创建了概率积分法，在我国被广泛使用[39-42]。

2）经验方法

经验方法以实地观测为基础，分析实测资料，建立有一定统计规律的经验公式、某些函数或曲线来表征地表移动规律，并可以应用于其他类似地质工程采煤地表移动变形预计。常用的经验方法有典型曲线、剖面函数等方法，典型曲线法适用范围小、运算能力较弱，目前很少使用，剖面函数法虽不能解释岩层和地表移动机理，但与实际移动变形值相符。

3）试验方法

试验方法是对理论研究方法和实测研究的补充，主要应用的试验方法有相似材料模拟模型，离心模型试验法、电模拟试验法和光电模拟试验法等[43]。该研究方法可以揭示岩层和地表移动的宏观规律，但无法进行定量研究，且其精度受人为左右影响较大，指导意义存在一定局限性。

4）其他方法

近年来，现代非线性科学理论探究地表移动被应用认识开采沉陷的复杂性，包括常用理论分形几何、神经网络、突变论、协同论、模糊数学、灰色系统等。值得指出的是，非线性科学在开采沉陷中的研究仍处于探索阶段，距离实际应用还有一定距离。

传统水平位移等地表移动成果是在外业观测无误基础上进行主断面上移动规律的计算和绘图得到的，相对更耗费人力、物力，工作周期长，且无法获取全盆地移动变形分布规律。

3.8.2 改进特征匹配的算法原理

本节提出的改进特征匹配算法，基于武汉大学杨必胜团队的BSC（binary shape context）描述算子寻找关键点，以此为中心，结合地形因子构建微地貌，通过微地貌是否特征匹配对所寻找关键点进行特征匹配点判别。其原理类似特征直方图，对微地貌中心点附近空间的差异进行量化，通过这种数学统计来描述微地貌中心点邻域的地形特征。具体改进特征匹配算法原理及步骤如下。

（1）寻找关键点。

① 计算每个点 P 和其半径 R 内邻域点 q_i 的高程组成的协方差矩阵 M，如式（3.30）所示。

$$M = \frac{1}{k} \sum_{i=1}^{k} (q_i - p)(q_i - p)^{\mathrm{T}} \tag{3.30}$$

式中：p 为当前搜索点；q_i 为 p 的邻域点；k 为邻域点个数。

② 对协方差矩阵 M 进行特征值分解得特征值 $\lambda_1 \geqslant \lambda_2 \geqslant \lambda_3$。

③ 计算特征值比值，$r_{1,2} = \dfrac{\lambda_2}{\lambda_1}$，$r_{2,3} = \dfrac{\lambda_3}{\lambda_2}$，以及每个点的曲率，$c = \dfrac{\lambda_3}{\lambda_1 + \lambda_2 + \lambda_3}$。

④ 遍历所有点，将 $r_{1,2} \leqslant T_r$ 且 $r_{2,3} \leqslant T_r$ 的点存入集合 Q，其中 T_r 为特征值比值阈值。

⑤ 集合 Q 中找到最大曲率的点作为关键点放入集合 G，并删除集合 Q 中该点及邻域内的点。

⑥ 重复⑤直到集合 Q 为空，集合 G 中的点即为检测到的关键点。

（2）以关键点为中心构建 $S \times S$ 的微地貌大格网，累加每个地形因子的平均值作为微地貌的特征值。

（3）判断是否特征匹配。

① 两期关键点欧氏距离小于一定距离阈值 d_t。

② 特征描述子均小于对应的因子阈值 f_t。

以上为本节结合地形特征改进的特征匹配算法原理及步骤，以此特征匹配算法研究多期点云数据的平面偏差配准问题，进行转换矩阵的计算和粗配准的分析，为利用点云数据进行采煤沉陷地表水平移动的研究削弱或消除水平位置偏差带来的误差，为地表水平移动的提取提供新的研究方法与思路。

3.8.3 点云密度与算法适配性分析

点云数据是无序杂乱的，点云密度受扫描仪位置、地面形态、地物遮挡、扫描距离等影响，地形起伏对扫描系统激光脚点的遮挡效应受到地物尺寸、激光入射角度的影响，同时还会受到地物相对位置的影响，所以当采煤发生地表沉陷时，扫描系统采集的点云密度会随之改变。通过对点云密度的分析，从而确定该特征匹配算法受点云密度的鲁棒性影响，进而更好地分析该算法在采煤沉陷地表水平位移中的应用。

为了检验加大点云密度对该算法鲁棒性影响，将一个 50m×50m 的点云区块，通过点云三维坐标加（0，1）之间的随机数对点云初始密度进行 2 倍、4 倍、8 倍和 16 倍的加密，对其二维平面坐标加固定偏移量（0.2m）制造平面位移（0.28m）。点云初始密度及加密后密度如表 3.10 所示。将 2 倍、4 倍、8 倍和 16 倍加密点云数据与其对应偏移数据分别进行特征匹配算法的执行，其中 2 倍、4 倍和 8 倍及其偏移数据经过特征匹配算法的执行均可找到 5~8 个不等的关键点，且可检测出其正确偏移量为 0.283m，只有 16 倍及其偏移数据执行算法结果中的一对特征点检测到其偏差与真实偏差有亚毫米级误差，分析可得，该特征匹配算法是逐点云进行搜索，密度过大可导致算法对点云密度敏感。

表 3.10　点云初始密度及加密后密度

内容	原始点云	2 倍加密	4 倍加密	8 倍加密	16 倍加密
点云个数/个	68 664	137 328	274 656	549 312	1 098 624
平均密度/（g/m²）	27.466	54.931	109.862	219.725	439.450

为了检验密度减小对该算法鲁棒性影响，以该点云区块 16 倍点云数据为基准数据，与其对应偏移数据，分别抽稀至 8 倍、4 倍、2 倍和 1 倍点云数据及其对应偏移数据。经过该特征匹配算法的执行，抽稀成 8 倍、4 倍、2 倍和 1 倍的点云数据及其偏移数据均可找到 5~8 个不等的关键点，且偏移量均可检测准确。说明该特征匹配算法对点云密度变化基本不敏感，具有较高的鲁棒性。

3.8.4　参数分析及鲁棒性影响

本节改进BSC算子特征匹配算法的目的不仅在于纠正多期点云数据的平面位置偏差（粗配准），还在于对粗配准后采煤沉陷范围内区域的地表移动进行研究。特征匹配算法的稳定性很大程度上取决于参数设置，本节特征匹配算法包括 3 个重要参数：关键点搜寻的邻域半径 R、特征值比值阈值 T_r 及微地貌格网大小 S，利用 3.8.3 节在非沉陷区裁剪的 4 个 50m×50m 点云数据区块 block1、block2、block3 和 block4，利用控制变量法，对本章节算法执行过程中的三大参数进行确定，同时采用 PR 曲线作为确定参数的准则以及算法鲁棒性、描述性评定的手段[44]。

对裁剪区块点云两期数据分别执行特征匹配算法，搜索出的两期关键点个数的较小值为特征匹配关键点个数，两期关键点小于一定距离阈值 d_t 则被认为是同名关键点，以两期关键点为中心建立的微地貌同时满足特征阈值即为正确特征匹配。采用 PR 曲线进行最优参数选择，其中 P 为精准度，R 为召回率，计算如式（3.31）式（3.32）所示，参数 R、T_r 及 S 的 PR 曲线如图 3.28 所示，PR 曲线集中在左上角或与横坐标围成面积越大，代表其描述性越强。

$$P = \frac{N_{\text{tfm}}}{N_{\text{fm}}} \tag{3.31}$$

$$R = \frac{N_{\text{tfm}}}{N_{\text{skp}}} \tag{3.32}$$

式中：N_{tfm}、N_{fm}、N_{skp} 分别为正确特征匹配个数、特征匹配关键点个数以及同名关键点个数。

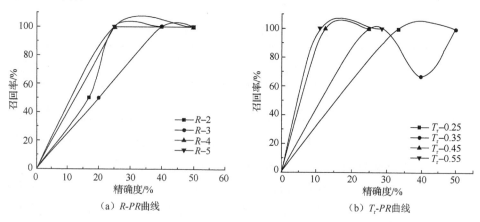

（a）R-PR曲线　　　　　　　（b）T_r-PR曲线

图 3.28　算法参数 PR 曲线

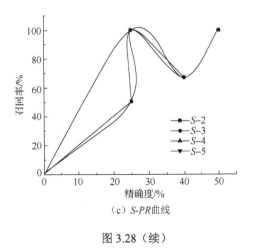

（c）S-PR曲线

图 3.28（续）

由图 3.28 所示，确定本节所用特征匹配算法参数邻域半径 R 为 4m、特征值比值阈值 T_r 为 0.35，以及微地貌格网大小 S 为 3m，在此基础上，展开后续试验。

3.8.5　改进特征匹配算法的地表水平位移提取

本节所提出的地表移动研究方案旨在通过机载 LiDAR 扫描系统获取点云数据探究采煤沉陷地表移动规律。拟通过上 3.8.4 节所讲述的特征匹配算法，采用控制变量法，利用 PR 曲线确定参数阈值及评价算法描述性和鲁棒性，之后利用非沉陷区数据所确定算法参数完善特征匹配算法，利用四参数求取变换矩阵，对多期点云进行粗配准，然后利用特征匹配算法对粗配准后的点云数据进行关键点求取，从而进行地表水平位移分析。研究方案流程如图 3.29 所示。

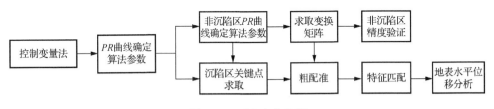

图 3.29　研究方案流程

首先验证粗匹配的精度，利用金鸡滩矿区地表点云数据裁剪出的非沉陷区的四个点云区块数据 block1、block2、block3 和 block4，由于在 block3 区块上未搜寻到有效关键点对，最终选用 block1、block2 和 block4 区块数据进行粗配准的精度验证。将 block1、block2 和 block4 区域范围对应的 4 月和 6 月点云数据分别执行特征匹配算法，得到两期的关键点对，采用四参数转换方式，根据最小二乘原

理,计算参数,其中四参数坐标转换公式及最小二乘公式如式(3.33)和式(3.34)所示,即

$$\begin{bmatrix} X \\ Y \end{bmatrix} = \begin{bmatrix} \Delta x \\ \Delta y \end{bmatrix} + (1+m)\begin{bmatrix} \cos\alpha & \sin\alpha \\ -\sin\alpha & \cos\alpha \end{bmatrix}\begin{bmatrix} x \\ y \end{bmatrix} \tag{3.33}$$

$$\hat{x} = (B^{\mathrm{T}}PB)^{-1}B^{\mathrm{T}}L \tag{3.34}$$

式中:x、y 为转换前点云平面坐标;X、Y 为转换后平面坐标;Δx、Δy 为两期坐标平移量;$(1+m)$ 为缩放比例因子;$\begin{bmatrix} \cos\alpha & \sin\alpha \\ -\sin\alpha & \cos\alpha \end{bmatrix}$ 为旋转矩阵;α 为旋转角;B 为系数矩阵;$\hat{x}$ 为待求解参数向量;P 为单位矩阵;L 为 $\begin{bmatrix} X-x \\ Y-y \end{bmatrix}$。

坐标转换参数求取后,以 4 月点云数据为目标基准,6 月为待配准点云数据进行匹配,将配准后的两期数据以平均误差、标准差进行误差分析和精度验证,如表 3.11 所示。

表 3.11　粗配准前后平均误差及标准差　　　　　　(单位:m)

误差指标	匹配选项	block1	block2	block4
平均误差	匹配前	−0.011 91	0.022 235	0.021 058
	匹配后	−0.011 89	0.022 235	0.021 058
标准差	匹配前	0.044 308	0.036 052	0.046 759
	匹配后	0.044 3	0.036 052	0.046 759

由表 3.11 可知,粗配准后 block1 区块数据的平均误差和标准差都有所提升,block2 和 block4 区块配准后精度没有明显地提高或降低。整体来看,粗配准后精度在无损的基础上有一定的提升,可以为后续利用机载 LiDAR 点云数据进行水平移动的研究提供可靠性支持。

针对无人机 LiDAR 设备采集点云数据探究采煤沉陷地表水平移动规律,采用以上水平移动研究方案,首先利用测试好参数的特征匹配算法对金鸡滩煤矿 4 月、6 月两期点云数据进行非沉陷区关键点的搜寻,利用两期点云区块的旋转矩阵进行粗配准,使得两期点云数据消除系统或偶然误差等带来的整体水平移动偏差,继而使得后续水平移动研究更加具有真实性与可靠性。其次,使用 TerraSolid 软件对经过去噪、三角网渐进加密算法滤波后的 4 月、6 月两期地面点,分别沿走向主断面裁剪出一定宽度、覆盖整个沉陷盆地的走向方向长度组成的区域范围的点云数据,对两期裁剪出的点云数据进行分块并执行特征匹配算法寻找关键点,利用两期裁剪点云数据的关键点,执行适用于沉陷区的判断是否特征匹配算法进

行特征点对的查找，以及两期对应特征点间距离的计算，最终得到利用机载
LiDAR 点云数据，同时采用改进特征匹配算法计算出的走向主断面上的水平移动
曲线，如图 3.30 所示。值得提到的是，该改进特征匹配算法在计算水平移动的过
程中，部分计算出的特征点对存在错误，其两点间距离多在 5cm 以内，经分析，
是微地貌中的地形复杂度较低，地形特征较单一所导致两期关键点搜寻错误所致，
该研究中将此类点判定为异常值点进行删除。

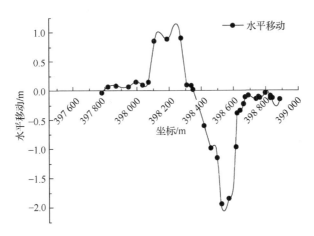

图 3.30　特征匹配算法获取走向水平移动曲线

由图 3.30 可以看出，利用机载 LiDAR 获取点云数据，采用结合地形特征的
改进特征匹配算法进行水平移动研究的结果基本与采煤沉陷传统方法获取地表水
平移动曲线相似，证实本节所改进的特征匹配算法具有一定的可靠性，虽然该研
究仍处于初期，但可以为今后水平移动的进一步研究提供一个思路与基础。

利用结合地形因子的改进特征匹配算法，对小保当煤矿采煤沉陷的水平移动
进行实例验证，验证改进算法的可行性，为小保当煤矿水平移动的提取提供新手
段，同时对小保当煤矿沉陷盆地进行 GaussAmp 拟合建模进行实例验证。

首先采用改进特征匹配算法，对小保当煤矿一期一次和二期一次非沉陷区的
点云数据执行算法搜寻关键点，即获得对应的同名点对，然后基于同名点利用最
小二乘法求取四参数坐标转换参数，利用计算好参数的四参数坐标转换公式进行
两期点云之间的粗配准，以提升点云数据平面位置精度，为后续水平位移的准确
求取提供基础。

将粗配准后的两期点云数据分别裁剪出覆盖矿区工作面走向主断面的开采方
向长度、15～20m 为宽度的点云区块，将一期一次、二期一次该区块点云数据分
别执行改进特征匹配算法，找到对应的同名点对，从而计算走向主断面水平移动。
特征匹配算法获取走向主断面水平移动曲线如图 3.31 所示。

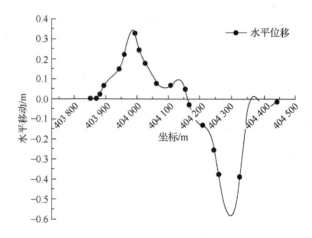

图 3.31　特征匹配算法获取走向水平移动曲线

参 考 文 献

[1] 赵建虎, 欧阳永忠, 王爱学. 海底地形测量技术现状及发展趋势[J]. 测绘学报, 2017, 46(10): 1786-1794.

[2] 高仁强, 张显峰, 孙权, 等. 基于无人机 LiDAR 数据的公路路面监测和平整度评价方法研究[J]. 应用基础与工程科学学报, 2018, 26(4): 681-696.

[3] 刘清旺, 李世明, 李增元, 等. 无人机激光雷达与摄影测量林业应用研究进展[J]. 林业科学, 2017, 53(7): 134-148.

[4] 王双明, 段中会, 马丽, 等. 西部煤炭绿色开发地质保障技术研究现状与发展趋势[J]. 煤炭科学技术, 2019, 47(2): 1-6.

[5] 高超, 徐乃忠, 刘贵. 特厚煤层综放开采地表沉陷预计模型算法改进[J]. 煤炭学报, 2018, 43(4): 939-944.

[6] 李鹏程, 徐青, 邢帅, 等. 利用波形信息的加权曲面拟合 LiDAR 点云滤波[J]. 武汉大学学报(信息科学版), 2018, 43(3): 420-427.

[7] SHI X T, MA H C, CHEN Y W, et al. A parameter-free progressive TIN densification filtering algorithm for lidar point clouds[J]. International Journal of Remote Sensing, 2018, 39(20): 6969-6982.

[8] ZHAO X Q, SU Y J, LI W K, et al. A comparison of LiDAR filtering algorithms in vegetated mountain areas[J]. Canadian Journal of Remote Sensing, 2018, 44(4): 1-12.

[9] 于海洋, 杨礼, 张春芳, 等. 基于 LiDAR DEM 不确定性分析的矿区沉陷信息提取[J]. 金属矿山, 2017(10): 1-7.

[10] 卢遥, 余涛, 卢小平, 等. 基于高差分析的点云数据提取矿区地表沉陷信息方法[J]. 测绘通报, 2013(3): 22-25.

[11] 张小红. 机载激光雷达测量技术理论与方法[M]. 武汉: 武汉大学出版社, 2007: 26-33.

[12] 侯恩科, 车晓阳, 冯洁, 等. 榆神府矿区含水层富水特征及保水采煤途径[J]. 煤炭学报, 2019, 44(3): 813-820.

[13] 黄先锋, 李卉, 王潇, 等. 机载 LiDAR 数据滤波方法评述[J]. 测绘学报, 2009, 38(5): 466-469.

[14] AXELSSON P. Processing of laser scanner data - algorithms and applications[J]. ISPRS Journal of Photogrammetry & Remote Sensing, 1999, 54(2-3): 138-147.

[15] AXELSSON P. DEM generation from laser scanner data using adaptive TIN models[J]. International Archives of the Photogrammetry, Remote Sensing and Spatial Information Sciences, 2000, 33(B4/1): 110-117.

[16] ZHANG K, CHEN S C, WHITMAN D, et al. A progressive morphological filter for removing nonground measurements from airborne liDAR data[J]. IEEE Transactions on Geoscience and Remote Sensing, 2003, 41(4): 872-882.

[17] ZHANG K, WHITMAN D. Comparison of three algorithms for filtering airborne LiDAR data[J]. Photogrammetric Engineering & Remote Sensing, 2005, 71(3): 313-324.

[18] VOSSELMAN G. Slope based filtering of laser altimetry data[C]//International Archives of Photogrammetry and Remote Sensing XXIII(Part B3), 2000, Holland.

[19] EVANS JS, HUDAK A T. A multiscale curvature algorithm for classifying discrete return LiDAR in forested environments[J]. IEEE Transactions on Geoscience and Remote Sensing, 2007, 45(4): 1029-1038.

[20] 赵桂华, 邹晓亮, 郭丽. 机载 LiDAR 点云数据自动生成 DEM 的方法与精度评价[J]. 地理空间信息, 2017, 15(9): 9-12.

[21] 冯海英, 冯仲科, 冯海霞. 一种基于无人机高光谱数据的植被盖度估算新方法[J]. 光谱学与光谱分析, 2017, 37(11): 3573-3578.

[22] BRUNEAU D, PELON J. A new lidar design for operational atmospheric wind and cloud/aerosol survey from space[J]. Atmospheric Measurement Techniques, 2021, 14(6): 4375-4402.

[23] YUAN S J, CUI X L WANG X S. Investigation into wrinkling behavior of thin-walled 5A02 aluminum alloy tubes under internal and external pressure[J]. International Journal of Mechanical Sciences, 2015, 92: 245-258.

[24] MI-KYEONG K, SANGPIL K, HONG G S, et al. A new recursive filtering method of terrestrial laser scanning data to preserve ground surface information in steep-slope areas[J]. Multidisciplinary Digital Publishing Institute, 2017, 6(11): 359.

[25] ZHAO X Q, SU Y J, LI W K, et al. A comparison of LiDAR filtering algorithms in vegetated mountain areas[J]. Canadian Journal of Remote Sensing, 2018, 44(4): 1-12.

[26] 冯海英, 冯仲科, 冯海霞. 一种基于无人机高光谱数据的植被盖度估算新方法[J]. 光谱学与光谱分析, 2017, 37(11): 3573-3578.

[27] YUAN S J, CUI X L, WANG X S. Investigation into wrinkling behavior of thin-walled 5A02 aluminum alloy tubes under internal and external pressure[J]. International Journal of Mechanical Sciences, 2015, 92: 245-258.

[28] 詹总谦, 胡孟琦, 满益云. 多尺度区域生长点云滤波地表拟合法[J]. 测绘学报, 2020, 49(6): 757-766.

[29] 汤国安, 杨昕. ArcGIS 地理信息系统空间分析实验教程[M]. 北京: 科学出版社, 2012.

[30] 于海洋, 杨礼, 张春芳, 等. 基于 LiDAR DEM 不确定性分析的矿区沉陷信息提取[J]. 金属矿山, 2017(10): 1-7.

[31] 马国兵, 肖培如. 基于小波的图像去噪研究综述[J]. 工业控制计算机, 2013, 26(5): 91-95.

[32] 曾艺辉, 高鸣. 基于 Bayesian 估计的小波自适应阈值方法对图像进行去噪处理的研究[J]. 生物医学工程研究, 2018, 37(4): 410-413.

[33] 杜春梅, 冀志刚, 张琛. 基于小波阈值法的矿山遥感图像非局部均值去噪[J]. 金属矿山, 2017(3): 116-120.

[34] 刘晓莉, 任丽秋, 李伟, 等. 阈值优化的遥感影像小波去噪[J]. 遥感信息, 2016(2): 109-113.

[35] 张宇航, 杨武年, 任金铜, 等. 高分二号卫星影像自适应模糊阈值法小波去噪[J]. 测绘通报, 2019(3): 32-35.

[36] 于万波. 基于 MATLAB 的图像处理[M]. 北京: 清华大学出版社, 2011: 131-152.

[37] 陈竹安, 胡志峰. 小波阈值改进算法的遥感图像去噪[J]. 测绘通报, 2018(4): 28-31.

[38] 谢家林, 李根强, 谢家丽, 等. 改进阈值函数在图像去噪中的应用[J]. 空军工程大学学报(自然科学版), 2016, 17(1): 72-76.

[39] 麻凤海. 岩层移动及动力学过程的理论与实践[M]. 北京: 煤炭工业出版社, 1997.

[40] 刘宝琛, 廖国华. 煤矿地表移动的基本规律[M]. 北京: 中国工业出版社, 1965.

[41] 曹志伟, 翟厥成. 岩层移动与"三下"采煤[M]. 北京: 煤炭工业出版社, 1986.

[42] 何国清, 杨伦, 凌赓娣, 等. 矿山开采沉陷学[M]. 徐州: 中国矿业大学出版社, 1991.

[43] 周敏. 地下开采地表移动变形的规律研究及影响因素分析[D]. 重庆: 重庆大学, 2011.

[44] 彭博, 姬然. 基于容差 PR 曲线的路面裂缝识别算法性能评价机制[J]. 重庆交通大学学报(自然科学版), 2017, 36(7): 39-43.

第四章 基于雷达遥感的矿区地表三维变形监测

常规地表变形监测主要通过建立实地观测站，采用精密水准仪、全站仪、GPS等仪器定期进行观测，以获取特定开采区上方地面的动态变形数据。这些方法未能摆脱野外作业模式，还存在监测范围有限、野外工作量大和费用高等不足，变形信息的采集在时间与空间上存在局限性[1]。近年来，空间对地遥感技术特别是卫星雷达干涉测量（InSAR）所获取的大面积地表连续变形信息，相比于传统的测量技术，具有覆盖范围大、空间分辨率高、工作成本低、全天候工作的优势，已成为获取地表变形信息的一种新手段，用于矿区地表变形监测具有较大的优势和应用前景[2-3]。本章主要讨论利用 InSAR 视线向位移反演矿区沉陷三维位移的方法及其应用。

4.1 InSAR 矿区地表三维位移反演

4.1.1 InSAR 矿区地表三维位移反演方法

地表点沿雷达视线方向的位移（LOS 向位移）由该点东西向、南北向和垂直向三维位移在视线方向上的投影叠加而成[4-5]，LOS 向位移与地面点三维的几何关系如图 4.1 所示。

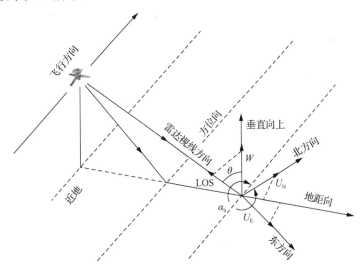

图 4.1　LOS 向位移与地面点三维位移的几何关系

由图 4.1 的空间几何关系可得地表点沿雷达视线方向（LOS）的位移 d_{LOS} 与三维位移的关系式（4.1）。

$$d_{LOS} = W\cos\theta - \sin\theta\left[U_N\cos\left(\alpha_h - \frac{3\pi}{2}\right) + U_E\sin\left(\alpha_h - \frac{3\pi}{2}\right)\right] \quad (4.1)$$

式中：θ 为卫星入射方位角；α_h 为卫星飞行方向与北方向的夹角（顺时针方向为正）；W、U_N、U_E 分别是地面点在垂直、南北、东西三个方向上的位移。LOS 位移因地表点真实的三维位移引起并由 InSAR 处理得到，其方向指向卫星为正。

由式（4.1）可知，当地表点的三维位移均为未知量时，由单个 LOS 位移方程无法确定三个未知量。一些学者在利用 InSAR 位移数据提取矿区地表下沉值 W 时，直接将式（4.1）中的水平向位移分量 U_N、U_E 忽略不计，计算出下沉值 W 的近似公式[6]：

$$W = \frac{d_{LOS}}{\cos\theta} \quad (4.2)$$

由于地下开采引起的地表移动特征与常规的区域沉降不同，矿区移动盆地内的地表点均发生显著的水平位移量，一般相当于下沉量的 0.3～0.5 倍，尤其是在移动盆地边缘地带，其水平位移量甚至会大于下沉量。这种将 LOS 位移简单地换算成垂直下沉的方法，不仅无法获得对开采沉陷有重要影响的水平向位移，而且所得到的下沉量及其分布可能与实际情况相差很远。

一些文献[7-10]利用三幅具有显著不同几何形状成像的 SAR 影像，分别提取三个雷达视线方向的一维位移，通过三个不同的 LOS 位移观测方程联合解算未知的三维位移量，如式（4.3）所示。

$$\begin{cases} d_{LOS1} = W\cos\theta_1 - \sin\theta_1\left[U_N\cos\left(\alpha_{h1} - \frac{3\pi}{2}\right) + U_E\sin\left(\alpha_{h1} - \frac{3\pi}{2}\right)\right] \\ d_{LOS2} = W\cos\theta_2 - \sin\theta_2\left[U_N\cos\left(\alpha_{h2} - \frac{3\pi}{2}\right) + U_E\sin\left(\alpha_{h2} - \frac{3\pi}{2}\right)\right] \\ d_{LOS3} = W\cos\theta_3 - \sin\theta_3\left[U_N\cos\left(\alpha_{h3} - \frac{3\pi}{2}\right) + U_E\sin\left(\alpha_{h3} - \frac{3\pi}{2}\right)\right] \end{cases} \quad (4.3)$$

式中：θ_i 为第 i 组同步卫星入射方位角；α_{hi} 为第 i 组卫星飞行方向与北方向的夹角，$i=1,2,3$；W、U_N、U_E 分别是地面点在垂直、南北、东西三个方向上的位移。由于该方法需要至少三个不同几何形状成像的干涉像对，利用不同轨道参数处理得到的三组 LOS 位移值之间相互独立，它们本身存在较大的系统性误差。因此，利用式（4.1）解算出的地表点三维位移量不可避免地存在显著误差。

4.1.2　基于沉陷对称特征的位移分解算法

根据水平煤层开采沉陷的基本规律，无论在非充分开采还是超充分开采条件下，地表下沉和水平位移均以盆地中心 O（采空区中心正上方最大下沉点）为对称分布，且所有地面点的水平位移方向均指向盆地中心 O。将地表移动盆地划分为 I、II、III、IV 四个区域，并绘制地表移动盆地内任意点的水平位移矢量分布，如图 4.2 所示。其中，对称区 I 和 III 内任意两个对称点 P_1 和 P_3 的下沉量相等，水平位移则大小相等而方向相反；对称区 II 和 IV 内的两个对称点 P_2 和 P_4 也是如此。根据这一特征可以建立地表任意两个对称点上的 LOS 向位移与三维变形之间的函数模型，从而解算出三维变形分量[11]。

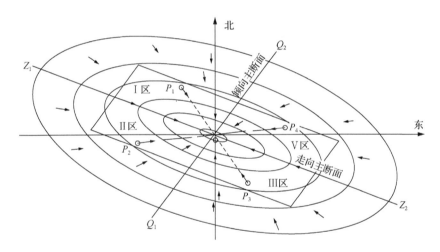

图 4.2　任意点的水平位移矢量分布

对于图 4.2 中的近水平煤层开采地表移动盆地的对称区 I 和 III 中任意一组对称点 P_1、P_3，两者的 LOS 向位移与地表水平位移的几何关系如图 4.3 所示。

在图 4.3 中，地表移动对称点 P_1 与 P_3 的 LOS 位移 d_{LOS1}、d_{LOS3} 与垂直向、南北向、东西向位移的关系由式（4.1）可得

$$d_{LOS1} = W_1 \cos\theta - \sin\theta \left[U_{N1} \cos\left(\alpha_h - \frac{3\pi}{2}\right) + U_{E1} \sin\left(\alpha_h - \frac{3\pi}{2}\right) \right] \quad (4.4)$$

$$d_{LOS3} = W_3 \cos\theta - \sin\theta \left[U_{N3} \cos\left(\alpha_h - \frac{3\pi}{2}\right) + U_{E3} \sin\left(\alpha_h - \frac{3\pi}{2}\right) \right] \quad (4.5)$$

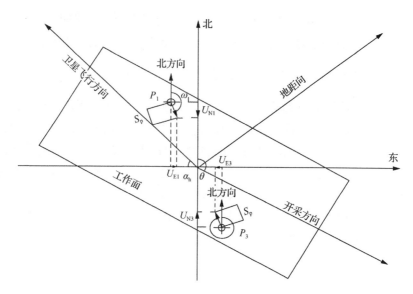

图 4.3　对称点位移与地表水平位移的几何关系

根据对称性，对称点 P_1 和 P_3 的水平位移的大小相等，设为 S_P，则根据图示几何关系，由如下式成立：

$$U_{N1} = S_P \cos \omega_1 \quad U_{E1} = S_P \sin \omega_1 \tag{4.6}$$

$$U_{N3} = S_P \cos \omega_3 \quad U_{E3} = S_P \sin \omega_3 \tag{4.7}$$

式中：ω_1、ω_3 分别为 P_1、P_3 与移动盆地中心 O 点之连线与北方向的夹角。由于 ω_1 与 ω_3 相差 180°，无论在南北方向还是东西方向上，对称点 P_1 和 P_3 的水平位移分量都是大小相等而方向相反，且其下沉量相等，则由式（4.6）、式（4.7）可得

$$\begin{cases} U_{N1} = -U_{N3} \\ U_{E1} = -U_{E3} \\ W_1 = W_3 \end{cases} \tag{4.8}$$

将式（4.6）、式（4.7）代入式（4.4）、式（4.5），结合式（4.8），联立求解可得 W_1、W_3、U_{N1}、U_{N3}、U_{E1}、U_{E3} 的计算公式如下：

$$W_1 = W_3 = \frac{d_{LOS1} + d_{LOS3}}{2 \cos \theta} \tag{4.9}$$

$$U_{N1} = -U_{N3} = \frac{\left(d_{LOS1} - d_{LOS3} \right) \cos \omega_1}{-2 \sin \theta \left[\cos \left(\alpha_h - \frac{3\pi}{2} \right) \cos \omega_1 + \sin \left(\alpha_h - \frac{3\pi}{2} \right) \sin \omega_1 \right]} \tag{4.10}$$

$$U_{E1} = -U_{E3} = \frac{(d_{LOS1} - d_{LOS3})\sin\omega_1}{-2\sin\theta\left[\cos\left(\alpha_h - \frac{3\pi}{2}\right)\cos\omega_1 + \sin\left(\alpha_h - \frac{3\pi}{2}\right)\sin\omega_1\right]}$$ (4.11)

4.1.3 InSAR 矿区地表三维位移反演模型改进算法

本书作者及其研究团队进一步将地表移动盆地分成四个对称区域,基于任意四个对称点建立 LOS 位移与三维位移的几何方程组,按照最小二乘原理解算下沉和水平位移分量,并进行算法实现与工程应用。由开采沉陷的基本规律可知,矿区地表移动盆地内任意一点的位移矢量由垂直下沉、沿工作面走向和倾向的水平位移叠加而成。图 4.4 表示了 InSAR LOS 位移与矿区地表移动盆地内任意一组 4 个对称点的垂直下沉 W、走向水平位移 U_T、倾向水平位移 U_I 之间的几何关系,它们之间的函数式为

$$d_{LOS} = W\cos\theta - U_I\sin\theta\cos(\alpha_T - \alpha_h) - U_T\sin\theta\sin(\alpha_T - \alpha_h)$$ (4.12)

式中:W 为地表下沉,向上为正;θ 为雷达入射角;U_T 为地表点沿走向的水平位移,指向开采方向为正;U_I 为地表点倾向水平位移,垂直于开采方向指向右侧为正;α_T 为工作面开采方向的方位角;α_h 为雷达卫星方向方位角。

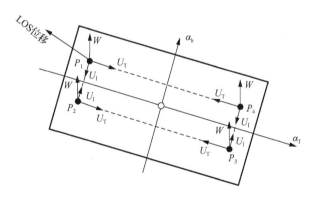

图 4.4 LOS 位移与下沉、走向和倾向水平位移的关系

选取地表移动盆地内一组 4 个对称点 P_1、P_2、P_3、P_4(图 4.4),分别构建 LOS 位移与三维位移的关系式并联立 4 个方程组,其中包含 W、U_T、U_I 三个未知量。为了方便解算,以影像的左上角为原点,沿行和列作为 x' 轴和 y' 轴,建立一套 InSAR 影像坐标系。同样以影像左上角为原点,沿工作面走向和工作面倾向作为 x、y 轴,建立一套工作面坐标系。将 InSAR 影像坐标系转换至工作面坐标系,给

每个像元重新附上工作面坐标系下的坐标。对称点的 LOS 位移与三维位移几何方程组如下：

$$\begin{bmatrix} d_{\text{LOS}(1)} \\ d_{\text{LOS}(2)} \\ d_{\text{LOS}(3)} \\ d_{\text{LOS}(4)} \end{bmatrix} = \begin{bmatrix} \cos\theta & -\sin\theta\cos(\alpha_{\text{T}}-\alpha_{\text{h}}) & -\sin\theta\sin(\alpha_{\text{T}}-\alpha_{\text{h}}) \\ \cos\theta & \sin\theta\cos(\alpha_{\text{T}}-\alpha_{\text{h}}) & -\sin\theta\sin(\alpha_{\text{T}}-\alpha_{\text{h}}) \\ \cos\theta & \sin\theta\cos(\alpha_{\text{T}}-\alpha_{\text{h}}) & \sin\theta\sin(\alpha_{\text{T}}-\alpha_{\text{h}}) \\ \cos\theta & -\sin\theta\cos(\alpha_{\text{T}}-\alpha_{\text{h}}) & \sin\theta\sin(\alpha_{\text{T}}-\alpha_{\text{h}}) \end{bmatrix} \begin{bmatrix} W \\ U_{\text{I}} \\ U_{\text{T}} \end{bmatrix} \tag{4.13}$$

将式（4.13）应用到整幅影像，其 LOS 位移和三维位移的关系可表示为

$$L + \Omega' = G \cdot X \tag{4.14}$$

式中：Ω' 表示 LOS 位移的综合误差项。

由此可建立最小二乘平方差方程如式（4.15）所示，求出该区域任意一点的三维位移。

$$\hat{X} = (G^{\text{T}}G)^{-1} G^{\text{T}} L \tag{4.15}$$

其中

$$\begin{cases} d_{\text{LOS}(1)} = [d(1,1) & d(1,2) & \cdots & d(m,n)] \\ d_{\text{LOS}(2)} = [d(2q-1,1) & d(2q-1,2) & \cdots & d(2q-m,n)] \\ d_{\text{LOS}(3)} = [d(1,2p-1) & d(1,2p-2) & \cdots & d(m,2p-n)] \\ d_{\text{LOS}(4)} = [d(2q-1,2p-1) & d(2q-1,2p-2) & \cdots & d(2q-m,2p-n)] \end{cases}$$

$$X = \begin{bmatrix} W & U_{\text{I}} & U_{\text{T}} \end{bmatrix}^{\text{T}}$$

$$G = \begin{bmatrix} \cos\theta & -\sin\theta\cos(\alpha_{\text{T}}-\alpha_{\text{h}}) & -\sin\theta\sin(\alpha_{\text{T}}-\alpha_{\text{h}}) \\ \cos\theta & \sin\theta\cos(\alpha_{\text{T}}-\alpha_{\text{h}}) & -\sin\theta\sin(\alpha_{\text{T}}-\alpha_{\text{h}}) \\ \cos\theta & \sin\theta\cos(\alpha_{\text{T}}-\alpha_{\text{h}}) & \sin\theta\sin(\alpha_{\text{T}}-\alpha_{\text{h}}) \\ \cos\theta & -\sin\theta\cos(\alpha_{\text{T}}-\alpha_{\text{h}}) & \sin\theta\sin(\alpha_{\text{T}}-\alpha_{\text{h}}) \end{bmatrix}$$

$$L = \begin{bmatrix} d_{\text{LOS}(1)} & d_{\text{LOS}(2)} & d_{\text{LOS}(3)} & d_{\text{LOS}(4)} \end{bmatrix}^{\text{T}}$$

式中：$d(i,j)$ 为点 (i,j) 的 LOS 位移；p 和 q 为沉陷对称中心在工作面坐标系下的行、列号；θ 为雷达卫星发射电磁波方向的入射角；α_{T} 为工作面推进方向方位角；α_{h} 为雷达卫星飞行方向方位角。

4.1.4 基于沉陷对称特征的矿区 InSAR 三维位移分解程序

基于沉陷对称特征的矿区 InSAR 三维位移分解程序主要基于近水平煤层地表沉陷的对称特征，建立对称点间 LOS 向位移与三维位移量之间的几何方程组，并对该方程组进行叠加和差分处理，解算出地表点的三维位移量。该程序开发使用 C++计算机语言，C++具有很强的面向对象特征，易于掌握与应用。开发平台为

Visual Studio 2017 社区版，社区版面向大众免费使用且能满足一般程序的开发需求。开发使用 WPF 技术，实现界面与逻辑代码的分离开发，能使界面或者逻辑更改方便，二者耦合度大大降低，有利于程序维护。

1. 程序的功能

根据程序实用性和易用性要求，该程序应能满足如下功能。

（1）原始数据文件读取。程序可读入由 LOS 向位移栅格数据的原始数据值，格式为 X、Y、栅格值，直接解析栅格数据较困难，故数据读入方面采用简单形式。

（2）数据结果保存。根据读入的原始数据，通过栅格值构建用于显示的灰度图，在程序中以灰度图的形式显示数据。

（3）图像结果保存。能对灰度图所显示的原始数据值进行查看。

（4）参数设定。在位移分解过程中，需要卫星飞行角等参数，程序需提供参数输入功能。

（5）区域选择。对于原始读入的数据，可包含沉陷影响区之外的数据，在正式分解过程中，可手动绘制矩形沉陷区，指定程序进行分解计算的区域。

（6）LOS 位移分解。根据相关参数及指定的分解数据对 LOS 向位移进行分解，将得到垂直位移、东西向位移和南北向位移。

（7）预计参数设定。分解结果将以灰度图方式在显示窗口显示，同时支持查看具体数据值。

（8）LOS 位移合成。可指定灰度等级，将对分解结果的灰度图进行分级显示。

（9）图像形式。程序能根据指定的沉陷区参数对沉陷情况进行模拟，根据模拟结果合成模拟的 LOS 向位移结果，可作为程序验证使用，或作为后期沉陷区模拟数据获取使用。

（10）数据形式。支持灰度图保存以及原始数据文件保存。

程序功能模块划分如图 4.5 所示。

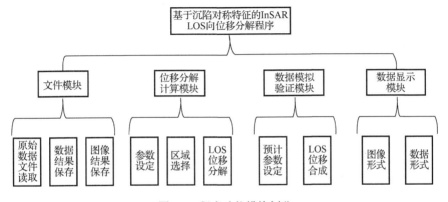

图 4.5 程序功能模块划分

2. 功能实现核心算法及关键代码

1）原始数据读入以灰度图形式显示

在遥感图像处理软件或者 ArcGIS 中将 LOS 向位移的栅格数据转换成坐标和值的原始数据形式，形成格式如图 4.6 所示的 TXT 文件。

```
613515.8590    3766556.4490    705.7190
613521.5220    3766562.0510    705.3930
613521.5960    3766562.1540    705.4590
613518.0970    3766570.2650    705.0660
613517.8600    3766570.9810    705.2150
```

图 4.6　原始数据文件格式示意图

将文件数据读取后进行存储，然后进行格网重建、图像灰度赋值的过程。首先根据原始数据寻找 X、Y 坐标的最小值和最大值，将(X_{min}, Y_{min})和(X_{max}, Y_{max})作为图像的左下角点和右上角点，由此确定整个图像的边界。根据数据对应的原始栅格图像的分辨率确定重建图像的像素数量，对于每一个像素的值即为当前像素所在位置对应的原始数据的重采样值。重采样方法为对范围内所有值进行平均，结果作为当前像素的值。由于计算机灰度显示范围一般为 0～255，而具体的 LOS 向位移值不一定在此范围内，需要设置对应的转换关系，在默认情况下，通过线性函数进行拉伸变换，在该次实现中，LOS 位移最小值对应灰度 20，最大值对应灰度 240，构建对应关系后对显示图像的具体像素进行赋值。其算法流程如图 4.7 所示。

图 4.7　灰度图显示数据算法流程

2）分级显示

通过线性函数拉伸变换使整个图像灰度渐变特征明显，通过灰度分级可使图像更具区域性特征。在默认的显示基础上，通过指定的等级数量对整个灰度范围进行区域等分，并对每个区域指定显示颜色，然后遍历整个图像像素灰度值，通过判断灰度值所在区域进行显示颜色的重新赋值，最终达到对整幅图像进行分级显示的效果。其算法流程如图 4.8 所示。

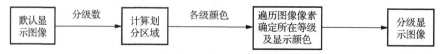

图 4.8　分级显示图像算法流程

3）矩形沉陷区选择

整个基于对称特征的 LOS 位移分解算法要求沉陷区为矩形范围，通过在矩形中心建立坐标系寻找对称点，进而根据对称的特征进行位移分解，在计算过程中，若沉陷区形状不符合要求则会使对称点无法确定。程序提供了在图像上绘制矩形沉陷区的功能，使用此功能时最终的计算范围为绘制的范围，不使用此功能时默认对全图像进行处理。实现方式为图像上指定三点，根据三点位置自动绘制矩形。首先程序会记录前两次选定点所在的位置，并将这两点默认为矩形的一条边的两端点，接下来的第三点为对边所在直线上的任意一点，前两点确定了矩形的长度，后一点确定了矩形的宽度，由此计算方式确定矩形所在位置。根据前两点，确定这两点的直线方程，根据该直线方程的斜率，以及垂线的斜率满足的关系可确定另外两边所在直线的斜率，加上另外两边所在直线分别通过第一点和第二点，就可以确定两条直线的方程，再由第三点和第一条边所在直线的方程可计算另外两条边的长度。因此，结合另外两条边的直线方程便可确定另外两个端点的坐标位置，将这四个端点进行连接便可绘制出矩形沉陷区。其算法流程如图 4.9所示。

图 4.9　矩形沉陷区选择算法流程

根据上述算法流程分析，矩形沉陷区选择关键代码如下：

```
//确定四点坐标
private void CaculateFourPoints(Image image)
{
  W.Point p1 = image.Infor.SinkBorderPoints[0];
  W.Point p2 = image.Infor.SinkBorderPoints[1];
  W.Point p3 = image.Infor.SinkBorderPoints[2];
  //用来存放计算完毕的四点坐标
  List<W.Point> points = new List<W.Point>();
  points.Add(p1);points.Add(p2);
  double dx = p1.X - p2.X;
  double dy = p1.Y - p2.Y;
  if(dx==0)
  {
    //斜率不存在
    points.Add(new W.Point(p3.X,p2.Y));
    points.Add(new W.Point(p3.X,p1.Y));
  }
  else
```

```
    {
        //斜率存在
        double b = p1.Y - dy / dx * p1.X;
        double d = Math.Abs(p3.X * dy / dx - p3.Y + b)/ Math.Pow(dy /
dx * dy / dx + 1,0.5);
        if(d!=0)
        {
            points.Add(CalPoint(p2,p3,d,dy / dx));
            points.Add(CalPoint(p1,p3,d,dy / dx));
        }
    }
    image.Infor.SinkBorderPoints = points;
}

//计算一个端点
private W.PointCalPoint(W.Pointp,W.Point p3,double d,double K)
{
    double k = -1/K;
    double t = -k * p.X;
    double x3,y3;
    x3 =(2 * p.X - 2 * k * t + Math.Pow((2 * k * t - 2 * p.X)*(2 *
k * t - 2 * p.X)- 4 *(k * k + 1)*(t * t + p.X * p.X - d * d),0.5))
    / 2 /(k * k + 1);
    y3 = k * x3 + p.Y - k * p.X;
    if(Math.Abs((p3.Y - y3)/(p3.X - x3))- Math.Abs(K)>0.01)
    {
        x3 =(2 * p.X - 2 * k * t - Math.Pow((2 * k * t - 2 * p.X)*(2 *
k * t - 2 * p.X)- 4 *(k * k + 1)*(t * t + p.X * p.X - d * d),0.5))
        / 2 /(k * k + 1);
        y3 = k * x3 + p.Y - k * p.X;
    }
    return new W.Point(x3,y3);
}
```

4）坐标转换

在位移分解计算过程中，坐标系的建立是以沉陷区中心为原点，走向和倾向为 X、Y 轴，这与矿区使用的坐标系不一致，同时由于图像本身有一个图像坐标系，在计算过程中不可避免地会遇见各点在不同坐标系下的坐标转换的问题。在本次研究实现过程中，坐标转换采用了四参数转换方式，这是一种简单的相似变换。通过对其中一个坐标系统进行平移、旋转和缩放使之与另一坐标系统在最大程度上重合，且在计算平移、旋转和缩放参数时采用最小二乘原理进行最佳值求解。四参数坐标变换示意图如图 4.10 所示。

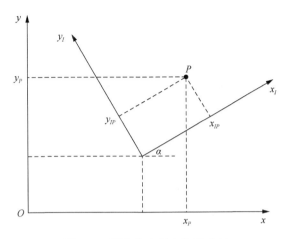

图 4.10　四参数坐标变换示意图

根据坐标转换示意图，可得变换方程为

$$\begin{cases} x = a + k(x_1 \cos\alpha - y_1 \sin\alpha) \\ y = b + k(y_1 \cos\alpha + x_1 \sin\alpha) \end{cases} \tag{4.16}$$

式中：a、b 分别为 x、y 平移量；α 为旋转角；k 为整体缩放系数。在坐标转换过程中，通过两坐标系上的公共点（具备两种坐标系下的坐标）求解四个参数，根据参数个数，必须至少有两个公共点列出四个方程式进行求解计算，当具备两个以上的公共点时，可利用最小二乘法，求解最或然参数值。为表示方便，引入参数 c、d，其中 $c = k\cos\alpha$，$d = k\sin\alpha$，转换公式变为

$$\begin{cases} x = a + x_1 c - y_1 d \\ y = b + y_1 c + x_1 d \end{cases} \tag{4.17}$$

根据转换公式确立误差方程式如下：

$$\begin{cases} x + v_x = a + (x_1 + v_{x1})c - (y_1 + v_{y1})d \\ y + v_y = a + (y_1 + v_{y1})c + (x_1 + v_{x1})d \end{cases} \tag{4.18}$$

根据误差方程式，对于 n 个公共点，以矩阵形式列立误差方程，根据最小二乘原理求解参数 a、b、c、d，则有

$$\alpha = \arctan\frac{d}{c}, \quad k = \sqrt{c^2 + d^2} \tag{4.19}$$

根据坐标相似变换的数学模型，实现的具体算法流程如图 4.11 所示。

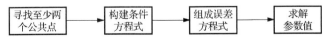

图 4.11　坐标转换算法流程

在上述坐标转换的算法步骤基础上，实现坐标转换的关键代码如下：

```
//计算沉陷区坐标与图像坐标的转换参数
private void CalParaImgToSink(Image img)
{
    double  dx1  =  img.Infor.SinkBorderPoints[0].X  -  img.Infor.
SinkBorderPoints[1].X;
    double  dy1  =  img.Infor.SinkBorderPoints[0].Y  -  img.Infor.
SinkBorderPoints[1].Y;
    double  dx2  =  img.Infor.SinkBorderPoints[1].X  -  img.Infor.
SinkBorderPoints[2].X;
    double  dy2  =  img.Infor.SinkBorderPoints[1].Y  -  img.Infor.
SinkBorderPoints[2].Y;
    double length = Math.Pow(dx1 * dx1 + dy1 * dy1,0.5);
    double width = Math.Pow(dx2 * dx2 + dy2 * dy2,0.5);
    double[,] b = new double[8,4];
    for(int i = 0; i< 4; i++)
    {
        b[2 * i,0] = 1;b[2 * i,1] = 0;
    b[2 * i,2] = img.Infor.SinkBorderPoints[i].X;
    b[2 * i,3] = img.Infor.SinkBorderPoints[i].Y;
        b[2 * i+1,0] = 0; b[2 * i+1,1] = 1;
    b[2 * i+1,2] = img.Infor.SinkBorderPoints[i].Y;
    b[2 * i+1,3] = -img.Infor.SinkBorderPoints[i].X;
    }
    Matrix B = new Matrix(b);
    double[,] l = new double[8,1];
    if(dx1 < 0)
    {
        l[0,0] = -length / 2; l[2,0] = length / 2;
        l[4,0] = length / 2; l[6,0] = -length / 2;
    }
    else
    {
        l[0,0] = length / 2; l[2,0] = -length / 2;
        l[4,0] = -length / 2; l[6,0] = length / 2;
    }
    if(dy2<0)
    {
        l[1,0] = -width / 2; l[3,0] = -width / 2;
        l[5,0] = width / 2; l[7,0] = width / 2;
```

```
    }
    else
    {
        l[1,0] = width / 2; l[3,0] = width / 2;
        l[5,0] = -width / 2; l[7,0] = -width / 2;
    }
    //矩阵运算,求解参数
    Matrix L = new Matrix(l);
    Matrix X =(B.Trans()* B).Inv()*(B.Trans()* L);
img.Infor.MoveXC = X.Value[0,0];
img.Infor.MoveYC = X.Value[1,0];
img.Infor.RotationC = Math.Atan2(X.Value[3,0],X.Value[2,0]);
img.Infor.ZoomC = Math.Pow(X.Value[2,0] * X.Value[2,0] +
X.Value[3,0] * X.Value[3,0],0.5);
}
```

5）模拟 LOS 位移合成

根据所给的开采区的开采高度、下沉系数、移动系数等相关参数，预计地表移动变形，通过预计数据合成 LOS 位移，该功能可用于测试数据合成及采动地表移动线性预计，模拟 LOS 位移数据的关键在地表下沉和东西向移动的预计。对于开采引起的地表任意点的下沉，可用如下公式进行计算：

$$W(x,y) = \frac{1}{W_{\max}}W(x)W(y) \tag{4.20}$$

式中：$W(x)$、$W(y)$ 分别为工作面走向主断面和倾向主断面上在坐标 x 和 y 处的下沉值；$W_{\max}$ 为最大下沉值。在计算某一点的下沉值时，相当于将该点投影到两个主断面的点对应的乘积然后除以最大下沉值取得，任意点下沉值预计示意图如图 4.12 所示。

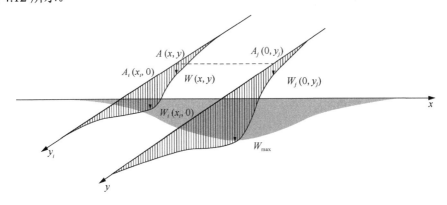

图 4.12　任意点下沉值预计示意图

对于任意点的水平移动，经过任意点 $A(x,y)$ 的直线方向与坐标轴呈 φ 角，因此地表移动不仅是 x、y 的函数，而且是方向 φ 的函数，地表任意点移动预计方向确定示意图如图 4.13 所示。

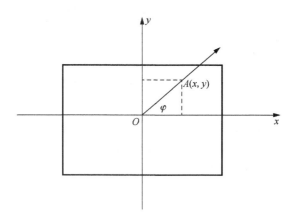

图 4.13　地表任意点移动预计方向确定示意图

任意点 $A(x,y)$ 的水平移动可用如下公式进行计算：

$$u(x,y,\varphi_{k.u}) = C_y u(x)\cos\varphi_{k.u} + C_x u(x)\sin\varphi_{k.u} \tag{4.21}$$

式中：C_y、C_x 是采动系数（C_y 等于在 y 方向上未达到充分采动，在 x 方向上达到充分采动条件下计算的最大下沉值与两方向均达到充分采动时计算的最大下沉值之比；C_x 等于在 x 方向上未达到充分采动，在 y 方向上达到充分采动条件下计算的最大下沉值与两方向均达到充分采动时计算的最大下沉值之比）。

在模拟数据合成过程中，首先确定开采区地表移动变形预计参数，然后计算任意点的下沉和移动，将移动矢量分解至东西向和南北向，再根据设定的卫星飞行角和方向角参数，利用 InSAR LOS 向位移与三维位移的几何关系合成 LOS 向位移。模拟 LOS 位移合成算法流程如图 4.14 所示。

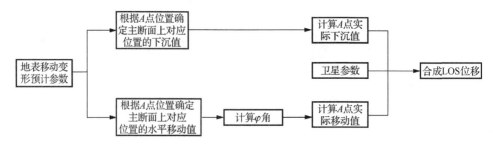

图 4.14　模拟 LOS 位移合成算法流程

根据 LOS 位移数据模拟算法步骤，实现 LOS 位移数据模拟的关键代码如下所示：

```
//合成 LOS 位移
public void GetLOSValues()
{
    GetSinkValues();
    GetMoveValues();
    //LOS 值
    LOSValues = new double?[moveValues.GetLength(0),moveValues.
GetLength(1)];
    //分解移动值至东西向和南北向
    mWEValues = new double?[moveValues.GetLength(0),moveValues.
GetLength(1)];
    mNSValues = new double?[moveValues.GetLength(0),moveValues.
GetLength(1)];
    AngleValues = new double?[moveValues.GetLength(0),moveValues.
GetLength(1)];
    for(int x=0;x<moveValues.GetLength(0);x++)
    {
        for(int y=0;y<moveValues.GetLength(1);y++)
        {
            double x1 = moveValues.GetLength(0)-1 - x;
            double y1 = moveValues.GetLength(1)-1 - y;
            double dx = x1 - x;
            double dy = y1 - y;
            double angle =(Math.Atan2(dy,dx)+(dy>= 0 ? 0 : 1)* 2 *
Math.PI)
    +Angle.Dms2Rad(miningPara.Azimuth);
            AngleValues[x,y] = angle;
            mWEValues[x,y] = moveValues[x,y] * Math.Sin(angle);
            mNSValues[x,y] = moveValues[x,y] * Math.Cos(angle);
            double theta = Angle.Dms2Rad(miningPara.Theta);
            double alpha = Angle.Dms2Rad(miningPara.Alpha);
            double cos = Math.Cos(alpha - 1.5 * Math.PI);
            double sin = Math.Sin(alpha - 1.5 * Math.PI);
            LOSValues[x,y] = sinkValues[x,y] * Math.Cos(theta)
                - Math.Sin(theta)*(mNSValues[x,y] * cos +
mWEValues[x,y] * sin);
        }
    }
}
```

4.2　InSAR 榆神矿区地表变形监测实例

4.2.1　榆林金鸡滩矿区地表沉陷盆地边界提取实例

1. 地理位置

选取榆神矿区某矿综采工作面地表变形区域进行 InSAR 监测及位移分解。榆神矿区位于陕西北部，地处毛乌素沙漠与陕北黄土高原接壤地带，属于我国重要的煤炭生产基地。区内西北部以沙漠滩地为主，地形较平缓，属低缓的半沙漠缓坡丘陵地貌；东部、南部以黄土梁峁为主，地形起伏变化较大。106 工作面地势总体东高西低，最高点在矿区东北边界附近的梁峁处高程为 1 234.6m，最低点在矿区西南角高程为 1 211.2m，平均高程为 1 225m。开采工作面宽为 300m、长为 3 200m，开采深度平均为 250m，工作面回采时间自 2018 年 2 月 1 日至 2018 年 12 月 1 日。工作面开采后地表形成较规则的移动盆地，利用常规的地表移动观测站对主断面上的地表移动变形进行了实地监测。

2. SAR 影像的选取

针对矿区植被稀少、气候干旱等特点，设计采用欧洲航天局（European Space Agency，ESA）C 波段的 Sentinel-1 卫星数据，Sentinel-1 卫星于 2014 年 4 月 3 日由"联盟号"运载火箭发射升空，它是欧洲航天局的哥白尼计划的第一颗主要用于环境监视的卫星，是欧洲航天局哨兵系列发射的首颗雷达成像卫星，能够提供连续的、全天候的雷达影像。Sentinel 系列是欧洲航天局针对哥白尼全球对地观测项目专门研制的一系列卫星，总造价约 17 亿欧元，包括 5 个卫星，Sentinel-1 是雷达成像卫星，为最大限度地满足大范围覆盖及快速重访的需求，该卫星设计由 A、B 两颗卫星的星座组成。Sentinel-1A 卫星采用 Prima 平台，卫星质量为 2.3t，尺寸为 2.8m×2.5m×4.0m，雷达天线为 12m，雷达波段为 C 波段。卫星运行于高度为 693km 的太阳同步轨道，A、B 两颗卫星轨道相距 180km，两星组成星座后重访时间为 6 天。Sentinel-1A 卫星的工作模式有条带模式、干涉宽幅模式、波模式和额外宽幅模式 4 种，幅宽分别为 80km、250km、100km、400km，分辨率分别为 5m×5m、5m×20m、5m×20m、20m×20m。

SAR 影像选取 2018 年 1 月 6 日至 2019 年 1 月 13 日的 30 期 Sentinel-1A 雷达影像。30 期影像均为单视复数影像（single look complex，SLC），为地理参考级产品，同时附带精密轨道参数文件。其遥感器工作模式为条带模式，幅宽为 250km，距离向分辨率为 5m，方位向分辨率为 20m，时间分辨率约为 12 天，影像具有较高的时间、空间分辨率及相干性。

3. 外部 DEM 的获取

外部 DEM 是差分干涉测量技术的一个重要数据源，外部 DEM 的精度对差分结果的精度影响很大，因此对比不同形式获取的 DEM 精度选取最优数据。航天飞机雷达地形测绘任务（shuttle radar topography mission，SRTM）是由美国、德国和意大利的相关航天机构于 2000 年 2 月开始实施的。SRTM 获取了全球 4/5 的地面雷达数据，数据量达 10 万亿 bit，而且该数据已经覆盖我国全境。它的平面参考系为 WGS-84，垂直参考系为 WGS-84 EGM96 大地水准面，SRTM3 标称的绝对精度为 ±16m，相对高程精度为 10m。

SRTM 数据根据经纬度划分为一个个小方块，包括 30m 和 90m 两类数据，即间隔 30m 取一个高程采样点或者间隔 90m 取一个高程采样点，每个文件中包含 3 601×3 601 个高程点或者 1 201×1 201 个采样点。覆盖我国的免费数据为 90m 数据，它是由 9 个 30m 的格网高程值经过平均计算得出的，精度符合要求。图 4.15 为该研究区域的 SRTMDEM 数据。

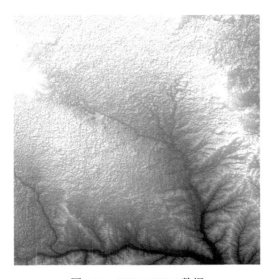

图 4.15 SRTM DEM 数据

4. 数据处理结果

获取矿区地表变形量主要通过两个步骤：InSAR 数据技术处理和三维变形反演。InSAR 数据处理技术主要利用小基线集方法，获取开采时间段内工作面对应地表的 LOS 变形量；由于单轨 InSAR 影像所获取的 LOS 位移无法直接反演地表点在三个方向的未知变形量，需要进一步进行三维位移反演计算。三维变形反演利用作者及其科研团队提出的基于开采沉陷对称特征的三维位移反演方法对 LOS

变形量进行分解，从而获得该矿区地表的三维变形量，如图 4.16（b）～（d）所示。

如果采用常用的忽略水平位移方法，直接将 InSAR LOS 位移投影到垂直方向作为下沉量，所得到的地表下沉分布仍然与图 4.16（a）LOS 位移分布形态相同，最大下沉中心仍然偏离采空区中心，因此需要提出其水平位移的叠加影响，才能准确计算出其下沉量。

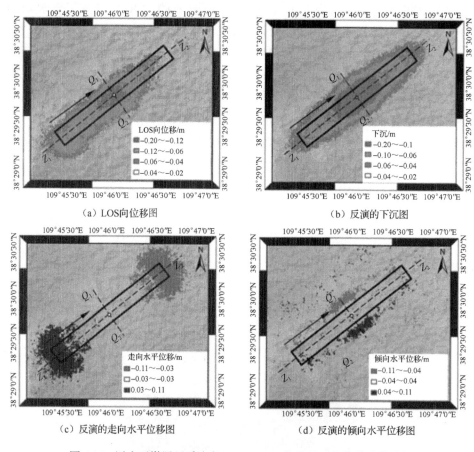

（a）LOS向位移图　　　　　　　　　　（b）反演的下沉图

（c）反演的走向水平位移图　　　　　　（d）反演的倾向水平位移图

图 4.16　近水平煤层开采地表 InSAR LOS 位移及三维位移反演结果

5. 地表下沉边界及移动参数提取

提取沉降边界时，以往通常是以下沉值大于 10mm 的区域作为沉降范围，但是由于 InSAR 监测的系统误差以及数据处理的误差，无法做到直接利用某一下沉值作为沉降边界。因此，本节依据下沉边缘附近倾斜值为 0 的点作为沉降边界。图 4.17 中白色曲线为直接将 LOS 位移投影到垂直下沉方向作为下沉量提取的下沉边界，黑色曲线为剔除水平位移的影响后提取的下沉边界。

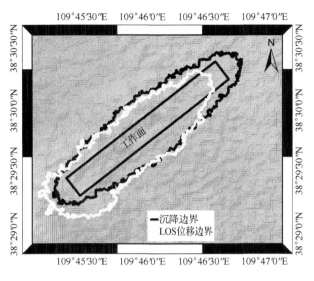

图 4.17　沉降边界

除了可以计算地表移动盆地的沉降边界,还可以计算出地表移动盆地的危险移动边界,因此可以分别求出该地表的移动参数,包括边界角和移动角等。三维位移反演结果、忽略水平位移直接投影 LOS 位移的结果及实测结果数据的对比如表 4.1 所示。

表 4.1　基于 InSAR 监测的地表移动参数

地表移动边界参数	三维位移分解结果	忽略水平位移	实测
走向边界角δ_0	57°	42° >90°	56°
倾向边界角β_0	54°	57° 39°	55°
走向边界移动角δ	78°	63° >90°	73°
倾向边界移动角β	75°	74° 50°	74°

基于常规的线状观测数据只能求取沿主断面的地表移动参数,而利用 InSAR 三维位移反演结果可以根据整个地表移动盆地的边界和危险变形边界,来确定合理的边界角和移动角参数,有利于消除随机测量误差的影响。

通过上述实例可知，在近水平煤层长壁工作面开采及地面平坦的条件下，地表下沉和水平位移均呈现出以走向和倾向主断面为对称的基本特征。本实例利用地表移动盆地中 4 个对称点的单轨 InSAR 数据分解出地表三维位移，其结果与常规实测结果基本一致。

4.2.2　基于 SBAS-InSAR 的榆神矿区地表动态沉陷特征分析

1. 试验数据及数据处理

本节的试验数据选取 2018 年 1 月 6 日至 2019 年 1 月 1 日的 31 期 Sentinel-1A 雷达影像，DEM 数据选用美国地质调查局网站公布的 SRTM DEM 数据，并且选择覆盖范围为（38°～39°N，109°～110°E）的 DEM。

本试验基于小基线原理，选取时间基线不超过 48d，垂直基线不超过 200m，30 幅影像得到了 78 个干涉良好的干涉像对。对选取的 78 个干涉像对分别进行差分干涉，去除地形相位，滤波处理；再利用干涉处理得到干涉图，依据相干系数法，对高相干点进行相位解缠；然后利用奇异值分解（SVD）算法，计算出高相干点的线性变形速率及高程残差，通过时空滤波及变形速率的积分累积运算，得到时序累积变形结果。

2. 金鸡滩矿区地表动态沉陷与地下开采关系分析

利用 GAMMA 软件进行 SBAS 技术处理，绘制金鸡滩 106 工作面从 2018 年 1 月 6 日至 2019 年 1 月 1 日的地表时序变形图（图 4.18），图中的黑色虚线框为井下工作面。

由图 4.18 可以看出，2018 年 3 月 31 日之前地表并未出现变形，之后到 2018 年 5 月 6 日，地面开始出现了变形，且往后变形范围持续向东北方向延伸，呈长条形状。根据动态变形情况可以推断 106 工作面的开采影响时间是 2018 年 4 月，经实地调查矿区的开采资料，该工作面确实于 2018 年 4 月中旬开始开采，与监测到的地表变形情况相符。

为了揭示监测到的地表动态沉降特征与煤矿地下开采工作面推进情况的关系，根据实际采矿资料，该变形区不同时段对应的变形区前沿扩展距离与工作面实际推进距离之间的相对关系如表 4.2 所示。

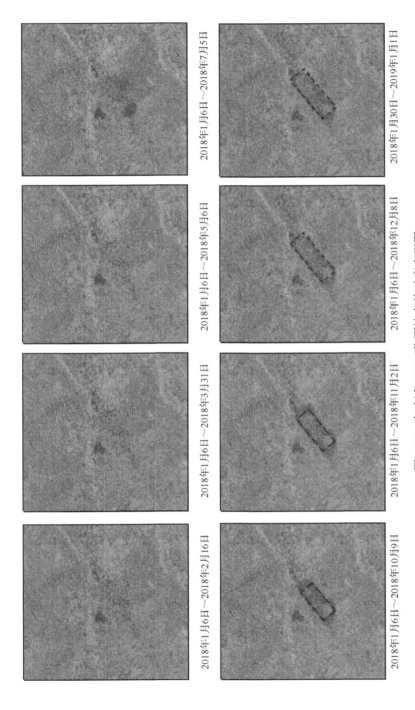

图 4.18 金鸡滩 106 工作面地表的时序变形图

彩图 4.18

表 4.2　变形区前沿扩展距离与工作面实际推进距离之间的相对关系

时间段	变形区前沿扩展距离 A/m	工作面实际推进距离 B/m	距离 A/距离 B
2018 年 3 月 31 日～2018 年 5 月 6 日	出现变形	无地面采集数据	
2018 年 5 月 6 日～2018 年 7 月 5 日	901		
2018 年 7 月 5 日～2018 年 10 月 9 日	584	634	0.92
2018 年 10 月 9 日～2018 年 11 月 2 日	170	164.8	1.03
2018 年 11 月 2 日～2018 年 12 月 8 日	322	343.5	0.94
2018 年 12 月 8 日～2019 年 1 月 1 日	241	237.7	1.01
平均			0.98

由表 4.2 可见，地表变形区域的前沿位置扩展的距离与相应时间段地下工作面的推进距离之比值始终在 1∶1 左右，其动态特征符合开采沉陷的基本规律，也与该观测站的实测数据一致。这说明，随着地下工作面的不断推进，地表变形区向前扩展的速度与地下工作面推进的速度基本相同，变形区域随着地下工作面的推进而同步发展。

3. 榆神矿区地表动态沉陷监测结果分析

基于以上对金鸡滩 106 工作面地表变形与地下工作面开采关系的研究基础，可以将 SBAS-InSAR 技术和本书的下沉量提取方法应用于大范围变形区域的时序变形分析。首先可利用干涉图堆叠技术搜索出整个榆神矿区的变形区域分布，图 4.19 为整个榆神矿区从 2018 年 3 月到 2019 年 1 月的 InSAR 监测变形累积速率分布，然后根据搜索出的变形区分块分别进行时序 InSAR 数据处理，并提取出地表下沉量。

从变形累积速率结果图中总共监测到 20 个变形速率大于 0.1m/a 的变形区域，分别位于杭来湾、榆树湾、曹家滩、大保当、柳巷、千树塔等煤矿开采区，其中 9 号变形区为前述的金鸡滩矿区的 106 工作面。为了统计出现的变形区范围的动态变化，利用 SBAS-InSAR 技术继续处理 31 期 SAR 影像，将榆神矿区地表变形区域分成 9 个区块，分别统计 9 个变形区在 2018 年度不同时段累积的变形区面积，统计结果如表 4.3 所示。

由表 4.3 可以看出，2 号、3 号、6 号、9 号变形区的变形范围均发生了明显的变化，结合图 4.19 中各个变形区的形态及表 4.3 中变形区面积变化，可进一步推断地下工作面的开采动态情况。

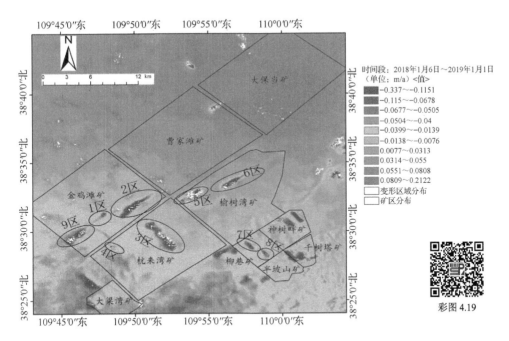

图 4.19　榆神矿区 InSAR 监测变形累积速率分布

表 4.3　各变形区累计变形面积统计　　　　　　（单位：km²）

时间段	变形区								
	1 号	2 号	9 号	3 号	4 号	5 号	6 号	7 号	8 号
2018 年 1 月 6 日～2018 年 3 月 31 日	0.45	2.43	无	3.07	0.64	2.20	1.85	0.86	无
2018 年 1 月 6 日～2018 年 5 月 6 日	0.47	3.00	0.36	3.08	0.65	2.24	2.69	0.91	无
2018 年 1 月 6 日～2018 年 7 月 5 日	0.47	4.09	1.43	3.08	0.65	2.30	2.75	1.03	0.33
2018 年 1 月 6 日～2018 年 10 月 9 日	0.49	4.60	1.58	4.19	0.66	2.33	2.77	1.02	0.42
2018 年 1 月 6 日～2018 年 11 月 2 日	0.49	4.62	1.79	4.23	0.70	2.33	2.77	1.03	0.56
2018 年 1 月 6 日～2018 年 12 月 8 日	0.50	4.63	2.07	4.33	0.71	2.34	2.78	1.03	0.58
2018 年 1 月 6 日～2019 年 1 月 1 日	0.50	4.63	2.01	4.36	0.71	2.34	2.79	1.04	0.63

　　由表 4.3 可知，1 号、2 号和 9 号变形区位于金鸡滩煤矿区域，根据 1 号变形区的西南端窄，东北端宽的形态可推断该地区开采前进方向是东偏北方向，并且从 2018 年 1 月至 2019 年 1 月的变形范围基本无变化，推断该地下工作面于 2018 年初停止开采。2 号变形区呈长条状，2018 年 4～10 月变形范围逐渐增大，根据其西南端宽而东北端窄，且 10 月 9 日到 11 月 2 日的变形面积基本保持不变的表现特征，可以推断该地下工作面沿西偏南方向进行，并且于 10 月后地下开采工作

出现了暂停。结合采矿资料与上述对地下工作面开采情况的推断完全符合。9 号在该监测时间范围内其变形面积逐渐增大。

3 号变形区位于杭来湾煤矿，该变形区呈相邻两个长条状的形态，分成左上角和右下角两块，从表 4.3 中的数据显示 3 号变形区面积也在逐渐变大，说明在该时间段内地下正处于开采工作状态，并且该地下工作面的开采造成了其对应地表出现了大梯度变形。

5 号、6 号变形区域位于榆树湾煤矿。其中，5 号变形区域面积基本没有变化，推断在 2018 年初地下开采工作逐渐停止，地表处于残余变形。6 号变形区在 2018 年 5 月前变形面积逐渐增大，但在 5 月以后变形区范围不再变化，推断该区地下工作面开采在 5 月后停止，地表属于残余变形。经实地调查该矿 6 号工作面在 5 月停采，与监测到的变形情况相符。

7 号、8 号变形区域位于柳巷矿区。其中，7 号变形区面积和位移量基本没有变化，可推断该时间段内地下开采工作已停止，地表处于残余变形阶段。8 号区域于 2018 年 5 月期间地表出现变形，呈长条形状，7 月以后变形区范围没有随时间扩展，推断该区域于 5 月期间开始地下开采工作，然而在 7 月后地下停止开采，属于小面积的地下开采。

应该指出的是，在沉陷盆地中央下沉梯度较大的情况下，由于 SAR 影像的波长有限，时序累积 D-InSAR 监测结果不能真实地反映沉陷区中央的绝对变形量。但是利用其微小变形结果能较准确地反演地下的开采时间，以及工作面的开采位置及其范围情况。

综上所述，基于时序 D-InSAR 的煤矿区地表沉降监测可以从时间和空间上反映出井下工作面开采后地表的变形范围和动态发展趋势，实现矿区大范围、长时序的地表变形区域探测，尤其是对煤矿地表沉陷区边缘的小梯度变形监测非常有效，可揭示动态变形边界与井下工作面推进边界之间的量化关系。实例应用表明，地表动态变形区域的范围和分布特征与地下工作面开采推进范围和方向呈显著的线性相关。因此，该技术在西部煤矿大规模开采地表沉陷遥感监测中具有普适性。

参 考 文 献

[1] GE L, CHANG H C, RIZOS C, et al. Mine subsidence monitoring: a momparison among envisat, ERS and JERS-1[J]. ERS and JERS-1, Proceedings of 2004 ENVISAT Symposium, 2005, 572: 6-10.

[2] 姜岩, 高均海. 合成孔径雷达干涉测量技术在矿山开采地表沉陷监测中的应用[J]. 矿山测量, 2003(1): 5-7.

[3] 王行风, 汪云甲, 杜培军. 利用差分干涉测量技术监测煤矿区开采沉陷变形的初步研究[J]. 中国矿业, 2007, 16(7): 77-80.

[4] RODRIGUEZ E, MARTIN J M. Theory and design of interferometric synthetic aperture radars[J]. IEE Proceedings F-Radar & Signal Processing, 1992, 139(2): 147-159.

[5] 王艳, 张玲, 葛大庆, 等. 升降轨 PSInSAR 观测反演沉降与水平向位移试验[J]. 国土资源遥感, 2014, 26(4): 97-102.

[6] 朱建军, 杨泽发, 李志伟. InSAR 矿区地表三维形变监测与预计研究进展[J]. 测绘学报, 2019, 48(2): 5-14.

[7] WRIGHT T J, PARSONS B E, LU Z. Toward mapping surface deformation in three dimensions using InSAR[J]. Geophysical Research Letters, 2004.

[8] 刘国祥, 张瑞, 李陶, 等. 基于多卫星平台永久散射体雷达干涉提取三维地表形变速度场[J]. 地球物理学报, 2012, 55(8): 2598-2610.

[9] 祝传广, 邓喀中, 张继贤, 等. 基于多源 SAR 影像矿区三维形变场的监测[J]. 煤炭学报, 2014, 39(4): 673-678.

[10] 范洪冬, 高晓雄, 邓喀中, 等. 基于多轨道 SAR 的老采空区地表三维形变监测[J]. 采矿与安全工程学报, 2017, 135(6): 126-131.

[11] 汤伏全, 董龙凯, 王宗良, 等. 基于沉陷对称特征的近水平煤层开采 InSAR 三维位移反演模型[J]. 煤炭学报, 2019, 44(1): 217-227.

第五章 采煤沉陷区土壤环境变化监测

西部矿区大范围采煤导致地表沉陷裂缝生态环境损害。在影响生态环境的诸多因素中，土壤水分是连接大气、植被和地下水的纽带，土壤水分运移在很大程度上控制着土壤植被系统的演化和区域生态系统。开采沉陷变形直接扰动了土壤的水文环境，改变了土壤水分运移过程，造成土壤湿度改变，进而导致矿区生态环境变化。目前，对于煤矿区土壤湿度变化的研究较少，本章以彬长矿区为试验区，利用多源遥感技术对沉陷区土壤湿度变化进行监测和分析。

5.1 矿区土壤湿度监测原理与方法

土壤湿度是影响矿区环境变异的重要因子，是植物生长的主要水分来源，也是影响西部矿区生态恢复的主要因子之一[1-4]。矿区土壤湿度受降水、土壤性质、植被类型、土地利用方式等多方面的影响，呈现出复杂的动态变化，而开采沉陷对于地表土壤物理特性的扰动影响，则是造成沉陷区土壤湿度改变的重要原因。在监测土壤湿度的多种方法中，基于遥感影像解译方法可以实时、动态、大范围地监测土壤湿度的时空变化，但易受影像质量及分辨率等因素的影响；实地采样观测土壤水分的方法可以获得精度较高的监测数据，但实地采样点数量及其代表性往往不足。因此，通过实地监测与多种遥感手段相结合，建立一定区域内土壤湿度反演模型，可以定量地揭示矿区土壤湿度变化的时空特征。

5.1.1 土壤湿度的实地监测方法

实地监测土壤湿度通常采用取样烘干、野外定位连续观测、利用土壤水分测定仪等方法。实地监测土壤湿度适用于样点的含水量监测，精度高但监测效率和样点代表性差。

烘干法是最常用的测定土壤含水量的标准方法，即将土壤样品置于恒温下烘干至恒量，此时可以保证土壤有机质不会分解，而土壤中的自由水和吸湿水完全被驱除。计算土壤失水质量与烘干土质量的比值，即为质量含水量，以百分数或小数表示。重复测定2～5次，取平均值作为最终结果。此法操作方便、设备简单、精度高，但费时费力，效率较低，在采样、包装和运输过程中应保持密封状态以免水分丢失造成误差。

5.1.2 土壤湿度遥感影像反演原理与方法

取样实测土壤湿度从微观角度来说可以满足要求,但难以满足大尺度的监测。随着遥感技术的不断发展,时间序列下大范围动态监测土壤湿度成为可能。遥感监测土壤湿度大致可分为可见光-近红外法,包括反射率法和植被指数法;热红外法,包括热惯量法和植被指数法;微波遥感法,包括主动微波遥感法和被动微波遥感法,是依据地表的辐射平衡方程来反演。地表不同物体表面反射的电磁波不同,波谱曲线和反射强度存在差异,土壤水分特征在多个波段上表现存在差异,从而出现不同的反应。本节主要介绍热惯量法、植被指数法和微波遥感法。

1. 热惯量法

土壤热惯量与土壤含水量密切相关,是土壤的一种热特性。热惯量法利用热红外波段获取地表温度日变化幅度,与热模型相结合来估测土壤湿度[5]。同一类型土壤的含水量与热惯量存在显著的正相关性,其公式为

$$P = (\lambda \rho c)^{1/2} \tag{5.1}$$

式中:P 为热惯量;λ 为热传导率,表示热通过物体的速度;ρ 为物质密度;c 为比热容,表示物体保存热的水平。

热惯量模型的研究始于 20 世纪 70 年代,我国学者从 20 世纪 80 年代开始研究热惯量方法并推算出新的关系式。国内外学者经多年的探究,提出了多种热惯量模型,但过多未知参数的求解较麻烦。基于此,国外学者提出利用表观热惯量(apparent thermal inertia,ATI)代替热惯量,须获取研究区上空昼夜影像,经处理得到昼夜温差,在无云或少云的空旷地带得到的数据效果较好,公式为

$$\text{ATI} = \frac{1 - \alpha}{T_d - T_n} \tag{5.2}$$

式中:α 为全波段反射率;T_d 为白天最高温度;T_n 为夜晚最高温度。

2. 植被指数法

植被指数法是基于植被冠层反射的各光谱波段的辐射比值来体现,植被生长状况的优良与土壤含水量有很大关系,根据植被光谱信息的变化可以间接估算土壤水分。常用的植被指数有归一化植被指数 NDVI、距平植被指数(average vegetation index,AVI)、植被状态指数(vegetation condition index,VCI),具体公式为

$$\text{NDVI} = (\rho_{nir} - \rho_{red}) / (\rho_{nir} + \rho_{red}) \tag{5.3}$$

式中：ρ_{nir} 为近红外波段反射率；ρ_{red} 为可见光红波段反射率。

$$AVI = (TNDVI - TNDVI_{avg}) \tag{5.4}$$

$$TNDVI = \max(NDVI(t)) \quad t = 1,2,3,\cdots,10$$

式中：$TNDVI_{avg}$ 为各年份中同旬的归一化植被指数均值；t 为天数；$NDVI(t)$ 为第 t 天对应的植被指数值；$TNDVI$ 为所求当年的最大化归一化植被指数值。

$$VCI = 100 \times (NDVI - NDVI_{max}) / (NDVI_{max} - NDVI_{min}) \tag{5.5}$$

式中：$NDVI$ 为平滑处理后的当周归一化植被指数；$NDVI_{max}$ 为多年绝对最大的归一化植被指数；$NDVI_{min}$ 为多年绝对最小的归一化植被指数。

与植被指数相关的有温度植被指数（temperature vegetation index，TVI）和温度植被干旱指数（temperature vegetation drought index，TVDI）。国内外学者自 20世纪 80 年代对植被指数法与土壤湿度展开研究，提出了不同的植被指数法和土壤湿度遥感监测模型。Moran[6]、Yao 等[7]认为归一化植被指数与地表温度存在相关性，以及两者与陆地地面水分存在相关性，因此他们提出用 TVI 来进行温度-植被指数的空间分析，进而估算近地面土壤水分状态。TVDI 法是利用遥感手段获取的地面 NDVI 和 T_s 信息设定为横纵坐标轴来形成像元散点图，表示土壤湿度的相对状况，因为在植被覆盖相同的条件下，地表温度的差异是由土壤湿度的差异造成的。Price 等[8]研究发现散点图呈三角形，Moran 等[6]基于理论角度进一步分析，认为像元散点图呈梯形，TVDI 概念模型如图 5.1 所示。Sandholt 等[9]提出了一种简化的温度植被干旱指数法，以从卫星数据中取得的 T_s 和 NDVI 为基础，构建 T_s-NDVI 特征空间表示植被受水分胁迫指标，可以用此简化方法估测土壤浅层湿度，具有较好的效果。

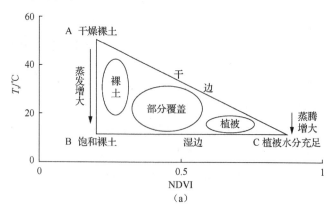

图 5.1　TVDI 概念模型

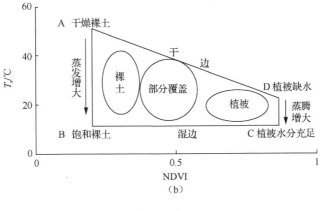

图 5.1（续）

综合来说，反射率法同植被指数法都属于可见光-近红外法，植被指数法有明显的区域优势，能较好地监测植被覆盖区内土壤的相对干旱程度，缺点为在作物生长初期和末期的植被指数估计易偏高或偏低，导致土壤含水量预测结果不准确，因此植被覆盖较低的区域不适用植被指数法，热惯量模型的反演结果较好。

3. 微波遥感法

微波遥感分为主动微波遥感和被动微波遥感，利用此法监测土壤湿度是基于遥感影像上不同土壤湿度下像元的灰度值和亮度温度发生变化，以此体现在遥感影像上。

主动微波遥感法反演土壤水分的研究从 20 世纪 70 年代开始，Carlson 等[10]、Natalie 等[11]总结了近 40 年来主被动微波遥感反演土壤水分的算法，重点介绍了物理模型在土壤水分恢复过程中的应用，改进了部分算法并予以介绍；高小六等[12-13]利用被动微波遥感技术反演了土壤水分，建立了粗糙度与微波遥感指数、土壤湿度与微波发射率之间的模型。

微波遥感方法穿透性强、全天候、分辨率高、对土壤水分监测较敏感，在低矮植被覆盖区域或裸土地区有较好的反演效果[14-16]。但需考虑地表地物地形特征，复杂地表会严重干扰微波信号，高分辨率数据获取较困难且成本较高，许多技术问题需要进一步研究攻克，目前对于微波遥感法反演土壤湿度的应用并不广泛。

利用遥感法对矿区土壤湿度进行研究可以高效得到时间序列下矿区土壤湿度的变化，考虑各反演方法的优缺点，结合矿区的植被等自然环境要素，本节采用植被指数法对矿区土壤湿度进行反演。

5.1.3　光谱数据反演土壤湿度原理与方法

地物光谱是遥感技术的基础，利用实测光谱与土壤理化性质建立估算模型，是土壤湿度研究的一个重要方法。实地采样测得土壤含水量属于传统方法，精度高，但效率低，不能大范围、实时动态地监测，比较适用于精准的单点监测[17-19]。考虑到遥感影像反演方法的成本及分辨率等因素，该法在监测较小范围内土壤湿度存在缺点，因此，利用光谱数据与实测含水量数据建立模型来估算土壤含水量，在一定面域内是比较准确且高效的。

反射光谱是地物在不同波长上的反射率变化规律，同一物体在不同波段上有不同的反射率，利用遥感数据来识别对应地物就是利用此原理。任何物体都有反射、吸收、发射电磁波的特征和能力，同一物体具有相同的波谱特征，不同物体具有不同的波谱特征，光谱曲线可以表达反射光谱曲线的连续变化特征。值得强调的是，同种物体在不同的外界条件或内部结构下，呈现的反射光谱曲线有所差异，但反射率随波长的变化仍然是规律的，高光谱数据尤其能体现这一点，因为地物分类和反演的特征空间正是光谱特征。

遥感影像直观呈现出的是每个像元的亮度值不同，而亮度值代表的是地物的平均辐射值。地物的波谱特征随其成分、状态、表面特征等变化而变化，主要有可见光波段、近红外波段、热红外波段、雷达微波，各个波段能反映出不同的地物特征。野外光谱测量属于一种定量测量，与遥感影像不同的是，实测结果为相对连续的光滑曲线，以土壤和植被为例，光谱曲线在野外实测和遥感图像的对比如图 5.2 所示。

国内外一些学者主要是通过实测土壤光谱数据建模或利用距平植被指数、作物缺水指数等方法，利用地表能量与作物生长状况建立模型，分析土壤理化性质与光谱反射率之间的关系，如使用逐步多元线性回归分析、主成分分析、支持向量机、偏最小二乘法回归分析、神经网络等方法[20-22]。

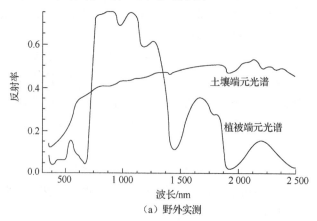

（a）野外实测

图 5.2　光谱曲线在野外实测和遥感图像的对比

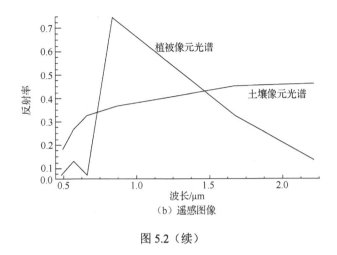

（b）遥感图像

图 5.2（续）

5.2 基于遥感影像的矿区土壤湿度反演

自然环境下影响矿区土壤湿度变化的因素众多，采用长时序实地监测土壤湿度的方法成本较高且代表性差，利用遥感影像反演可获取矿区大范围的土壤湿度变化特征信息。

本节以彬长大佛寺煤矿为试验研究区，通过 MODIS 遥感影像反演，揭示该矿区近 10 年来在大规模地下开采影响下地表土层湿度变化的时空特征。

5.2.1 研究区概况

1. 地理位置及范围

大佛寺煤矿位于陕西彬州与长武县交界处，是彬长矿区最早投产的大型现代化矿井。地理位置位于东经 107°49′~108°0′，北纬 35°0′~35°5′。矿区东西长 17km、宽 8km，总面积 105km²，矿区位置及年度开采区域如图 5.3 所示。

2. 气象水文

该区属于暖温带半干旱大陆性季风气候，四季分明，冬长夏短，春季较旱，冬季漫长干燥，夏季主要受热带高压影响，气候较热，多雷阵雨，雨季是秋季。气温日差大且干湿季节分明，在冬季 1 月最冷，平均气温-2.9℃，在夏季 7 月最热，平均气温 25℃。平均年降水量 561.4mm，年降水量变化大，易出现干旱。每年的 10 月为初霜期，4 月为终霜期，无霜期约为 177d。矿区冬季多西北风，冰冻期 3 个月左右，主要是 12 月、1 月和 2 月，最大冻土层厚度为 0.57m。矿区主要气象资料统计如表 5.1 所示。

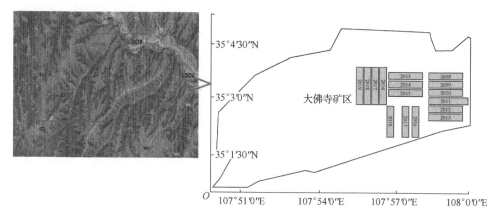

图 5.3　大佛寺矿区位置及年度开采区域

表 5.1　矿区主要气象资料统计

类别	单位	数值	类别	单位	数值
太阳辐射量	kcal/cm^2	115.2	年均降水量	mm	561.4
年均日照时间	h	2 210.8	相似湿度年均值	%	72.5
年平均气温	℃	11.1	年均蒸发量	mm	1 547
年内无霜期	d	177	年均气压	Pa	92 110
年均地面温度	℃	13.1	年均风速	m/s	1.4

3. 地形地貌及植被

该区地处陇东黄土高原东南部，地貌破碎，沟壑纵横，属于典型半干旱黄土沟壑区，塬面标高范围为+1 100～+1 200m，沟谷标高范围为+850～+900m，相对高差为150～250m。矿区整体地形复杂，主要由黄土崖、黄土冲沟和窄小破碎的黄土塬面组成，典型地貌如图5.4所示。

图 5.4　矿区沟壑地貌

矿区内土地受地形及气候条件影响呈现不同的分布，草地和耕地占比最大，约占土地利用类型的 1/3，林地占比约为 11.7%，其他类型占比较小，其中沟谷内植被覆盖率高。

4. 土壤特性

研究区地表为黄土层覆盖，黄土层厚度普遍超过 100m，占开采深度的 30%～70%。该区黄土具有较高的抗剪强度和黏力，属于结构性黄土，易持水也易蒸发，部分具有湿陷特征。浅层土壤水分补给方式主要为大气降水，土壤水分具有时空差异性，主要受地形、降水、土地结构及利用方式的影响，随季节呈现低—高—低的季节变化。受坡度、坡向、植被等的影响，同一地理位置的土壤易呈现空间变异特性。

受地下煤层开采引起的基岩面沉陷影响，地表黄土层整体结构易发生破坏，产生裂缝、坍塌等一系列灾害，并导致土层体积变形，相应地改变了黄土的性质，引起土壤含水量发生改变。

5. 地下开采与地表沉陷

矿井采用斜井、立井单水平开采，可采储量为 765.68Mt，煤层埋深为 400～700m，煤层厚度为 2～19m。采用综放长壁式工作面开采，冒落法管理顶板。工作面宽度在 250m 左右、长度为 2 000～3 000m。矿井于 2006 年投产。

经过 10 多年的大规模采煤活动，已导致地表大范围沉陷，总面积超过 10km²，地表破坏主要表现为地表裂缝、崩滑、坍塌、房屋损坏等形式，如图 5.5 所示。

采煤导致的地表沉陷破坏了原有土壤性质，造成区内水土流失、地下水位下降和土地利用变化，引起生态环境恶化且不易恢复。

（a）地面裂缝黄土崩滑

图 5.5　采煤沉陷区地表破坏

（b）土窑坍塌房屋损坏

图 5.5（续）

5.2.2　遥感数据及预处理

采用 MODIS 卫星遥感影像数据进行土壤湿度变化监测。MODIS 影像数据的时空分辨率和光谱分辨率均较高，适合时间序列下大范围内环境监测分析。选择 2010～2019 年时间序列下 250m 分辨率的植被数据和地表温度数据，先进行预处理，数据以 HDF 文件格式存储，投影方式为正弦投影，在 MRT 软件中将数据转换为.tif 格式，并进行投影转换，变为 Albers 投影；然后对温度数据和植被数据利用最大值合成法进行合成，处理为月影像数据，其原理是取影像一定时间间隔内的最值来减小大气、云层、太阳高度角等的干扰；最后利用 ArcGIS 软件进行批处理裁剪，得到研究区范围的影像数据。

5.2.3　矿区土壤湿度反演模型

通过遥感影像可获取大范围内长时序的土壤湿度信息，但利用单一参数变量如植被指数、地表温度、热惯量等很难准确反演出土壤湿度的变化，各种方法都存在一定的优缺点，因而多方法融合已成为反演和监测土壤湿度的主流方法。土壤湿度影响植被气孔阻力和水分蒸发，而植被的蒸腾作用受到植被气孔阻力的影响。根据地表能量平衡方程可知，地表感热的增大是受到地表蒸散降低的影响[23-24]，因而会出现地表温度上升的现象。因此，土壤湿度和地表温度（T_s）与归一化植被指数（NDVI）存在一定的联系，T_s 和 NDVI 呈现出典型的负相关性，建立基于 T_s-NDVI 特征空间的方法，能恰当表达一定区域的干湿状况。

研究区地表植被多为中覆盖度植被，分布有一定的差异，各植被所在土壤表层的含水量表现不尽相同，综合考虑植被及地形等因素，选择利用温度植被干旱指数模型来分析相对土壤湿度变化特征。该模型计算过程简单，需要的变量能够通过遥感数据直接或间接计算得到，反演精度较好，易于实现。

　　国内外学者大都认为 T_s-NDVI 特征空间呈梯形或三角形，主要观点为：①一个区域的地表含有从裸土到高植被覆盖的区域，土壤含水量存在变化范围；归一化植被指数（NDVI）和陆地地面温度的散点图呈梯形。②NDVI 和地表温度组成的散点图为三角形，三角形的干湿边分别代表了研究区内干旱最大区域和湿润最大区域，定义的指数分别为 1 和 0，由于到湿的区域不可能 100%覆盖，因此区域干湿边土壤的相对含水量不等于 0，也不等于 100%。③对三角形空间进行了进一步研究，提出了一种简化表示土壤湿度的指数。该指数是基于 T_s-NDVI 范围区域内设土壤湿度等值线的经验而得到的，TVDI 原理示意图如图 5.6 所示。

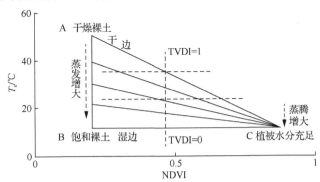

图 5.6　TVDI 原理示意图

干湿边土壤温度方程如下：

$$T_{s\max} = a_1 + b_1 \times \text{NDVI} \tag{5.6}$$

$$T_{s\min} = a_2 + b_2 \times \text{NDVI} \tag{5.7}$$

TVDI 的表示式为

$$\text{TVDI} = \frac{T_s - T_{s\min}}{T_{s\max} - T_{s\min}} \tag{5.8}$$

式中：$T_{s\min}$ 和 $T_{s\max}$ 分别表示在相同 NDVI 条件下对应的最小陆地地面温度和最大陆地地面温度；T_s 表示陆地地面温度；a_1 和 b_1、a_2 和 b_2 分别为干湿边方程的拟合系数。式（5.6）表示的是特征空间的干边；式（5.7）表示的是特征空间的湿边。TVDI 取值范围为 0~1，当 TVDI 增大时，T_s 靠近干边，湿度较小，区域干旱；TVDI 减小时，T_s 靠近湿边，湿度较大，区域湿润。

　　一些学者基于以上原理利用遥感数据构建了双抛物线型特征空间并进行了验证。结果表明，干湿边拟合时若不考虑 NDVI<0.15 部分，得到的 T_s-NDVI 散点图呈三角形。经验证，由双抛物线型特征空间计算得到的 TVDI 结果更准确。

　　依据上述原理，以包含大佛寺煤矿范围的矩形区域作为研究区，利用 MODIS 数据对研究区土壤湿度进行了反演，发现温度和植被指数拟合空间更偏向于双抛物线型，因此建立了双抛物线型 T_s-NDVI 特征空间，对应的干湿边拟合算法如下：

$$\begin{cases} T_{s\max} = a_1 \times \text{NDVI}^2 + b_1 \times \text{NDVI} + c_1 \\ T_{s\min} = a_2 \times \text{NDVI}^2 + b_2 \times \text{NDVI} + c_2 \end{cases} \tag{5.9}$$

式中：a_1、a_2、b_1、b_2、c_1、c_2 为方程拟合系数。

5.2.4 矿区土壤湿度变化特征

利用大佛寺矿区 2010～2019 年的 MODIS 遥感影像结合区域气象数据进行土壤湿度变化分析。研究区每年气温较高的月份为 7 月和 8 月，蒸发较大，8 月后的秋季降水较多；气温较低月份为 1 月、2 月和 12 月，降水差别较小。经综合分析，1 月和 7 月的降水都较少，不属于雨季，温度变动幅度小，分别为温度最低和最高的月份，也是蒸发量最大和最小的月份，且两个月份均不属于植被生长初期和末期阶段，适合利用温度植被干旱指数模型监测土壤湿度，因此通过 1 月和 7 月的 TVDI 值来分析矿区土壤湿度的变化特征。

1. 数据处理过程

基于 MODIS 影像获取 TVDI 值的基本流程如下。

（1）影像预处理。将植被数据与温度数据进行预处理，利用 USGS EROS 数据中心开发的 MRT 软件，对影像数据进行格式转换和投影转换，坐标系选择WGS-84 坐标系，采用最小临近法进行采样。

（2）影像合成。采用模型视图控制法（model view controller，MVC）分别对两种影像进行合成，将相邻的两景 16d 时相的植被数据进行合成，相邻的四景 8d时相的温度数据进行合成，制作成月合成数据，最大限度地减弱水汽、云、雾等对 NDVI 和陆地表面温度（land surface temperature，LST）的干扰，以得到较准确的数据。

（3）获取 TVDI 值。结合矿区井上、下对照图，在 ENVI 软件中利用两种影像构建 T_s-NDVI 特征空间，获得干湿边方程，依据温度植被干旱指数模型得出矿区 2010～2019 年的 TVDI 值。

2. 双抛物线型 T_s-NDVI 特征空间

利用矿区 2010～2019 年重采样为 250m 分辨率的最大化合成 NDVI 数据和最大化合成 LST 数据，基于 T_s-NDVI 特征空间计算得到近 10 年中每年 1 月和 7 月的 TVDI 值，分析土壤湿度的时空变化特征。具体方法如下。

（1）取 NDVI 值为 0～1，最大值法获取月合成 LST 数据的最小值 $T_{\min}$ 和最大值 $T_{\max}$，在 ENVI IDL 中编写函数实现。

（2）将 NDVI 值与对应的地表温度极值构成对应点坐标，在拟合过程中会内插进取边沿的点以减少噪声点误差，所构成的点坐标最终生成一个 txt 文档，将文档中的数据导入 Excel 中做抛物线拟合即可得到公式中 a_1、b_1、a_2、b_2、c_1 和 c_2，将系数代入公式即可得到矿区干湿边方程，在 ENVI 中进一步计算得到 TVDI 值。

由于不同月份的影像信息不同，不同时间段内 NDVI 对应的像元数目有所差异，得到的双抛物线会有所差异，拟合度也存在差异，以每年 7 月的数据为例，列出 T_s-NDVI 干湿边散点图如图 5.7 所示。

图 5.7 中 T_s-NDVI 特征空间均呈双抛物线型或近似抛物线型，拟合得到的相关系数 R^2 最大值大于 0.8，总体来说，拟合效果较好。散点图冷暖边界清晰，NDVI 与最大、最小地面温度拟合函数为二次函数，干边和湿边随年份不同大体趋势基本一致，但都有明显的变化，这与 T_s-NDVI 特征空间理论基础吻合。随着 NDVI 值的增大，地表温度最大值呈现一个先上升后下降的趋势；相反，地表温度最小值呈现先下降后上升的趋势，散点图两端趋向于闭合，即当 NDVI 值接近最高或最低时，地表温度最值差异会逐渐变小，相应的像素数目也变少，散点图两端地表温度值变化较中间地表温度值大。

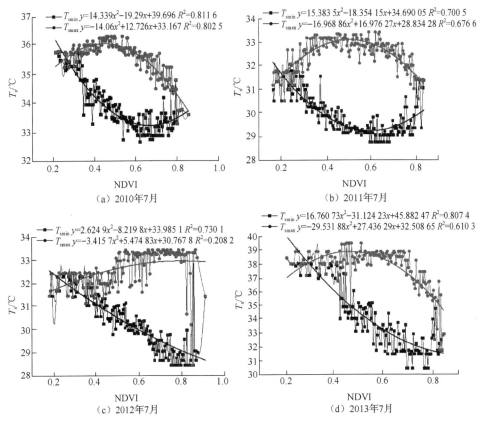

图 5.7　2010～2019 年矿区 T_s-NDVI 特征空间图

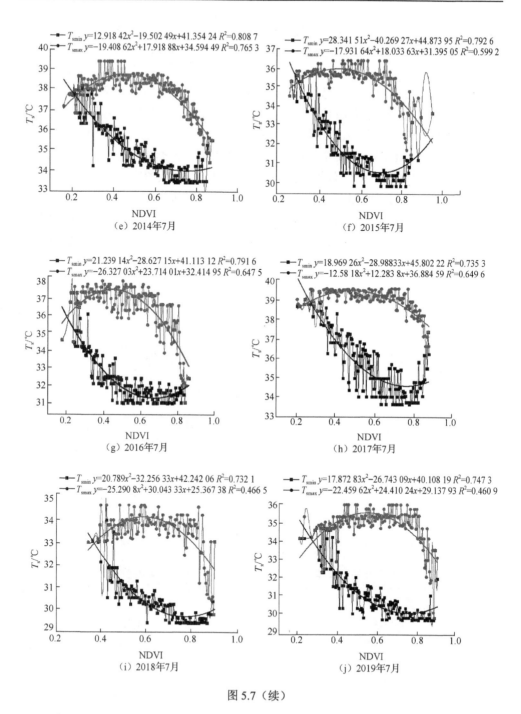

图 5.7（续）

　　矿区 2010～2019 年 1 月和 7 月构建拟合的干湿边方程及相关系数，如表 5.2 所示。

表 5.2　矿区 1 月和 7 月的拟合干湿边方程及相关系数

时间		模型		R^2	
		干边	湿边	干边	湿边
2010 年	1 月	$y=-167.184\,77x^2+78.769\,96x+2.227\,09$	$y=124.318\,57x^2-45.498\,86x+12.150\,05$	0.670 2	0.724 1
	7 月	$y=-14.06x^2+12.726x+33.167$	$y=14.339x^2-19.29x+39.696$	0.802 5	0.811 6
2011 年	1 月	$y=-16.998\,3x^2+10.932\,26x+0.893\,49$	$y=41.756\,81x^2-21.443\,91x+3.144\,35$	0.384 1	0.593 3
	7 月	$y=-16.968\,86x^2+16.976\,27x+28.834\,28$	$y=15.383\,5x^2-18.354\,15x+34.690\,05$	0.676 6	0.700 5
2012 年	1 月	$y=-38.568\,21x^2+26.791\,52x+1.112\,18$	$y=26.179\,27x^2-12.163\,73x+3.378\,49$	0.598 3	0.347 4
	7 月	$y=-3.415\,7x^2+5.474\,83x+30.767\,8$	$y=2.624\,9x^2-8.219\,8x+33.985\,1$	0.208 2	0.730 1
2013 年	1 月	$y=-102.549\,79x^2+63.566\,29x+2.232\,78$	$y=68.223\,98x^2-28.27x+10.003\,79$	0.652	0.695 3
	7 月	$y=-29.531\,88x^2+27.436\,29x+32.508\,65$	$y=16.760\,73x^2-31.124\,23x+45.882\,47$	0.610 3	0.807 4
2014 年	1 月	$y=-46.297\,3x^2+35.952\,12x+7.246\,28$	$y=20.742\,5x^2-8.731\,96x+10.320\,38$	0.625	0.589 8
	7 月	$y=-19.408\,62x^2+17.918\,88x+34.594\,49$	$y=12.918\,42x^2-19.502\,49x+41.354\,24$	0.765 3	0.808 7
2015 年	1 月	$y=-124.858\,37x^2+70.221\,41x+0.358\,6$	$y=50.223\,21x^2-22.310\,57x+8.916\,18$	0.736 2	0.434 9
	7 月	$y=-17.931\,64x^2+18.033\,63x+31.395\,05$	$y=28.341\,51x^2-40.269\,27x+44.873\,95$	0.599 2	0.792 6
2016 年	1 月	$y=-29.149\,13x^2+17.978\,35x+4.401\,52$	$y=14.512\,58x^2-10.694\,45x+6.156\,55$	0.610 5	0.386 8
	7 月	$y=-26.327\,03x^2+23.714\,01x+32.414\,95$	$y=21.239\,14x^2-28.627\,15x+41.113\,12$	0.647 5	0.791 6
2017 年	1 月	$y=-49.877\,65x^2+29.152\,53x+3.616\,74$	$y=17.951\,67x^2-11.187\,23x+6.621\,99$	0.382 7	0.382 4
	7 月	$y=-12.581\,8x^2+12.283\,8x+36.884\,59$	$y=18.969\,26x^2-28.988\,33x+45.802\,22$	0.649 6	0.735 3
2018 年	1 月	$y=-16.922\,3x^2+1.902\,3x-0.575\,58$	$y=3.530\,46x^2+1.637\,91x-4.635\,56$	0.387 6	0.290 9
	7 月	$y=-25.290\,8x^2+30.043\,33x+25.367\,38$	$y=20.789x^2-32.256\,33x+42.242\,06$	0.466 5	0.732 1
2019 年	1 月	$y=-126.934\,45x^2+79.059\,52x-1.585\,86$	$y=31.833\,92x^2-16.237\,16x+8.186\,36$	0.681 6	0.254 3
	7 月	$y=-22.459\,62x^2+24.410\,24x+29.137\,93$	$y=17.872\,83x^2-26.743\,09x+40.108\,19$	0.460 9	0.747 3

从表 5.2 中拟合方程可以看出，多数方程的拟合度较高，2010 年 7 月的拟合度最高，R^2 达到了 0.802 5。其中干边方程中系数 a 均小于 0，湿边方程中系数 a 均大于 0，不同的时间反演得到的抛物线方程形状大致相似，但系数存在差异。

3. 矿区土壤湿度变化分析

在 ENVI IDL 中编写函数，将上述得到的干湿边方程代入函数中计算，得到矿区不同时间下的 TVDI 值，按 TVDI 值的大小进行分类，将所对应的土壤湿度划分为五个等级，分别是极湿润、湿润、正常、干旱、极干旱。本节参考有关学者提出的 TVDI 等级分类标准进行土壤湿度的等级划分：0＜TVDI≤0.67 为无旱；0.67＜TVDI≤0.74 为轻旱；0.74＜TVDI≤0.8 为中旱；0.8＜TVDI≤0.86 为重旱；0.86＜TVDI≤1 为特旱。在 ArcGIS 10.1 中按照研究区的 TVDI 值对土壤湿度等级进行分类，绘出研究区 1 月和 7 月土壤湿度等级分布图如图 5.8 所示。

从图 5.8 中可见，TVDI 值随月份及年份的不同而有明显变化，干旱区域在 1 月出现重旱及特旱区域多集中在矿区左侧和中部，7 月出现重旱及特旱区域多出现在矿区右侧及上半部分。无旱区域占比最大，干旱区域多集中出现，而非零散分布，这与人为工程因素有一定关系。个别年份的土壤湿度分布差异较大，与温度、降水、天气等因素有很大关系。

彩图 5.8

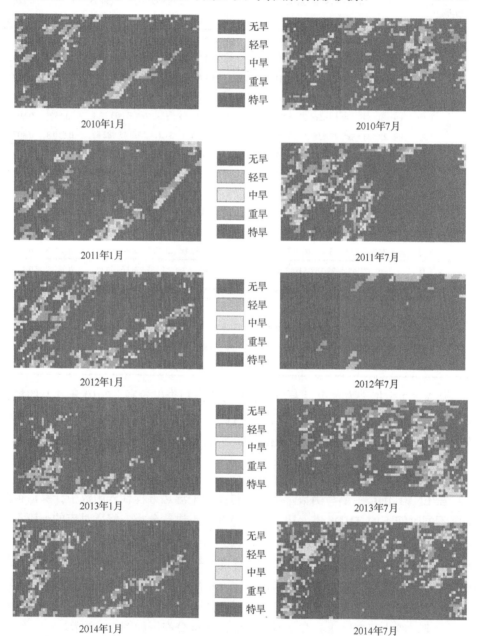

图 5.8　1 月和 7 月土壤湿度等级分布图

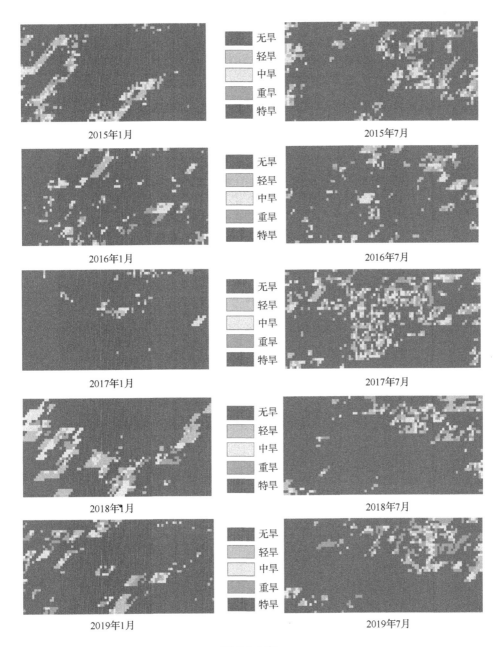

图 5.8（续）

4. 与非矿区土壤湿度对比分析

为了更好地揭示矿区开采对土壤湿度造成的影响，选取一处与矿区地理因子和气象条件相似的邻近非矿区进行对比分析。利用 DEM、气象等数据确定两个对比区域的平均标高在 850m 左右，中上坡和中坡所占比重分别为 20%和 30%左右，平坡和下坡在 16%左右，山脊和谷底在 10%以下。地表植被均以中覆盖度植被为主，植被覆盖指数 NDVI 值在 7 月平均为 0.5～0.7，多数集中在 0.55～0.65，1 月平均为 0～0.15。两个对比区域的平均年降水量为 560mm。对比区域地理距离相隔较近，气候因素一致，区域面积大致相同，其矿区与非矿区位置如图 5.9 所示。

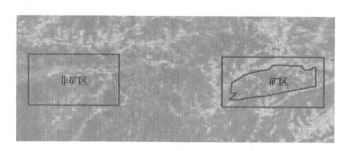

图 5.9　矿区与非矿区位置

分别计算两个对比区域在 2010～2019 年每年 1 月和 7 月的 TVDI 值，对比曲线如图 5.10 和图 5.11 所示。

矿区与非矿区的 TVDI 值呈波动趋势，不管是 1 月还是 7 月，矿区 TVDI 值的波动幅度均大于非矿区，即矿区土壤湿度的变化幅度更大。由于两区域自然情况相同，面积相当，说明矿区地下开采对土壤湿度造成了扰动影响。

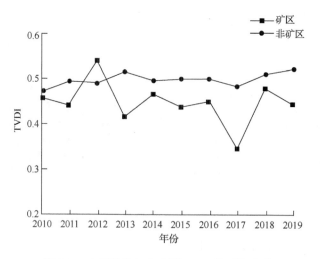

图 5.10　1 月矿区与非矿区 TVDI 值对比曲线

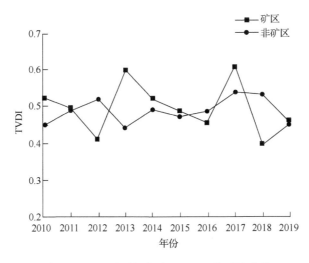

图 5.11 7 月矿区与非矿区 TVDI 值对比曲线

在 1 月，矿区 TVDI 总体均值为 0.453，非矿区为 0.502，每年的 TVDI 值均小于非矿区，说明在 1 月矿区土壤含水量总体上更高，相对于非矿区更湿润；在 7 月，矿区 TVDI 总体均值为 0.496，非矿区为 0.489，大多数年份矿区的 TVDI 值高于非矿区，说明在 7 月，矿区土壤含水量总体上更低，相对于非矿区更干旱。上述结果表明，煤矿开采沉陷对地表土壤的湿度特性产生了明显的扰动效应，但不同季节的影响有所不同，表现为 1 月开采扰动导致土壤湿度变高，7 月导致土壤湿度变低。

5.3 基于光谱数据的矿区土壤湿度建模

矿区内各工作面开采过程中，地表沉陷区土壤受开采扰动尤为强烈。星载遥感影像的分辨率和时效性较低，针对较小区域遥感反演的土壤湿度信息时空分辨率不足，在监测采煤沉陷区土壤湿度的时空变化方面具有局限性。利用实地取样测定含水量虽然数据精度高，但效率太低且样点代表性不足，难以快速获取采煤沉陷区含水量的总体变化趋势[25]。利用光谱仪测定土壤的光谱特征，结合现场土体采样实测含水量数据，建立基于光谱测量的采煤沉陷区土壤湿度反演模型，在小范围内估算土壤含水量的精度较高，可以有效反演沉陷区土壤湿度的变化。

5.3.1　数据采集及预处理

1. 试验场地及数据采集

选取大佛寺矿 412 采区的 41209 工作面为试验场地，旁边的非采动区作为对比区。41209 工作面右侧 4 个工作面已于 2018 年之前回采完毕。试验场地的光谱测量样点位置图如图 5.12 所示。光谱测量和实测样点为 5 处，分别为裂缝区 1、裂缝区 2、裂缝区 3 及非采动区 1、非采动区 2。现场试验于 2019 年 9 月的雨后晴天进行，共测定 42 个样点，分别对采样点进行编号并利用 GPS 测定样点位置坐标。在每个采样点进行光谱测量，采集 10 条光谱数据随机存于计算机内，取土样后密封带回实验室进行含水量测定。

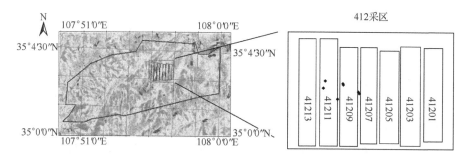

图 5.12　光谱测量样点位置图

采用美国 ASD 公司的 FieldSpec-4（简称 FS4）便携式地物波谱仪进行土壤光谱测量，该波谱仪如图 5.13 所示，其主要参数指标如表 5.3 所示。

图 5.13　FS4 便携式地物波谱仪

表 5.3　　FS4 便携式地物波谱仪主要参数指标

规格	参数
波长范围	350～2 500nm
光谱采样间隔	1.4nm（350～2 500nm）/2nm（1 001～2 500nm）
光谱分辨率	3nm@700nm
	10nm@1400, 2 100nm
镜头配置	25°前视场角镜头
记录参数	DN 值、相对反射率、辐射能量值
输出波段数	2150（间隔 1nm）
光谱扫描时间及平均速度	0.1s/光谱平均最多可达 31 800 次
波长精度	0.5nm
等效辐射噪声	VNIR　1.0×10^{-9}W/cm^2/nm/sr@700nm
	SWIR　1.4×10^{-9}W/cm^2/nm/sr/@1 400nm
	SWIR　2.2×10^{-9}W/cm^2/nm/sr@2 100nm

该光谱仪集信息采集、处理、存储功能于一体。观测时要求晴朗天气，无风或风速很小，云量小于 2%。尽量在 10:00～14:00 时段内测量。具体流程为：观测前，先将仪器连接计算机并进行参数设置；观测时，一人托住白板，一人背仪器进行观测，先定标后测量，探头对准样点距地表 130mm 左右进行测定，探头视场角为 25°。同一目标的观测光谱曲线条数设为 10 次，取均值。

观测时应保证白板充分暴露在太阳光下。测量后，先检测样点数据的完整性再关闭仪器。每个采样点测定前，均利用白板定标，利用白板的测量值进行校正，具体为先测量白板反射的太阳辐射光谱，再测量采样点土壤反射的太阳辐射光谱。在白板反射率经过定标处理后，利用式（5.10）确定采样点土壤的光谱反射率。

$$R_{\mathrm{T}}^n = \frac{DN_{\mathrm{T}}^n}{DN_{\mathrm{R}}^n} \times R_{\mathrm{R}}^n \tag{5.10}$$

式中：R_{T}^n 和 R_{R}^n 分别表示土样点和白板在第 n 个波段的光谱反射率；DN_{T}^n 和 DN_{R}^n 分别表示土样点和白板在第 n 个波段的亮度值；R_{R}^n 为白板标定的已知反射率值。

2. 光谱数据的预处理

所采集的光谱数据不仅包含地物光谱数据，还包含噪声数据。地物本身特性、自然环境及仪器都可能造成误差和噪声，必须通过数据预处理及各种转换来消除误差并突出地物光谱。数据预处理包括以下工作。

（1）计算土壤样点的反射率。将光谱数据导入随机数据处理软件 ViewSpecPro 并查看，剔除存在测量误差的数据，将剩余数据求取平均值并导出格式为.txt 的数据文件，依据式（5.10）计算出所测土壤样点的反射率。

（2）对光谱数据进行平滑去噪处理。光谱数据包含的噪声主要有光学噪声、探测器噪声、荧光屏颗粒噪声和电学噪声等[23-24]。需要对光谱曲线进行平滑去噪处理以提高数据的质量。常用的平滑方法有滤波器平滑、Percentile Filter 平滑、相邻平均法及移动平均法。该试验利用移动平均法对光谱数据进行平滑去噪处理。

（3）对水汽吸收波段进行剔除。水汽吸收波段在光谱曲线中大都表现为噪声，测量结果差异较大，变化剧烈且无规律性。对于水汽吸收影响严重的波段区域应当进行剔除，以保证后续数据处理的准确性。

3. 土样含水量测定

在实验室对野外采集的土样采用烘干法测定含水量。土样含水量计算如下：

$$m_{soil} = \frac{m_1 - m_2}{m_1 - m} \times 100\% \tag{5.11}$$

式中：m_{soil} 为采样点土壤含水量（%）；m_1 为土样烘干前质量（g）；m_2 为土样烘干后质量（g）；m 为土样盒的质量（g）。该研究所得到的样点含水量试验结果如表 5.4 所示。

表 5.4　裂缝区与非采动区土样含水量试验结果

区域	样点号	含水率/%	区域	样点号	含水率/%
裂缝区 1	1	14.036	裂缝区 3	15	12.790
	2	14.431		16	13.626
	3	14.462		17	12.913
	4	14.604		18	13.807
	5	15.360		19	13.549
	6	15.604		20	13.862
	7	14.696		21	13.352
裂缝区 2	8	16.192	非采动区 1	1	10.761
	9	16.396		2	10.074
	10	24.838		3	11.327
	11	16.407		4	10.532
	12	16.274		5	10.532
	13	19.579		6	9.727
	14	18.274		7	8.876

续表

区域	样点号	含水率/%	区域	样点号	含水率/%
	8	9.685		15	13.875
	9	8.398		16	12.971
	10	10.052		17	11.761
非采动区 1	11	13.223	非采动区 2	18	11.701
	12	12.696		19	12.474
	13	12.521		20	12.548
	14	13.309		21	12.136

上述土样是在小雨后采集的。表 5.4 中沉陷区内不同裂缝区土样的含水量有所不同，但普遍高于非采动区土样的含水量。

5.3.2　光谱数据转换与分析

根据光谱反射率数据及对应的土样含水量之间的相关性，通过数学建模将光谱测量数据转换为土壤含水量，以便于高效获取沉陷区土壤含水量的变化特征。

1. 光谱稳定性分析

为了选取光谱测量数据的稳定波段，在试验区选取了 6 个点进行了专门的光谱测量，在晴朗天气相近时段对每个点测量了 6 次，每次测 5 条光谱曲线，计算所测样点的土壤反射率，取每次测量的平均值，求取土壤光谱数据的方差、标准差、中误差。其中标准差可以反映测量数据的离散程度，是表示精确度的重要指标；中误差可以衡量观测精度，反映出测量值精度的高低，进而证明光谱数据的稳定性和可靠性。光谱测量标准差及中误差计算结果如图 5.14 所示。

不同样点测得的光谱曲线具有相似的变化形态，所测光谱数据中误差的值略小于标准差，测量精度较高。标准差及中误差计算结果具有相似的变化形态，都出现了数据不稳定波段且所出现的波段相同，初始值接近 0，稳定波段的标准差和中误差均小于 0.05，其中出现 3 处数据变化较大的波段，分别是 1 341～1 439nm、1 791～1 969nm 和 2 351～2 500nm，说明此 3 处波段的数据离散度较大，稳定性较差。对比所求结果，筛选出较稳定的波段 350～1 340nm、1 440～1 790nm 和 1 970～2 350nm 进行研究及建模。

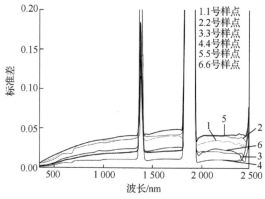

（a）试验区光谱数据的标准差

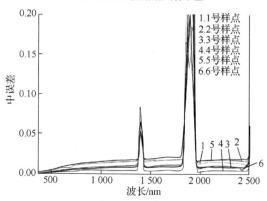

（b）试验区光谱数据的中误差

图 5.14　　光谱测量标准差及中误差计算结果

2. 光谱数据变换分析

对光谱反射率进行数学变换，以消除平滑背景或基线漂移的干扰。有关研究人员证明了数学变换可以有效突出光谱数据的敏感波段，有效排除干扰。对平滑去噪等处理后的光谱反射率数据进行了一阶微分变换、二阶微分变换、倒数变换、倒数一阶微分变换、对数变换、对数一阶微分变换、均方根变换和均方根一阶微分变换这 8 种数学变换，所得结果作为寻找沉陷区内对土壤含水量变化敏感的高光谱指数。因光谱所测数据较多且处理方法相同，以其中任意一个样点的光谱数据为例，绘制经变换分析后稳定波段内光谱反射率数据变换值与波长关系图，如图 5.15（a）、（b）所示。

微分光谱数据有助于快速确定光谱的拐点及反射率极值的波长位置，光谱的低阶微分处理对噪声影响敏感性较低。一般认为，一阶或二阶导数包含了大部分有用的信息，可以消除太阳高度角、大气影响、云层以及地形引起的亮度变化等，通常可根据公式计算或在 Origin 软件中实现，试验中光谱数据微分变换在 Origin 中实现。其计算公式如下：

$$R'_{\lambda i} = \frac{R_{\lambda i+1} - R_{\lambda i-1}}{\lambda_{i+1} - \lambda_{i-1}} \tag{5.12}$$

$$R''_{\lambda i} = \frac{R'_{\lambda i+1} - R'_{\lambda i-1}}{\lambda_{i+1} - \lambda_i} \tag{5.13}$$

式中：$R'_{\lambda i}$ 为一阶微分光谱；$R''_{\lambda i}$ 为二阶微分光谱；λ_i、λ_{i-1}、λ_{i+1} 为波长。

　　光谱倒数的变换在 ENVI 软件的 Spectral Math 中实现；光谱对数的变换在 ENVI 的 Spectral Math 中实现；光谱均方根的变换在 ENVI 的 Spectral Math 中利用 sqrt() 函数实现。上述光谱数据变换值与波长关系曲线如图 5.15（c）～（f）所示。

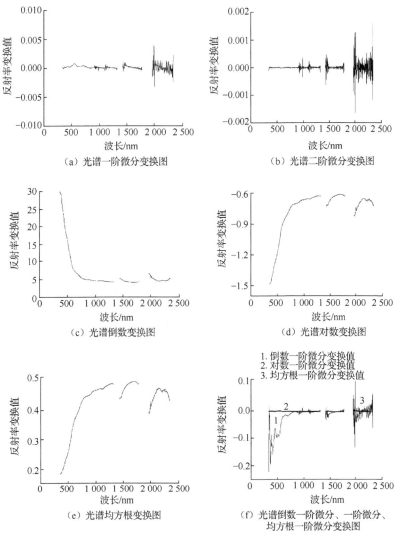

（a）光谱一阶微分变换图　　　　　　（b）光谱二阶微分变换图

（c）光谱倒数变换图　　　　　　（d）光谱对数变换图

（e）光谱均方根变换图　　　　　（f）光谱倒数一阶微分、一阶微分、
　　　　　　　　　　　　　　　　均方根一阶微分变换图

图 5.15　光谱反射率数据及其变换值与波长关系图

对光谱数据进行变换后，可以看出一阶微分和二阶微分变换后的值围绕 0 值上下波动，不同波长对应的变换值差异较大，相邻波长对应值则较接近，部分波长的光谱特征被显著放大；倒数变换后的值与反射率值对称于横轴，曲线形状大致相同；对数和均方根变换后的值曲线形状大致相同，但具体变换值差异较大；对倒数、对数、均方根变换后的值再进行一阶微分变换，发现倒数一阶微分变换后的值波动较大，特别是在整个波长范围内的两端，对数一阶微分和均方根一阶微分变换后的值变化幅度较小，围绕 0 值上下波动。

将沉陷区所测样点的光谱数据均进行上述变换并统计，作为选取敏感波段及数学建模的基础。

3. 光谱数据相关性分析

在对光谱数据进行变换分析后，计算各样点每个波段对应的高光谱指数与实测土壤含水量的相关系数，以便筛选出沉陷区土壤含水量建模的特征波段。相关系数的计算公式如下：

$$r_j = \frac{\sum\limits_{i=1}^{n}(R_{ij} - \overline{R_j}) \times (w_i - \overline{w})}{\sqrt{\sum\limits_{i=1}^{n}(R_{ij} - \overline{R_j})^2 \sum\limits_{i=1}^{n}(w_i - \overline{w})^2}} \tag{5.14}$$

式中：r_j 为高光谱指数与实测土壤含水量的相关系数，j 为波段；$\overline{R_j}$ 为 i 个土壤样品在第 j 波段的反射率均值；R_{ij} 为第 i 个样品在第 j 波段的反射率；$\overline{w}$ 为土壤样本含水量均值；w_i 为第 i 个土壤样品含水量；n 为沉陷区土壤样品个数。

将得到的高光谱指数与实测土壤含水量建立相关性分析，如图 5.16 所示，可以看出在不同波段上的相关系数差异较大。

由图 5.16 可知，反射率值、倒数、对数、均方根变换后的相关系数波动较小，曲线较规则，倒数变换后与含水量建立的相关系数为正值，反射率值、对数和均方根变换后的值与含水量建立的相关系数为负值；微分变换后的相关系数变动幅度较大，经变换后可以有效放大某些波长的光谱特征，既有正相关也有负相关，最大相关系数多集中在 0.6～0.8，最大可达 0.808，最大相关系数值多出现在整个波长前端，波长中端及末端则较少出现。

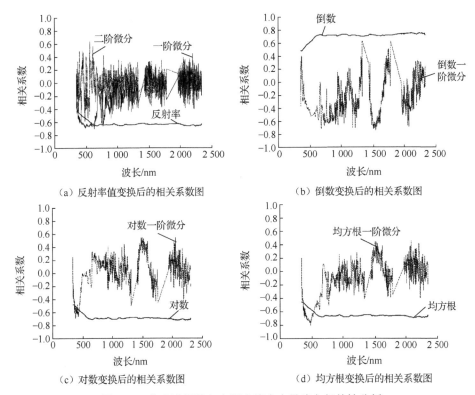

（a）反射率值变换后的相关系数图　　　　　（b）倒数变换后的相关系数图

（c）对数变换后的相关系数图　　　　　（d）均方根变换后的相关系数图

图 5.16　高光谱指数与实测土壤含水量建立相关性分析

5.3.3　沉陷区土壤光谱特征分析

通过野外取样获得的矿井土壤含水量为 8.876%～24.838%。从上述获得的含水量范围内抽取了 5 个样本，依据 5.3.2 节得到的稳定波段，绘制稳定波段内不同含水量土壤光谱反射率变化曲线，如图 5.17 所示。

由图 5.17 可知，实验区土壤光谱反射率随含水量的增大而降低，具有明显的规律性。不同含水量的土壤光谱反

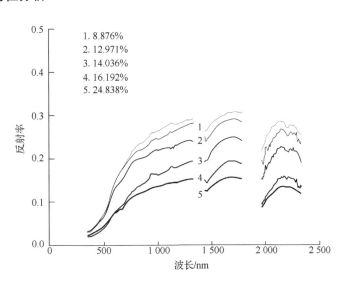

1. 8.876%
2. 12.971%
3. 14.036%
4. 16.192%
5. 24.838%

图 5.17　不同含水量土壤光谱反射率变化曲线

射率值在波长 500nm 之前非常接近，随着波长的增大有明显变化，整体变化趋势基本一致。土壤光谱反射率值呈现先升高后降低的趋势，在整个波段范围内存在两处较明显的波谷。一些学者认为，在一定含水量范围内，土壤光谱反射率随着含水量的增加而降低，本试验结果验证了这一论述。

5.3.4 沉陷区土壤湿度建模

本节利用试验数据获取光谱曲线中对土壤含水量敏感的波段，基于敏感波段的光谱反射率建立含水量反演模型，并用样本的实测含水量数据对模型进行验证，用于采煤沉陷区土壤含水量估算。

1. 敏感波段的选取与分析

经变换后的光谱反射率与土壤含水量呈高相关系数的敏感波段如表 5.5 所示。根据高光谱指数在不同波长范围下的相关系数来选取敏感波段，其原则为相邻波段下仅选取一个相关系数最高的值，每种变换选取两个相关系数高的数据，据此得出沉陷区土壤含水量的敏感波段对应的相关系数。

表 5.5 光谱反射率（变换）与土壤含水量呈高相关系数的敏感波段

变换形式	波长/nm	相关系数	波长/nm	相关系数
一阶微分	490	-0.698	631	-0.703
二阶微分	421	-0.589	562	0.639
倒数	2 253	0.773	2 127	0.772
对数	2 252	-0.721	2 126	-0.720
均方根	2 252	-0.693	2 126	-0.692
倒数一阶微分	1 545	-0.755	1 790	0.646
对数一阶微分	395	-0.689	1 545	0.569
均方根一阶微分	489	-0.808	477	-0.763

表 5.5 中经各种变换下得到的敏感波段存在相近或相同波段，敏感波段多集中在整个波长范围的前端或后端，所对应的相关系数绝对值大都在 0.6 以上，最大相关系数-0.808 为均方根一阶微分变换下的值，最小相关系数值 0.569 为对数一阶微分变换下的值。

2. 光谱数据建模

利用试验区 40 个土样实测含水量数据中的 30 个样点参与建模，其余 10 个样点用于模型验证。以实测土壤含水量为因变量，以选取的敏感波段反射率变换数据作为自变量进行线性建模，所构建的不同自变量对应的回归模型如表 5.6 所示。

表 5.6 不同自变量对应的回归模型

因变量	自变量	回归方程	R	P
含水量	R'	$Y = -11\,776.328X_{490} - 16\,317.323X_{631} + 22.896$	0.729	< 0.05
	R''	$Y = -252\,995.539X_{421} - 413\,800.997X_{562} + 17.964$	0.698	< 0.05
	$1/R$	$Y = 0.415X_{2\,127} + 1.632X_{2\,253} + 3.897$	0.774	< 0.05
	$\log R$	$Y = -5.904X_{2\,126} - 14.219X_{2\,252} + 0.253$	0.721	< 0.05
	$R\,(1/2)$	$Y = -139.823X_{2\,126} + 110.374X_{2\,262} + 27.926$	0.701	< 0.05
	$(1/R)'$	$Y = -950.738X_{1\,545} + 28.183X_{1\,790} + 9.612$	0.756	< 0.05
	$\log' R$	$Y = -3\,682.291X_{395} + 5\,813.453X_{1\,545} + 20.868$	0.749	< 0.05
	$[R\,(1/2)]'$	$Y = 6\,863.719X_{477} - 32\,617.953X_{489} + 32.248$	0.810	< 0.05

表 5.6 中回归方程 X_i 为相应变换下 i 波段对应的高光谱指数值，R 为模型回归系数，P 为显著性水平。

土壤含水量与敏感波段呈线性关系，对所构建的模型在 SPSS 软件中进行了检验，发现所得到的模型均通过了 0.05 显著性检验，变换后二阶微分回归模型回归系数最低（$R=0.698$），均方根一阶微分回归模型回归系数最高（$R=0.810$）。根据回归系数最高且通过显著性检验原则，选择均方根一阶微分回归模型（表 5.4 中最后一行）作为试验区土壤含水量估算模型。

5.3.5 模型验证

上述模型的可靠性和效果必须通过实测验证。利用未参与建模的 10 个样本数据对均方根一阶微分回归模型进行验证。实测值与模型预测曲线的对比结果如图 5.18 所示。统计模型预测值和实测值的偏差得到模型的相对误差、绝对误差，模型估算误差统计如表 5.7 所示。

图 5.18 中，回归模型精度为 0.823，样本数据较均匀地分布在模型预测曲线周边，检验效果较好，表明该模型可用来估算沉陷区土壤的含水量。

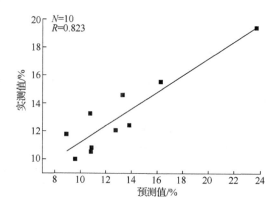

图 5.18　实测值与模型预测曲线的对比结果

表 5.7　模型估算误差统计

样点编号	预测值/%	实测值/%	绝对误差	相对误差/%
1	9.551	10.052	-0.501	4.98
2	16.244	15.604	0.64	4.10
3	8.846	11.761	-2.915	24.79
4	10.835	10.761	0.074	0.69
5	13.782	12.474	1.308	10.49
6	23.691	19.579	4.112	21.00
7	10.692	13.352	-2.66	19.92
8	13.218	14.696	-1.478	10.06
9	12.716	12.136	0.58	4.78
10	10.78	10.532	0.248	2.35

表 5.7 的 10 个样本中相对误差最大为 24.79%，最小为 0.69%，80%的预测值可靠性较高。因此，利用现场取样实测数据及光谱测量数据建立土壤含水量的估算模型，可较方便地获取采煤沉陷区土壤含水量的变化特征，可以弥补现场取样和卫星遥感影像反演的不足。

参 考 文 献

[1] 沈姜威, 杨林, 郑方子豪, 等. 基于多源数据融合的遗址古地层重建与应用研究[J]. 南京师大学报(自然科学版), 2020, 43(2): 49-55.

[2] 姜淇, 姚晓磊, 李卢祎, 等. 基于 CCI 数据的中国北方地区土壤水分时空变化特征分析[J]. 北京师范大学学报(自然科学版), 2020, 56(2): 177-187.

[3]　RAKET L L, JASKOLOWSKI J, KINON B J, et al. Dynamic Electronic health record detection(DETECT) of individuals at risk of a first episode of psychosis: a case-control development and validation study[J]. Lancet Digit Health, 2020, 2(5): 229-239.

[4]　JRADI M, LIU N, ARENDT K, et al. An automated framework for buildings continuous commissioning and performance testing – A university building case study[J]. Journal of Building Engineering, 2020, 31: 101464.

[5]　LOPRESTI R, ASARO N J, PRICE A, et al. identification of variables contributing to increased vitamin D concentrations in fish and fish ingredients[J]. Animal Feed Science and Technology, 2020, 266: 114506.

[6]　MORAN T, TAUS A, ARRIOLA E, et al. Clinical activity of afatinib in patients with non-small cell lung cancer harboring uncommon EGFR mutations: a Spanish retrospective multicenter study[J]. Clin Lung Cancer, 2020, 21(5): 428-436.

[7]　YAO K, BLEICHER R, MORAN M, et al. Differences in physician opinions about controversial issues surrounding contralateral prophylactic mastectomy(CPM): A survey of physicians from accredited breast centers in the United States[J]. Cancer Medicine, 2020, 9(9): 3088-3096.

[8]　PRICE J C. Using spatial context in satellite data to infer regional scale evapotranspiration[J]. IEEE Transactions on Geoscience & Remote Sensing, 1990, 28(5): 940-948.

[9]　SANDHOLT I, RASMUSSEN K, ANDERSEN J. A simple interpretation of the surface temperature/vegetation index space for assessment of surface moisture status[J]. Remote Sensing of Environment, 2002, 79(2): 213-224.

[10]　CARLSON T N, GILLIES R R, SCHMUGGE T J. An interpretation of methodologies for indirect measurement of soil-water content[J]. Agricultural & Forest Meteorology, 1995, 77(3): 191-205.

[11]　NATALIE LOCKART, DMITRI KAVETSKI, STEWART W FRANKS. On the role of soil moisture in daytime evolution of temperatures[J]. Hydrological Processes, 2013, 27(26): 3896-3904.

[12]　高小六, 刘善军, 吴立新, 等. 地面实验条件下土壤水分微波辐射特性[J]. 辽宁工程技术大学学报(自然科学版), 2015, 34(8): 963-967.

[13]　高小六, 张慧慧. 粗糙度对被动微波遥感反演土壤水分影响的试验研究[J]. 测绘通报, 2014(8): 59-61.

[14]　GAUSLAA Y, GOWARD T, PYPKER T. Canopy settings shape elemental composition of the epiphytic lichen Lobaria pulmonaria in unmanaged conifer forests[J]. Ecological Indicators, 2020, 113: 106294.

[15]　NIKHIL J, AZEEM A, SINGH M D, AhluwaliaBalpreet Singh. Sampling moiré method: a tool for sensing quadratic phase distortion and its correction for accurate quantitative phase microscopy[J]. Optics Express, 2020, 28(7): 10062-10077.

[16]　刘忠贺, 李宗春, 郭迎钢, 等. 利用 RANSAC 算法筛选坐标转换中相对稳定公共点[J]. 测绘科学技术学报, 2019, 36(5): 487-493.

[17]　ZHOU Y L, DAAKIR M, RUPNIK E, et al. A two-step approach for the correction of rolling shutter distortion in UAV photogrammetry[J]. ISPRS Journal of Photogrammetry and Remote Sensing, 2020, 160: 51-66.

[18]　BESSON F L, FERNANDEZ B, FAURE S, et al. Diffusion-weighted imaging voxelwise-matched analyses of Lung Cancer at 3.0-T PET/MRI: Reverse Phase Encoding Approach for Echo-planar Imaging Distortion correction[J]. Radiology, 2020, 295(3): 692-700.

[19]　肖斌, 景如霞, 毕秀丽, 等. 基于分组 SIFT 的图像复制粘贴篡改快速检测算法[J]. 通信学报, 2020, 41(3): 62-70.

[20] DANA A GOWARD. Positioning, Navigation, and timing executive order welcomed with mixed reactions[J]. President Resilient Navigation and Timing Foundation, 2020, 29(8): 1280-1292.

[21] HAIQIAO LIU, SHIBIN LUO, JIAZHEN LU, et al. Study results from central south university in the area of engineering reported(method for fused phase and Pca direction based on a sift framework for multi-modal image matching)[J]. Journal of Mathematics, 2019, 7: 165356-165364.

[22] 万书亭, 彭勃. 基于非局部均值去噪和快速谱相关的滚动轴承早期故障诊断方法[J]. 中南大学学报(自然科学版), 2020, 51(1): 76-85.

[23] 曾海金, 蒋家伟, 赵佳佳, 等. 空谱全变差正则化下的高光谱图像去噪[J]. 光子学报, 2019, 48(10): 214-228.

[24] 姚丹, 郑凯元, 刘梓迪, 等. 用于近红外宽带腔增强吸收光谱的小波去噪[J]. 光学学报, 2019, 39(9): 395-402.

[25] 汤伏全, 李雯雯, 谷金, 等. 黄土矿区开采沉陷引起的土壤湿度变化特征研究[J]. 土壤通报, 2019, 50(05): 1139-1144.

第六章　采空区地表的重力异常效应

　　煤炭资源开采所形成的大范围地下采空区是影响煤矿生产和工程建设的安全隐患，其有效探测和稳定性评价是学术界研究的重要课题。地下采空区的"空洞"效应会导致重力场发生变化，通过地表重力测量可揭示采空区的演变特征，但长期以来，这种重力异常效应因量级较小而被多数学者忽视。本章从高精度重力测量试验入手，采用数值模拟和试验验证的方法分析采空区地表重力异常效应，探讨基于重力异常数据反演采空区稳定性的可行性。

6.1　概　　述

　　多年来，煤炭资源的大规模高强度开采，形成了大范围的地下采空区[1-2]。受岩层垮落碎胀影响和基岩关键层的控制作用，多数采空区上覆岩层并未充分垮落和压实，从而导致采空区不同层位上存在大量的空洞，尤其是一些建筑物下的条带开采和小煤窑等开采所形成的空洞效应时刻制约着采空区地表的经济建设和生态环境的治理。采空区的发展变化在时间和空间上是一个复杂的破坏过程，同时由各种原因导致的系统性采矿记录等相关资料的缺失，会使隐伏采空区的分布情况和变形规律等更加难以被探明，一些小煤窑的盗采和滥采也使老采空区的空间位置发生变化而无法确定。这些残余的未知空洞对沉陷区的变形影响很大，且空间稳定性差，一旦当附近采矿活动引起扰动或地质条件的变化破坏了残余空洞的应力平衡时，就会诱发突然塌陷，形成地裂缝和"天坑"，从而造成人员伤亡和财产损失，严重影响矿区的安全生产和各项建设的选址与施工[3-4]，其有效探测和稳定性分析一直是学术界研究的重要课题。常用的采空区探测技术有电磁探测法、探地雷达技术、电阻率法、三维地震探测法、重力法等[5-11]，各有其优点和缺点。例如，电磁探测法虽然在探测采空区空间的充水量时效果比较好，但其低下的探测分辨率影响了采空区其他特征的探测；探地雷达技术虽然在浅层目标的探测方面可以达到较高的精度，但在探测深度方面与其他探测技术却无法相比；三维地震探测法在探测深度和探测分辨率方面都明显优于其他探测技术，但因其投资成本较大而应用得不多[12]。重力法主要是通过探测目标与其周围物体之间因存在密度差异而产生的重力场变化，来判断和解译目标物体的几何形状及物性特征的。

采空区分布区域由于煤矿资源的采出,上覆岩层经过不断碎裂、膨胀、压实等过程所形成的采空区塌陷堆积物、地下空洞、裂隙带等与其周围完整的围岩存在较大的密度差异,这些密度差异就会引起地面重力场的变化,通过地表重力测量就可以揭示采空区的演变特征。但长期以来,由于这种重力异常较小,一般只有 $50\sim450\mu\text{Gal}$,多数学者认为使用地表重力异常数据来探测地下采空区的空间分布和变化特征在技术上难以实现。随着高精度重力测量仪的研发生产及大地测量数据处理理论的不断完善,地球物理反演计算手段逐渐趋于成熟,提高了人们对微弱重力异常的测量能力和识别能力,使得利用重力测量技术探测地下采空区的分布特征具备了现实可能性。地面高精度重力测量方法具有较高的分辨率,适用于小型探测对象和低缓弱异常,同时其操作方法简单,作业成本低、效率高,以及不受诸如电磁场、地质环境以及工作场地大小等因素限制的特点,极大地弥补了其他地球物理方法的不足。

目前利用重力法进行地下异常体探测方面的研究主要以较为稳定的隐伏异常体(如地下的断裂构造、地下大型军事设施、石油、金属等各种矿藏)为研究对象。研究手段主要以机载重力仪进行区域重力测量为主,然后通过其他物探手段来探明异常体的具体位置。对采空区的探测主要以定性研究为主,没有结合采矿条件及开采沉陷特征,针对采空区的位置分布和变化特征进行定量反演。因此,结合采空区的采矿方法及开采沉陷特征,深入研究煤矿采空区地表重力异常变化规律及特征,探索基于重力异常数据反演采空区稳定性的技术途径,对利用重力数据探测矿山采空区残留空洞的空间位置,反演采空区发展变化规律及其地表稳定性具有重要的参考价值,可为使用重力数据研究矿山采空区内部发展变化规律提供参考。

6.2　采空区地表重力异常的正演分析

地下岩层、矿产密度分布不均匀或因矿产开发(形成采空区)等质量亏损会导致地表重力发生变化,称为重力异常[13]。为了正确地进行重力异常的解释,存在两方面的问题:一是根据已知地质体的物性及空间位置、大小等,研究其所引起的重力异常效应的分布变化规律及数值大小,称为重力异常的正演;二是根据所测量到的重力异常大小、分布等,来确定异常源的物性特征和空间分布,称为重力异常的反演。重力正演是反演的基础。

6.2.1　任意三维形体的重力异常正演模型

重力异常正演包括规则形状物体(如球体、圆柱体等)及任意三维形体的重力异常正演。其中简单形状物体的重力正演可推导出具体的计算公式，特征明显且便于计算，而任意三维形体的重力异常正演一般采用有限微分的方法，将三维体分割成有限个规则形状的物体进行计算，然后利用数值积分方法进行叠加。目前国内外应用的重力异常计算机数值解法主要有以下三种，即多边形截面法、立方体元法和直立矩形棱柱法。

1. 多边形截面法

多边形截面法是先用一系列相互平行的铅垂面或水平面切割物体，使其分成若干薄片；然后选用适当边数的多边形来代替每个横截面（或纵截面）；用解析法计算多边形薄片对计算点的"作用值"进行数值积分。多边形截面法一般根据切割面的不同分为铅垂面切割和水平面切割两种。

1）用铅垂面进行切割

设物体被一系列相互平行的铅垂面所切割，共切成 m 个铅垂物质薄片，如图 6.1 所示。

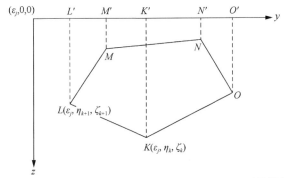

$K(\varepsilon_j,\eta_k,\zeta_k)$、$L(\varepsilon_j,\eta_{k+1},\zeta_{k+1})$、$M$、$M'$、$N$、$N'$、$O$、$O'$ 为任意水平
位置 $x=\varepsilon_j$ 物体的铅垂切片多边形角点编号及对应的三维坐标。

图 6.1　多边形铅垂物质薄片

设每个薄片对计算点的"作用值"为 S，这样，设坐标原点在计算点上，x 轴与切平面正交，则有

$$\Delta g = \frac{\partial V}{\partial z} = G\rho \iiint \frac{(\zeta - z)\mathrm{d}\varepsilon \cdot \mathrm{d}\eta \cdot \mathrm{d}\zeta}{\rho^3} \tag{6.1}$$

整个物体在计算点处所引起的重力异常为 Δg 为

$$\Delta g = G\rho \int S(\varepsilon)\mathrm{d}\varepsilon$$

其中

$$S(\varepsilon) = \iint \frac{\zeta \mathrm{d}\eta \mathrm{d}\zeta}{(\varepsilon^2 + \eta^2 + \zeta^2)^{3/2}} \tag{6.2}$$

上述式中：G 为万有引力常数；ρ 为场源密度；ε、η、ζ 为物体内任意点的空间位置坐标分量。

对于 $\varepsilon = \varepsilon_j$ 的物质薄片，用一个 n 边多边形来逼近其横截面的形状。设多边形各顶点的坐标为 $(\varepsilon_1, \eta_1, \zeta_1)$、$(\varepsilon_2, \eta_2, \zeta_2)$、$\cdots$、$(\varepsilon_k, \eta_k, \zeta_k)$、$\cdots$、$(\varepsilon_n, \eta_n, \zeta_n)$，则 $S(\varepsilon_j)$ 可以写成

$$\begin{aligned} S(\varepsilon_j) &= \sum_{k=1}^{n} \int_{\eta_k}^{\eta_{k+1}} \mathrm{d}\eta \int_{0}^{\zeta} \frac{\zeta \mathrm{d}\zeta}{(\varepsilon_j^2 + \eta^2 + \zeta^2)^{3/2}} \\ &= \sum_{k=1}^{n} \int_{\eta_k}^{\eta_{k+1}} \frac{\mathrm{d}\eta}{\sqrt{\varepsilon_j^2 + \eta^2 + \zeta^2}} - \sum_{k=1}^{n} \int_{\eta_k}^{\eta_{k+1}} \frac{\mathrm{d}\eta}{\sqrt{\varepsilon_j^2 + \eta^2}} \end{aligned} \tag{6.3}$$

图 6.1 中多边形第 k 边的直线方程为

$$\zeta = C_k \eta + D_k \tag{6.4}$$

其中

$$C_k = \frac{\zeta_{k+1} - \zeta_k}{\eta_{k+1} - \eta_k} \qquad D_k = \frac{\zeta_k \eta_{k+1} - \zeta_{k+1} \eta_k}{\eta_{k+1} - \eta_k}$$

将式（6.4）代入式（6.3），得到该式中的第一项积分为

$$\begin{aligned} I_1 &= \int_{\eta_k}^{\eta_{k+1}} \frac{\mathrm{d}\eta}{\sqrt{\varepsilon_j^2 + \eta^2 + \zeta^2}} \\ &= \int_{\eta_k}^{\eta_{k+1}} \frac{\mathrm{d}\eta}{\sqrt{\varepsilon_j^2 + D_k^2 + 2C_k D_k \eta + (1 + C_k^2)\eta^2}} \\ &= \frac{1}{\sqrt{1 + C_k^2}} \ln \frac{R_{k+1}\sqrt{1 + C_k^2} + \eta_{k+1}(1 + C_k) + C_k D_k}{R_k \sqrt{1 + C_k^2} + \eta_k(1 + C_k^2) + C_k D_k} \end{aligned}$$

其中

$$R_{k+1} = (\varepsilon_j^2 + \eta_{k+1}^2 + \zeta_{k+1}^2)^{1/2} \qquad R_k = (\varepsilon_j^2 + \eta_k^2 + \zeta_k^2)^{1/2}$$

式（6.3）中的第二项积分为

$$I_2 = -\int_{\eta_k}^{\eta_{k+1}} \frac{\mathrm{d}\eta}{\sqrt{\varepsilon_j^2 + \eta^2}} = -\ln\left(\eta + \sqrt{\varepsilon_j^2 + \eta^2}\right)\Big|_{\eta_k}^{\eta_{k+1}} = \ln \frac{\eta_k + \sqrt{\varepsilon_j^2 + \eta_k^2}}{\eta_{k+1} + \sqrt{\varepsilon_j^2 + \eta_{k+1}^2}}$$

对于封闭多边形来说，因 $\eta_{n+1}=\eta_1$，$\zeta_{n+1}=\zeta_1$，故

$$\sum_{k=1}^{n}I_2=0$$

因此，式（6.3）的最终结果为

$$S(\varepsilon_j)=\sum_{k=1}^{n}\frac{1}{\sqrt{1+C_k^2}}\ln\frac{\sqrt{1+C_k^2}\sqrt{\varepsilon_j^2+\eta_{k+1}^2+\zeta_{k+1}^2}+\eta_{k+1}(1+C_k^2)+C_kD_k}{\sqrt{1+C_k^2}\sqrt{\varepsilon_j^2+\eta_k^2+\zeta_k^2}+\eta_k(1+C_k^2)+C_kD_k} \quad (6.5)$$

$S(\varepsilon_j)$ 求得后，根据式（6.2）应用数值积分法就可以求得整体物体对计算点所产生的重力异常值。如果计算点在 XOY 平面上某一点 $P(x,y,0)$ 处，则应将式（6.5）中的 ε_j、η_j 分别以 ε_{j-x} 和 η_{k-y} 代入。

2）用水平面进行切割

设物体被一系列水平面分割成 m 个水平物质薄片，每个薄片在坐标原点（计算点）引起的重力异常值为 S，则对于如图 6.2 所示的三维形体，它在原点处所引起的重力异常 Δg 为

$$\Delta g=G\sigma\iiint\frac{\zeta r\mathrm{d}\alpha\mathrm{d}r\mathrm{d}\zeta}{(r^2+\zeta^2)^{3/2}}=G\sigma\int S(\zeta)\mathrm{d}\zeta \quad (6.6)$$

其中，

$$S(\zeta)=\iint\frac{\zeta r\mathrm{d}\alpha\mathrm{d}r}{(r^2+\zeta^2)^{3/2}}$$

将 $\zeta=\zeta_j$ 的物质面用 n 边多边形代替，令各顶点的坐标分别为 $(\varepsilon_1,\eta_1,\zeta_j)$、$(\varepsilon_2,\eta_2,\zeta_j)$、$\cdots$、$(\varepsilon_k,\eta_k,\zeta_j)\cdots$，则重力异常值 $S(\zeta_j)$ 可以写成

$$S(\zeta_j)=\int_0^{2\pi}\int_0^{\mathrm{r}}\frac{\zeta_j r\mathrm{d}\alpha\mathrm{d}r}{(r^2+\zeta_j^2)^{3/2}}=\int_0^{2\pi}\left[1-\frac{\zeta_j}{(r^2+\zeta_j^2)^{1/2}}\mathrm{d}\alpha\right] \quad (6.7)$$

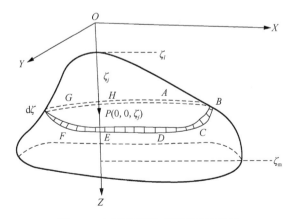

图 6.2　水平面切割三维形体示意图

为求出式（6.7）的积分，就需要先找出变量 r 与 α 之间的函数关系。如图 6.3 所示，过 P 点作 BC 延长线的垂线 PQ，令 $PQ=\alpha_k$，则由 $\triangle PQB$ 可以看出

$$\theta = \theta_k + (\alpha - \alpha_k)$$

因此

$$\mathrm{d}\theta = \mathrm{d}\alpha$$

同样可以得到

$$r = \frac{\alpha_k}{\sin\theta}$$

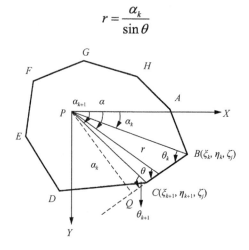

图 6.3　水平物质薄片

将以上关系代入式（6.7）中，对于 $\triangle PBC$ 有

$$
\begin{aligned}
\delta\big[S(\zeta_j)\big] &= (\alpha_{k+1} - \alpha_k) - \int_{\theta_k}^{\theta_{k+1}} \frac{\zeta_j \mathrm{d}\theta}{\left[\dfrac{\alpha_k^2}{\sin^2\theta} + \zeta_j^2\right]^{1/2}} \\
&= (\alpha_{k+1} - \alpha_k) - \int_{\theta_k}^{\theta_{k+1}} \frac{\zeta_j \sin\theta \mathrm{d}\theta}{(\alpha_k^2 + \zeta_j^2 - \zeta_j^2 \cos^2\theta)^{1/2}} \\
&= (\alpha_{k+1} - \alpha_k) + \int_{\theta_k}^{\theta_{k+1}} \frac{\mathrm{d}\left(\dfrac{\zeta_j \cos\theta}{\sqrt{\alpha_k^2 + \zeta_j^2}}\right)}{\sqrt{1 - \dfrac{\zeta_j^2 \cos^2\theta}{\alpha_k^2 + \zeta_j^2}}} \\
&= (\alpha_{k+1} - \alpha_k) + \arcsin\frac{\zeta_j \cos\theta_{k+1}}{(\alpha_k^2 + \zeta_j^2)^{1/2}} - \arcsin\frac{\zeta_j \cos\theta_k}{(\alpha_k^2 + \zeta_j^2)^{1/2}} \quad (6.8)
\end{aligned}
$$

故整个多边形引起的重力异常值为

$$S(\zeta_J) = \sum_{k=1}^{n}\left[(\alpha_{k+1} - \alpha_k) + \arcsin\frac{\zeta_j\cos\theta_{k+1}}{(\alpha_k^2 + \zeta_j^2)^{1/2}} - \arcsin\frac{\zeta_j\cos\theta_k}{(\alpha_k^2 + \zeta_j^2)^{1/2}}\right] \tag{6.9}$$

在应用计算机进行计算时，式（6.9）中的角度和长度都必须用坐标变量表示。各物质面引起的重力异常值求得以后，再利用数值积分法可以求得整个物体所产生的重力异常值。用水平面分割物体的多边形截面法，对于计算以等高线表示的地形质量或沉积盆地的异常十分有利，特别是当密度随深度变化而需要分层计算时，采用这种切割方式最便捷。同时也可以用来计算地形起伏所引起的地形改正值，用来做地形校正。

2. 立方体元法

立方体元法的基本思想是把三维形体用三组平行于直角坐标面的平面进行分割，使物体分成许多立方体元，用解析法计算出这些立方体元在计算点产生的异常，然后求和以获得整个物体引起的异常值。

如图 6.4 所示，立方体在坐标原点处引起的重力异常为

$$\Delta g = G\sigma\int_{\varepsilon_1}^{\varepsilon_2}\int_{\eta_1}^{\eta_2}\int_{\varsigma_1}^{\varsigma_2}\frac{\zeta\,\mathrm{d}\varepsilon\mathrm{d}\eta\mathrm{d}\zeta}{(\varepsilon^2 + \eta^2 + \zeta^2)^{3/2}} \tag{6.10}$$

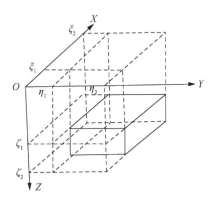

图 6.4　立方体元法计算模型

对 ζ 和 η 积分得

$$\Delta g = -G\sigma\int_{\varepsilon_1}^{\varepsilon_2}\ln(\eta + R)\mathrm{d}\varepsilon\Big|_{\eta_1}^{\eta_2}\Big|_{\varsigma_1}^{\varsigma_2} \tag{6.11}$$

其中

$$R = (\varepsilon^2 + \eta^2 + \zeta^2)^{1/2}$$

令 $\ln(\eta + R) = u, \mathrm{d}\varepsilon = \mathrm{d}v$ ，则有

$$\int \ln(\eta + R)\mathrm{d}\varepsilon = \varepsilon \ln(\eta + R) - \int \frac{\varepsilon^2 \mathrm{d}\varepsilon}{(\eta + R)R}$$

又因

$$\int \frac{\varepsilon^2 \mathrm{d}\varepsilon}{(\eta + R)R} = \int \frac{\varepsilon^2(R - \eta)}{(\varepsilon^2 + \zeta^2)R}\mathrm{d}\varepsilon = \int \frac{\varepsilon^2 \mathrm{d}\varepsilon}{(\varepsilon^2 + \zeta^2)} - \int \frac{\varepsilon^2 \eta \mathrm{d}\varepsilon}{(\varepsilon^2 + \zeta^2)R}$$

$$= \int \left(1 - \frac{\zeta^2}{(\varepsilon^2 + \zeta^2)}\right)\mathrm{d}\varepsilon - \int \frac{\eta \mathrm{d}\varepsilon}{R} + \int \frac{\zeta^2 \eta \mathrm{d}\varepsilon}{(\varepsilon^2 + \zeta^2)R}$$

$$= \left(\varepsilon - \zeta \tan^{-1}\frac{\varepsilon}{\zeta}\right) - \eta \ln(\varepsilon + R) - \int \frac{\zeta^2 \eta \mathrm{d}\varepsilon}{(\varepsilon^2 + \zeta^2)R}$$

而

$$\int \frac{\zeta^2 \eta \mathrm{d}\varepsilon}{(\varepsilon^2 + \zeta^2)R} = -\zeta \int \frac{\varepsilon^2 \eta^2}{\varepsilon^2 \eta^2 + \zeta^2 R^2}\mathrm{d}\left(\frac{\zeta R}{\varepsilon\eta}\right) = \zeta \arctan\left(\frac{\zeta R}{\varepsilon\eta}\right) + C$$

所以

$$\int_{\varepsilon_1}^{\varepsilon_2} \ln(\eta + R)\mathrm{d}\varepsilon = \left| \varepsilon \ln(\eta + R) - \left(\varepsilon - \zeta \tan^{-1}\frac{\varepsilon}{\zeta}\right) + \eta \ln(\varepsilon + R) + \zeta \arctan\frac{\zeta R}{\varepsilon\eta} \right|_{\varepsilon_1}^{\varepsilon_2}$$

将上述结果代入式（6.11）可得

$$\Delta g = -G\sigma \left\|\left|\left| \varepsilon \ln(\eta + R) + \eta \ln(\varepsilon + R) + \zeta \arctan\frac{\zeta R}{\varepsilon\eta} \right|_{\varepsilon_1}^{\varepsilon_2}\right|_{\eta_1}^{\eta_2}\right|_{\zeta_1}^{\zeta_2} \qquad (6.12)$$

注：式（6.12）中的反正切函数的取值范围应在 0 和 π 之间。

3. 直立矩形棱柱法

直立矩形棱柱法的基本思想是分别用平行于水平坐标轴的铅垂面来切割三维形体，将该三维形体分割成有限个直立的矩形棱柱。通过不断缩小两组铅垂面的

间距，就可以使这些矩形棱柱体的总和无限地逼近该三维形体。这时，这些直立矩形柱体的横截面积就会达到很小的尺寸，这样就可以在计算其重力异常时把这些直立矩形棱柱体看成质量均匀的物质线段，然后通过重力异常的可叠加性，采用数值积分计算出整个三维形体在计算点所引起的重力异常。

如图 6.5 所示，$(\varepsilon_k, \eta_k, \zeta_{k,1})$ 和 $(\varepsilon_k, \eta_k, \zeta_{k,2})$ 分别为第 k 个铅垂物质线段的上端点和下端点的坐标，λ 表示剩余线密度，则根据重力异常基本公式对 ς 积分便可得到第 k 个铅垂物质线段在 O 点处引起的重力异常：

$$\delta(\Delta g)_k = G\lambda\left(\frac{1}{R_{k,1}} - \frac{1}{R_{k,2}}\right) \approx G\sigma\Delta\varepsilon\Delta\eta\left(\frac{1}{R_{k,1}} - \frac{1}{R_{k,2}}\right) \tag{6.13}$$

$$R_{k,1} = (\varepsilon_k^2 + \eta_k^2 + \zeta_{k,1}^2)^{1/2}$$

$$R_{k,2} = (\varepsilon_k^2 + \eta_k^2 + \zeta_{k,2}^2)^{1/2}$$

式中：$\Delta\varepsilon$ 和 $\Delta\eta$ 分别表示铅垂物质线段所代表的直立柱体沿 X 和 Y 方向的边长。于是，整个三维形体在 O 点处引起的重力异常为

$$\Delta g = \sum_{k=1}^{n}\delta(\Delta g) = G\sigma\Delta\varepsilon\Delta\eta\sum_{k=1}^{n}\left(\frac{1}{R_{k,1}} - \frac{1}{R_{k,2}}\right) \tag{6.14}$$

式中：n 为三维形体被分割成直立矩形棱柱的总个数。

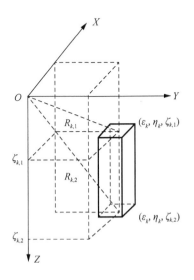

图 6.5　铅垂物质线段计算模型

由式（6.13）可知，当 $R_{k,1}=0$ 或值较小时，均会出现奇点，从而会引起较大的误差。这一情况发生在直立柱体恰好位于计算点的正下方且顶端又离地表很近时。为了缩小这种误差，当棱柱体位于计算点的正下方时，可以将铅垂物质线段替换成直立圆柱体。直立圆柱体在其中心轴线的正上方所引起的重力异常可表示为

$$\delta g = 2\pi G\sigma\left(\zeta_2 - \zeta_1 - \sqrt{\zeta_2^2 + R^2} + \sqrt{\zeta_1^2 + R^2}\right)$$

式中：R 为圆柱体的半径，$R = \sqrt{\dfrac{\Delta\varepsilon\Delta\eta}{\pi}}$。

6.2.2 矩形条带采空区地表重力异常正演

1. 地表重力异常计算模型

讨论矩形工作面条带开采条件下地表重力异常的正演模型。条带开采属于极不充分开采情形，采空区上覆岩层重量由两侧煤柱承担，地表只产生较小的移动和变形，而开采空间规律性强且其空间大小基本不会发生变化，便于分析采空区地表的重力异常分布规律。以陕西彬长矿区某煤矿的条带开采工作面参数为基础，采用简单长方体近似代替条带开采所形成的采空区。利用布格重力异常模型来计算规则采空区地表的重力变化[14]。计算模型坐标系如图 6.6 所示，从图中可以看出以采空区左边界中央在地表的垂直投影作为地表坐标系原点，地表水平面内沿采空区延伸方向为 X 轴，沿采空区宽度方向为 Y 轴，垂直向下为 Z 轴正向。采空区长、宽、高分别 A、B、C，埋深为 H。

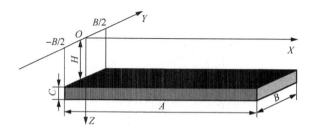

图 6.6　计算模型坐标系

根据重力场的计算公式，该采空区的重力场可表示为

$$\Delta g(x,y,z) = G\rho\int_0^A\int_{-B/2}^{B/2}\int_{-H-C}^{-H}\frac{\zeta - z}{R^3}\,\mathrm{d}\xi\mathrm{d}\eta\mathrm{d}\zeta \tag{6.15}$$

式中：G 为万有引力常数；ρ 为场源密度；(x, y, z) 是观测点的坐标；(ξ, η, ζ) 是采空区场源点的坐标；R 为观测点到采空区场源点的距离。

对式（6.15）的积分求解，许多学者都进行了研究[15]，本节使用式（6.16）来计算该积分。

$$\Delta g = -G\rho \left\| (\xi-x)\ln\{(\eta-y)+R\} + (\eta-y)\ln\{(\xi-x)+R\} - (\zeta-z) \right.$$
$$\left. \times \arctan\frac{(\xi-x)(\eta-y)}{(\zeta-z)R} \right|_{0}^{A}\left|_{-B/2}^{B/2}\right|_{-H-C}^{-H} \tag{6.16}$$

2. 地表重力异常分布特征

以矩形条带工作面开采条件建立模拟计算的基准模型，设采空区长度 A、宽度 B、高度 C 及埋深 H 分别为 2 000m、200m、4m 和 300m。剩余密度为 $\rho=2.68\times10^3$（kg/m^3），在其他尺度参数不变的情况下，地表重力异常随采空区长度 A 变化的分布曲线如图 6.7（图中横坐标表示地表点位置坐标，其零点在采空区左边界正上方，向右为正）所示。当采空区长度达到 1 000m 后，重力异常峰值大小趋于不变，在该基准模型条件下约为 90μGal。重力异常曲线呈现以采空区中心为对称的分布形态，这对于通过重力异常分布来解释采空区边界具有参考意义。

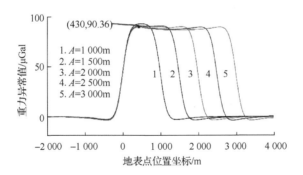

图6.7　不同采空区长度 A 的重力异常分布曲线

当采空区深度 H 从 300m 变化到 100m 时，地表重力异常分布曲线如图 6.8 所示。各曲线变化形态基本相似，在采空区边界附近的地表有所不同。随着空洞深度的变小，重力异常峰值由 59μGal 增大到 156μGal，其发生位置由采空区中央向边界方向偏移。

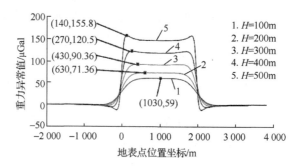

图 6.8　不同采空区深度 H 的地表重力异常分布曲线

当采空区宽度 B 从 100m 变化到 300m 时，地表重力异常分布曲线如图 6.9 所示，随着开采宽度的增大，重力异常峰值由 49μGal 增大到 122μGal，各曲线分布形态基本一致。

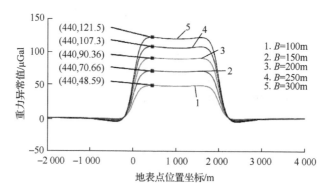

图 6.9　不同采空区宽度 B 的地表重力异常分布曲线

当采空区高度 C 从 3m 变化到 7m 时，地表重力异常分布曲线如图 6.10 所示。重力异常峰值由 68μGal 增大到 158μGal，其发生位置位于采空区内侧地表，各曲

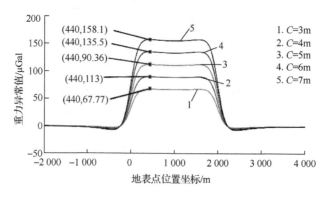

图 6.10　不同采空区高度 C 的地表重力异常分布曲线

线分布形态基本呈一致。分析图 6.9 和图 6.10 可知，在基准模型条件下地表重力异常峰值与采空区宽度、采空区高度均呈线性正相关。由图 6.8 可知，地表重力异常峰值与采空区埋深的关系（呈非线性的负相关），如图 6.11 所示。

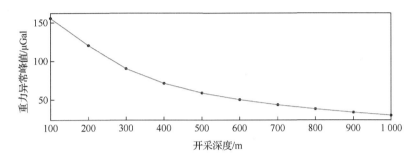

图 6.11 采空区地表重力异常峰值与采空区埋深的关系

3. 地表重力异常分布与采空区边界位置的关系

在基准模型条件下，采空区重力异常分布曲线图 6.12（a）的形态较简单，在采空区边界位置的地表重力异常未见明显特征。所以，仅依据重力异常曲线难以反演确定重力变化与采空区边位置的关系。为此，对重力异常曲线图 6.12（a）进行一次差分处理来分析其变化特征[16-17]。由于模拟或测量得到的重力异常数据都是离散变量，无法对其直接求导，需要采用有限差分法对其近似求导。

有限差分法是通过对应于离散变量的函数值来近似微分方程中的自变量的连续值的。在有限差分法中，放弃了自变量在微分方程中可以取连续值的特征，只关注自变量离散取值后所对应的函数值。原则上，这种方法仍然可以达到任意令人满意的计算精度。因为方程的连续数值解可以通过减小自变量的离散值之间的取值间隔（自变量的步长）来近似，或者通过在离散点处进行插值来取得近似。

有限差分法原理如下。

任意 $f(x)$ 的一阶泰勒公式展开式为

$$f(x) = f(x_i) + f'(x_i)(x - x_i) + \frac{f''(x_i)}{2!}(x - x_i)^2 + \cdots + \frac{f^{(n)}(x_i)}{n!}(x - x_i)^n \quad (6.17)$$

将 $f(x_i - h)$ 和 $f(x_i + h)$ 均用泰勒公式展开：

$$f(x_i - h) = f(x_i) + f'(x_i)((x_i - h) - x_i) + \frac{f''(x_i)}{2!}((x_i - h) - x_i)^2 + \cdots \quad (6.18)$$

$$f(x_i + h) = f(x_i) + f'(x_i)((x_i + h) - x_i) + \frac{f''(x_i)}{2!}((x_i + h) - x_i)^2 + \cdots \quad (6.19)$$

将式（6.18）和式（6.19）相减整理即得有限差分的中心差分公式

$$f'(x_i) = \left(\frac{\partial f}{\partial x}\right)_{x_i} \approx \frac{f(x_i + h) - f(x_i - h)}{2h} \qquad (6.20)$$

对图 6.12（a）的曲线函数值利用有限差分法中的中心差分公式计算其一次差分，得到基准模型下地表重力异常分布的一阶导数曲线，如图 6.12（b）所示。

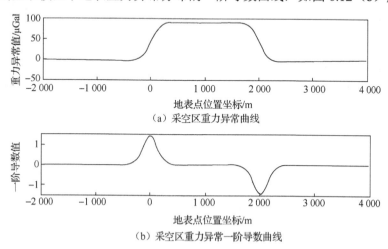

（a）采空区重力异常曲线

（b）采空区重力异常一阶导数曲线

图 6.12　基准模型下地表重力异常及其一阶导数曲线

由图 6.12（b）可以看出，重力异常一阶导数曲线的两个峰值正好位于采空区边界正上方附近。两峰值之间的距离与采空区长度相等。因此推论，可根据采空区地表重力异常导数曲线的特征点的位置来判断采空区边界位置并确定采空区范围。

6.2.3　采空区移动空源地表重力异常正演

1. 采空区移动空源的基本特征

当岩层中的矿体在被采出后，会在岩体内部形成一个空洞空间，导致该空洞空间周围原有的应力平衡遭到破坏。由于自重和上覆岩层的压力作用，空洞中的直接顶板岩层会逐渐向下弯曲并产生移动。当其内部的应力作用不足以抵消岩层中其他的应力作用时，直接顶板岩层就会产生碎裂、冒落，而老顶岩层则会以梁或悬臂梁弯曲的形式沿着层理面法线方向产生弯曲和移动，最后产生断裂、冒落，在不同层位上形成空洞和裂隙带等。随着工作面的向前推进，受采动影响的岩层范围会不断扩大。当开采范围足够大时，岩层移动就会发展到地表，并在地表形成一个比采空区大得多的下沉盆地，采空区上覆岩层移动示意图如图 6.13 所示。当采空区空洞空源位置不断向地表移动，而又尚未引起地表沉陷时，无法通过地表移动观测来探明采空区地下空洞的移动位置及所处地层深度。这样将会对地表的经济建设造成无法预估的危险隐患。

图 6.13　采空区上覆岩层移动示意图

在采空区塌陷的时候煤层顶板首先会向采空区空间的方向产生弯曲，随后将会碎裂成形状大小不一的岩块向下冒落并充填采空区，此后，岩层就会呈层状向下弯曲，同时还会伴随有断裂、裂隙、离层等现象。层状弯曲岩层的下沉，会使冒落破碎的岩块逐渐被压实，且采空区两侧部分压实后所形成的裂隙（裂缝）高度会比中间形成的裂缝高度低，随着时间的推移与岩层的不断变化，会在不同层级位置形成大小不等、形状相似的裂缝带。尽管覆岩中的裂缝带大小不等，且处于不同深度的层位中，但这些不同大小、不同位置的裂缝孔隙在地表所形成的重力异常的总量是可量测的。同时，根据重力异常效应的可叠加性，这样不论覆岩中的裂缝如何分布，总可以找到一个等效空源，使该等效空源在地表引起的重力异常效应和所有覆岩中的裂缝在地表形成的重力异常效应相等。那么，根据统计规律与理论分析，该等效空源的形状可通过概率积分模型来构造，其在覆岩中的埋深基本上就会处于所有覆岩埋深的平均位置或有所偏差。使用等效空源来代替覆岩中的众多裂缝及裂隙带，当覆岩中的裂缝及裂隙带发生变化时，等效空源也会随之发生变化。这样就可以通过重力异常测量反演等效空源变化的方法来分析覆岩中裂缝及裂隙带的变化规律。

根据开采沉陷学的概率积分法模型来模拟采动条件下移动空源在地层中的存在形态，从而推导采空区空洞发生坍塌且向上移动时其重力异常正演模型，以此来分析地层中的移动空源在地表形成的重力异常分布特征。

2. 采空区移动空源重力异常正演模型

概率积分法的基础为随机介质理论。地表移动属于三维问题，比如地表 A 点的下沉是由走向和倾向两方面开采造成的结果。根据概率积分法，在三维条件下某矩形采区开采后引起的地表 A 点的下沉值为

$$W_A = W_{\max} \iint\limits_F f(x, y) \mathrm{d}F \qquad W_{\max} = mq\cos\alpha \qquad (6.21)$$

式中：$f(x, y)$ 为空间概率密度函数；F 为影响曲面；$W_{\max}$ 为充分采动时的最大下

沉值；m 为煤层开采厚度（也以煤层采高代替）；q 为下沉系数（算例中采用彬长某矿区的实测下沉系数为 0.6）；α 为煤层倾角（算例中水平煤层 $\alpha = 0°$）。

设某矩形采空区在走向方向上的开采长度为 l，在倾向方向上的开采宽度为 L，则开采尺寸分别为 $x \in [0, l]$，$y \in [0, L]$，由于 x 和 y 方向概率积分具有独立性，则 A 点的下沉值可表示为

$$W(x, y)_A = W_{\max} \iint_F f(x, y) \mathrm{d}F = W_{\max} \iint_F f(x) f(y) \mathrm{d}x \mathrm{d}y \tag{6.22}$$

以采空区走向中心线为 y 轴，左侧边界为原点，则式（6.22）可写为

$$W(x, y)_A = W_{\max} \iint_F f(x) f(y) \mathrm{d}x \mathrm{d}y$$

$$= \frac{W_{\max}}{r^2} \int_{-x}^{l-x} \mathrm{e}^{-\pi \left(\frac{x}{r}\right)^2} \mathrm{d}x \int_{\frac{L}{2}-y}^{\frac{L}{2}-y} \mathrm{e}^{-\pi \left(\frac{y}{r}\right)^2} \mathrm{d}y \tag{6.23}$$

考虑到 $\mathrm{erf}(x) = \dfrac{2}{\sqrt{\pi}} \displaystyle\int_0^x \mathrm{e}^{-t^2} \mathrm{d}t$ 及被积函数的对称性，同时记

$$A\left(\frac{x}{r}\right) = \frac{W(x)}{W_{\max} \dfrac{1}{2} \left[\mathrm{erf}\left(\sqrt{\pi} \dfrac{x}{r}\right) + 1 \right]}$$

式（6.23）可化简为

$$W(x, y) = W_{\max} \times \frac{1}{2} \left[\mathrm{erf}\left(\sqrt{\pi} \frac{x}{r}\right) + \mathrm{erf}\left(\sqrt{\pi} \frac{l-x}{r}\right) \right]$$

$$\times \frac{1}{2} \left[\mathrm{erf}\left(\sqrt{\pi} \frac{\frac{L}{2}+y}{r}\right) + \mathrm{erf}\left(\sqrt{\pi} \frac{\frac{L}{2}-y}{r}\right) \right]$$

$$= W_{\max} \times \frac{1}{2} \left\{ \left[\mathrm{erf}\left(\sqrt{\pi} \frac{x}{r}\right) + 1 \right] - \left[\mathrm{erf}\left(\sqrt{\pi} \frac{x-l}{r}\right) + 1 \right] \right\}$$

$$\times \frac{1}{2} \left\{ \left[\mathrm{erf}\left(\sqrt{\pi} \frac{y+\frac{L}{2}}{r}\right) + 1 \right] - \left[\mathrm{erf}\left(\sqrt{\pi} \frac{y-\frac{L}{2}}{r}\right) + 1 \right] \right\}$$

$$= W_{\max} \times \left[A\left(\frac{x}{r}\right) - A\left(\frac{x-l}{r}\right) \right] \times \left[A\left(\frac{y+\frac{L}{2}}{r}\right) - A\left(\frac{y-\frac{L}{2}}{r}\right) \right] \tag{6.24}$$

式中：l 为计算开采长度；L 为计算开采宽度；$r = H_0 / \tan\beta$，为主要影响半径，其中 H_0 为平均开采深度，$\tan\beta$ 为主要影响角正切（算例中 $\tan\beta = 2.1$）。

分析式（6.24）可知，地表沉陷盆地内任意点的下沉值主要取决于主要影响半径、最大下沉值和开采尺寸。算例中下沉系数和主要影响半径已限定，则下沉盆地内任意点的下沉值主要取决于平均开采深度和采高。这样就可以利用式（6.24）根据不同的平均开采深度 H 来模拟计算地层中不同深度处移动空源的位置及形状。

如图 6.14 所示，以移动空源左边界中央在地表的垂直投影作为地表坐标系原点，地表水平面内沿移动空源延伸方向为 X 轴，沿移动空源宽度方向为 Y 轴，垂直向下为 Z 轴正向。移动空源在地层中的上表面埋深为 H，下表面满足函数 $W(x,y)$ 关系。

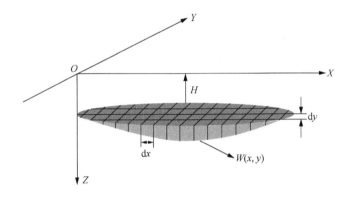

图 6.14　移动空源重力异常正演模型

根据立方体元法与数值积分计算方法，结合式（6.16）和式（6.24）构造移动空源重力异常正演模型如下：

$$\Delta g = \sum_{i=1}^{m}\sum_{j=1}^{n}\left\{-G\rho\Big|(\xi-x)\ln\{(\eta-y)+R\}+(\eta-y)\ln\{(\xi-x)+R\}-(\zeta-z)\right.$$
$$\left.\arctan\frac{(\xi-x)(\eta-y)}{(\zeta-z)R}\Big|_{x_1(i)}^{x_2(i)}\Big|_{y_1(j)}^{y_2(j)}\Big|_{z_1}^{z_2}\right\} \tag{6.25}$$

$$x_1(i) = x_0 + (i-1)\times dx \quad x_2(i) = x_0 + i\times dx \quad i\in[1:m] \quad m = \frac{l}{dx}$$

$$y_1(j) = y_0 + (j-1)\times dy \quad y_2(j) = y_0 + j\times dy \quad j\in[1:n] \quad n = \frac{L}{dy}$$

$$z_1 = \begin{cases} W\left[\dfrac{x_1(i)+x_2(i)}{2}, \dfrac{y_1(j)+y_2(j)}{2}\right] & z_1 < H \quad z_2 = H \\ 0 & z_1 \geqslant H \quad z_2 = 0 \end{cases}$$

式中：dx、dy 为格网单元的计算步长；H 为异常体的平均埋深。

3. 移动空源引起的地表重力异常分布特征

以彬长矿区某矿开采条件及地表观测资料为例。其移动空源模型的开采长度 2 000m，平均开采深度 H_0 为 300m，开采宽度为 $1.3 \times H_0$，主要影响角正切（$\tan\beta = 2.1$），采高为 6m，下沉系数 0.7，覆岩剩余密度 $\rho = 2.68 \times 10^3$（kg/m³），移动空源的最大埋深为 400m。

在移动空源模型其他参数不变的情况下，改变其埋深大小，得到等效埋深为 50m 的移动空源在地表引起的重力异常等值线（图 6.15）和不同等效埋深情况下移动空源地表的重力异常剖面（图 6.16）。根据图 6.15 可以看出，采空区地表的重力异常分布有下列特征：①采空区地表的重力异常场主要分布在采空区空洞的正上方。重力异常场的中心位置和采空区空洞的中心位置是对应一致的。异常场的平顶部分与采空区空洞中部的正上方对应。②地表重力异常场呈对称状分布。当采空区空洞的形状为矩形时，地表重力异常场的平面形状呈椭圆形。

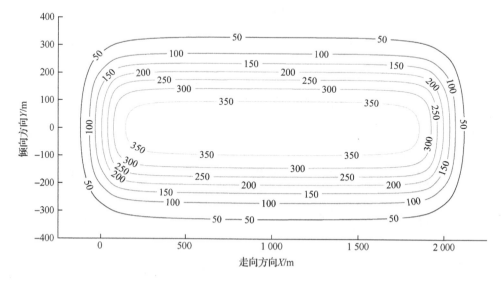

图 6.15 等效埋深为 50m 的移动空源在地表引起的重力异常等值线

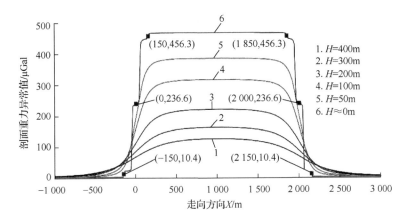

图 6.16　不同等效深度的移动空源地表的重力异常剖面

根据图 6.16 可以发现：当 $H\approx0$ 时曲线的两侧腰线出现 3 次明显的斜率变化。为了分析这 3 处变化，对 $H\approx0$ 时的曲线进行差分求导（图 6.17）并对比移动空源等效模型走向主断面曲线（图 6.18）发现：这 3 处刚好与采空区最终形成的静态地表移动盆地的 3 个区域及平地表的过渡位置（$x<-150$，$x>2150$）相对应，这 3 个区域[18]分别是：移动盆地的拉伸区域（$-150<x<0$，$2000<x<2150$，图 6.19 中④标出的部分）；移动盆地的压缩区域（$0<x<150$，$1850<x<2000$，图 6.19 中③标出的部分）；移动盆地的中性区域（$150<x<1850$，图 6.19 中②标出的部分）。

同样采用有限差分格式求取采空区重力异常一阶导数曲线，如图 6.20 所示。可以看出，采空区重力异常一阶导数曲线的极值点与采空区的边界位置相似。这证明，采用特征点法能简单、有效地判断出采空区的边界位置。

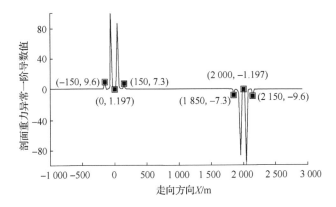

图 6.17　等效深度为 0 时剖面重力异常一阶导数曲线

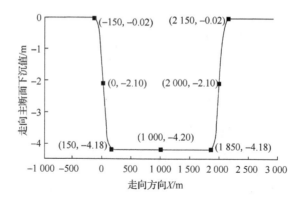

图 6.18　移动空源等效模型走向主断面曲线

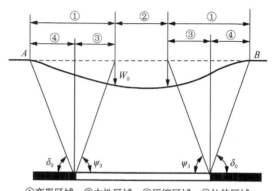

①变形区域；②中性区域；③压缩区域；④拉伸区域。

图 6.19　采空区地表移动盆地示意图

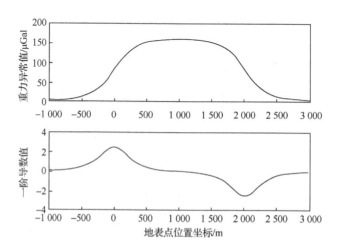

图 6.20　采空区地表重力异常及其一阶导数曲线

分析图 6.16 可知，剖面上的重力异常峰值与移动空源的等效埋深呈非线性负相关，这一特征与采空区空源形状无关。据此，可以通过采空区地表的重力异常峰值来拟合反演出移动空源的等效埋深。本节通过幂函数来拟合采空区地表重力异常峰值与移动空源等效深度之间的关系，并通过整体最小二乘[19-20]计算出最优拟合参数，拟合关系曲线如图 6.21 所示。通过拟合关系与地表重力异常峰值来反算移动空源等效深度，以此通过采空区地表重力测量来分析采空区地表稳定性。参与拟合的数据如表 6.1 所示。

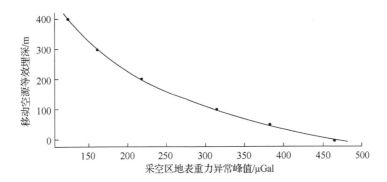

图 6.21 地表重力异常峰值与移动空源的等效埋深关系曲线

表 6.1 参与拟合的数据

$x/\mu Gal$	467	384	315	220	161	124
$f(x)/m$	0.01	50	100	200	300	400

用来拟合逼近的幂函数为：$f(x) = a \times x^b + c$。参与拟合求取参数 a、b、c 的数据及拟合优度如表 6.2 所示。

表 6.2 幂函数拟合参数及拟合优度

a	b	c	SSE	RMSE	R-square
6 886	−0.413 2	−541	18.706 2	1.765 7	0.999 8

注：SSE 为误差平方和（是拟合数据与原始数据对应点的误差的平方和）；RMSE 为均方根误差（是预测数据和原始数据对应点误差的平方和均值的均方根）；R-square 为方程的决定系数（用来表示预测值与实测值的拟合程度，它是预测数据与原始数据均值之差的平方和与原始数据和均值之差的平方和之比）。

SSE 与 RMSE 越小表示拟合效果越好，R-square 越接近于 1，拟合效果越好。

根据该拟合函数，计算地表重力异常峰值所对应的移动空源等效深度，对比正演数据得到移动空源等效深度及计算残差如表 6.3 所示，其反演残差分布如图 6.22 所示。

表 6.3　移动空源等效深度及计算残差

x/μGal	467	445	424	384	348	315	286	239	220	202	161	124
$f(x)$/m	2.2	13.0	24.3	48.0	72.7	98.1	123.8	175.4	201.1	226.6	301.8	398.8
H/m	0.01	12.5	25	50	75	100	125	175	200	225	300	400
Δ/m	2.19	0.5	-0.7	-2	-2.3	-1.9	-1.2	0.4	-1.1	1.6	1.8	-1.2

注：H 为正演计算所用的移动空源等效深度；x 为用 H 正演得到的地表重力异常峰值；$f(x)$ 为通过拟合函数与 x 反演的移动空源等效深度；Δ 为反演计算残差。

由图 6.22 可以看出，使用幂函数逼近法得到的采空区移动空源等效深度反演残差呈正弦曲线波动分布，且反演误差均在 ±2.3m 内。根据幂函数拟合公式，以 10m 为步长变化采空区移动空源的等效埋深，以此得到采空区地表重力异常峰值随空源等效深度变化的梯度曲线如图 6.23 所示。分析图 6.23 可得，当采空区空源等效埋深小于 100m 时，其等效深度每减小 10m 即会产生至少 10μGal 的重力异常变化，且随着等效深度的减少，其重力异常变化梯度会不断增加。

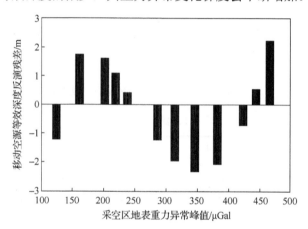

图 6.22　移动空源等效深度反演残差分布

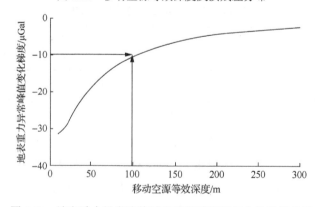

图 6.23　地表重力异常峰值随空源等效深度变化的梯度曲线

综上所述，通过重力异常正演分析可知，规则矩形采空区地表的重力异常场呈轴对称状分布在采空区空洞的正上方，地表重力异常场的分布形状与采空区空洞具有相似的对称性。一般开采条件下采空区引起的重力异常效应为 $50 \sim 450 \mu Gal$。地表重力异常峰值与采空宽度、采空高度均呈线性正相关，与采空区埋深呈非线性负相关；通过对采空区空源等效深度与采空区地表重力异常峰值之间的关系分析，发现当采空区空源等效埋深小于 100m 时，其等效深度每减小 10m 即会产生至少 $10 \mu Gal$ 的重力异常变化，且随着等效深度的减少，其重力异常变化梯度会不断增加。该结果表明，利用高精度重力仪探测采空区空源的移动变化及地表稳定性在技术上具有可行性；经重力异常数值模拟发现，根据地表重力异常导数曲线的特征点位置可以判断采空区边界位置，并确定采空区的范围。因此，在一定边界条件和简化假设下，通过重力异常探测诸如条带开采或小煤窑老采空区等空洞在埋深、边界、大小等方面特征的演变过程具有技术可行性。

6.3 高精度重力测量数据的可靠性分析

重力仪测量数据的可靠性是利用微重力测量探测和反演采空区空洞动态变化，以及分析采空区地表稳定性的前提。本节以 CG-5 型高精度重力仪为例，进行重力测量实验，通过重力仪的静态漂移量、动态漂移量以及同一测点多次测量值的归化残差来分析高精度重力测量误差及其数据的可靠性。

6.3.1 CG-5 重力仪及性能指标

CG-5 重力仪及其操作面如图 6.24 所示。CG-5 重力仪是加拿大 Scintrex 公司制造的全自动数字式陆地重力仪。在测量过程中采用微处理器进行读数，可以进

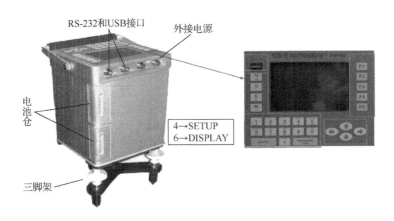

图 6.24 CG-5 重力仪及其操作面

行仪器倾斜、漂移（预校正）、内部温度、固体潮等自动校正，并具备地震滤波、自动舍弃坏数、自动记录、数字输出等功能。其直接测量范围达 $8×10^{-2}m/s^2$，读数分辨率为 $1×10^{-8}m/s^2$，广泛应用于重力测量各个领域。CG-5 重力仪采用零长弹簧助动结构，具有极高的稳定灵敏度。

CG-5 重力仪的优势在于：①使用了高精度恒温器，可以有效控制仪器内部的温度变化，保证了仪器良好的漂移线性度；②仪器内部加载了多种传感器和软件，良好地实现了各项校正和自动读数功能；③无静电熔凝石英制成的传感系统，减小了黏摆问题的发生概率。使 CG-5 重力仪具备了更高的精度和使用上的便利性。该仪器的主要性能指标如表 6.4 所示。

表 6.4　CG-5 重力仪的主要性能指标

传感器类型	无静电熔凝石英，零长弹簧
读数分辨率	$1×10^{-8}m/s^2$
观测精度	$5×10^{-8}m/s^2$
测量范围	$8×10^{-2}m/s^2$，不用重置
长期漂移率	约小于 $1.0×10^{-5}m/(s^2·d)$
随机波动范围	不超过 $±10×10^{-8}m/s^2$
倾斜自动补偿范围	$±200″rad$
冲击影响	$20g$ 冲击，通常小于 $5×10^{-8}m/s^2$
自动修正项	潮汐、仪器倾斜、温度、噪声、地震噪声
外观尺寸	方形柱，高 30.0cm×22.0cm×20.5cm
水平摆杆高度	面板之下 21.1cm，距离地面 8.9cm
质量（含 2 块电池）	8kg
环境工作温度	$-40～+45℃$
环境温度修正	$2×10^{-9}m/(s·℃)$
大气压力修正	$1.5×10^{-9}m/(s^2·kPa)$

6.3.2　CG-5 重力仪的静态漂移评价

重力仪的漂移及其线性度是重力仪最重要的性能指标，在很大程度上决定了其测量精度和寿命。因此，重力仪漂移性能评价是了解其精度最主要的方法和手段。通常新的重力仪在使用初期，漂移速度及波动范围都比较大，经过较长时间后漂移率会逐渐减小并趋于稳定。根据沈博等于 2015 年的研究表明："CG-5 重力仪在引进初期，静态漂移率往往较低，常见值为 $0.5×10^{-5}m/(s^2·d)$ 左右；而在首个野外使用期中，漂移率常会出现大幅度升高的情况"，2～3 年后，漂移率的波动范围就会开始变窄，并逐渐向低位收敛，大多数仪器的漂移率约降至 $1×10^{-5}m/(s^2·d)$。

对于具体仪器的漂移率需要长期积累仪器性能资料进行分析。CG-5 重力仪的实时漂移性能，用 24～48h 的静态观测数据进行分析评价。根据现有资料研究[21-22]分析，通常认为 CG-5 重力仪的零位漂移值在 $0.5×10^{-5}$m/（$s^2·d$）附近时，漂移是十分理想的；在（0.5～1.5）×10^{-5}m/（$s^2·d$）时是正常的；在（1.5～2.5）× 10^{-5}m/（$s^2·d$）时一般认为还可以接受；当漂移率大于 $2.5×10^{-5}$m/（$s^2·d$）时，则认为仪器状况极差。图 6.25 为 CG-5 经过固体潮改正的 44h 静态观测数据，用端基直线法求得漂移率为 $0.460\,7×10^{-5}$m/（$s^2·d$）；图 6.26 为用端基直线法进行漂移改正后的静态观测数据；图 6.27 为静态观测数据的残余漂移。

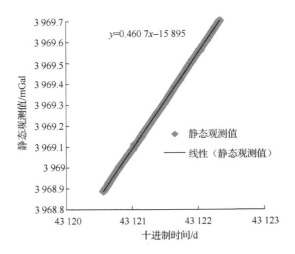

图 6.25　CG-5 重力仪 44h 静态观测数据

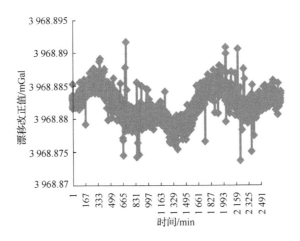

图 6.26　CG-5 重力仪 44h 漂移改正后的静态观测数据

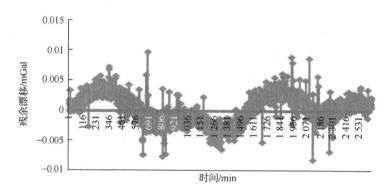

图 6.27　CG-5 重力仪 44h 静态观测数据的残余漂移

对经过漂移改正后的静态观测数据进行统计计算，发现 CG-5 重力仪静态观测数据的中误差为 $\pm5\mu\mathrm{Gal}$，且残余漂移曲线基本在零轴线上、下等幅摆动，振幅为 $5\times10^{-8}\mathrm{m/}$（$\mathrm{s}^2\cdot\mathrm{d}$），残余标准差为 $\pm2.26\times10^{-8}\mathrm{m/}$（$\mathrm{s}^2\cdot\mathrm{d}$），各项漂移指标均正常，仪器性能良好。

6.3.3　CG-5 重力仪的动态漂移评价

由于重力仪均具有零位变化的特征，在重力测量过程中必须进行零位校正。重力仪的各种观测方法基本上都是围绕兼顾工作效率和观测精度两方面设计的。不同的观测方法所带来的漂移改正精度不同，其精度主要取决于闭合观测的时间长度。因此，当使用较短的闭合时间进行零位校正时，效果会更佳。

综上所述，重力仪必须使用闭合测量的观测方法，起始点首尾两次观测值之差称为零位变化，其时间差称为闭合时间。目前常用的野外重力测量观测方法如图 6.28 所示，从左到右依次为单程观测、双程往返观测、三程循环观测和单向循环观测。其中单程观测效率最高，而闭合时间最长漂移校正精度最差；双程往返观测效率较高，闭合时间较长，漂移校正精度较高，主要用于重力仪的动态试验与一致性实验以及长基线标定等；三程循环观测，观测效率最低，但由于其闭合时间最短，漂移校正精度高，主要用于格值标定及基点联测等，单向循环观测主要是针对测点呈环形分布时使用的。

本次试验采用双程往返多次观测距离较远的两点之间的段差变化来评价 CG-5 重力仪的动态漂移变化。零位校正值计算如下：

$$g_{校} = \left(T - T_{\mathrm{s}} \times \frac{g_{ie} - g_{is}}{T_{\mathrm{e}} - T_{\mathrm{s}}} \right) \tag{6.26}$$

式中：g_{is}、T_{s} 分别为开始测量时在起始点上测得的重力值和时间；g_{ie}、T_{e} 分别

为结束测量时在起始点上测得的重力值和时间；T 为改正点的观测时间；$g_{校}$ 为观测过程中重力仪每小时的零点位移改正值。

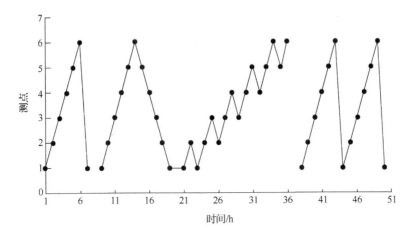

图 6.28 重力仪测量观测方法

该动态试验两点间的重力差值计算公式如下：

$$\Delta g_{ij} = (g_j - g_i) - \frac{(g_i' - g_i) - (g_j' - g_j)}{(T_i' - T_i) - (T_j' - T_j)} \times (T_i - T_j) \tag{6.27}$$

式中：g_i、g_i'、g_j、g' 分别为 i 点和 j 点往返观测所得的经过固体潮等改正的重力读数；T_i、T_i'、T_j、T_j' 分别为 i 点和 j 点往返观测时刻。

一般使用重力仪的动态观测均方差来衡量重力仪的动态观测精度，其计算公式如下：

$$\varepsilon = \pm\sqrt{\frac{\sum_{i=1}^{m} \delta_i^2}{m - n}}$$

式中：δ_i 为相邻两点之间的段差与平均段差值之差；m 为段差总个数；n 为试验观测边数（当只在两点之上观测时，$n=1$）。

根据式（6.26）和式（6.27）对测得的重力观测数据进行零位校正，表 6.5 示出零位校正值和不同测段两点间的重力差值（表中只列出了部分数据）。经过统计计算得到 CG-5 重力仪进行双程往返测的观测精度为±3.5μGal，动态观测精度非常高，返动态观测数据如表 6.5 所示。1 号点和 2 号点的零位改正残差分布如图 6.29 和图 6.30 所示。

表 6.5 返动态观测数据

站号	时间/十进制	观测值/μGal	经零位校正 重力值/μGal	段差/ μGal	误差/ μGal	方差
1	9.250	3 902 985	3 902 985	89 450	2	3.3×10⁻⁶
2	9.650	3 813 535	3 813 535			
2	9.750	3 813 536	3 813 536	89 447	−1	1.8×10⁻⁶
1	10.100	3 902 983	3 902 983			
1	10.150	3 902 981	3 902 981	89 444	−4	1.8×10⁻⁵
2	10.483	3 813 537	3 813 537			
2	10.617	3 813 534	3 813 534	89 448	0	1.2×10⁻⁷
1	10.950	3 902 982	3 902 982			
1	11.017	3 902 981	3 902 981	89 449	1	6.3×10⁻⁷
2	11.350	3 813 532	3 813 532			
2	11.383	3 813 537	3 813 537	89 446	−2	5.5×10⁻⁶
1	11.750	3 902 983	3 902 982			
1	11.817	3 902 981	3 902 980	89 449	1	6.3×10⁻⁷
2	12.150	3 813 532	3 813 531			
2	12.183	3 813 531	3 813 530	89 449	1	4.1×10⁻⁷
1	12.583	3 902 980	3 902 979			
1	13.383	3 902 980	3 902 979	89 441	−7	5.2×10⁻⁵
2	13.733	3 813 539	3 813 538			
2	13.800	3 813 536	3 813 535	89 448	0	1.4×10⁻⁷
1	14.267	3 902 984	3 902 983			
1	14.350	3 902 985	3 902 984	89 450	2	3.2×10⁻⁶
2	14.683	3 813 535	3 813 534			
2	14.767	3 813 533	3 813 532	89 457	9	7.5×10⁻⁵
1	15.117	3 902 990	3 902 989			
1	15.150	3 902 988	3 902 987	89 452	4	1.4×10⁻⁵
2	15.500	3 813 536	3 813 535			
2	15.550	3 813 534	3 813 533	89 449	1	4.2×10⁻⁷
1	15.917	3 902 983	3 902 982			
1	15.983	3 902 980	3 902 979	89 446	−2	4.9×10⁻⁶
2	16.333	3 813 534	3 813 533			
2	16.367	3 813 534	3 813 533	89 448	0	1.2×10⁻⁷
1	16.683	3 902 982	3 902 981			

续表

站号	时间/十进制	观测值/μGal	经零位校正重力值/μGal	段差/μGal	误差/μGal	方差
1	16.767	3 902 980	3 902 978	89 444	−4	$1.8×10^{-5}$
2	17.050	3 813 536	3 813 534			
2	17.117	3 813 536	3 813 534	89 452	4	$1.3×10^{-5}$
1	17.400	3 902 988	3 902 986			

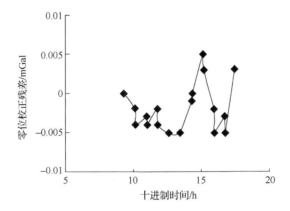

图 6.29　1 号点零位校正残差分布

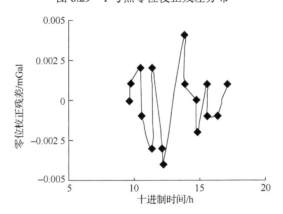

图 6.30　2 号点零位校正残差分布

分析图 6.29 和图 6.30 发现 1 号点的残余漂移（零位校正残差）主要集中在−3～−5μGal，2 号点的残余漂移则分布相对均匀，主要分布在±3μGal 之间。这种现象主要是由外界观测环境引起的，1 号点处于马路交叉口附近，过往行人及车辆较多，外界噪声大；而 2 号点则处于相对安静的场地，外部噪声较小。由此说明对于大量重力测量数据的处理，还需要用到数据滤波等多种数据处理方法。

6.3.4　CG-5 重力仪数据可靠性测试

使用重力仪监测采空区地表稳定性的前提是在不同时间段所测得的数据都具有归一性，即在没有发生任何变化的区域所得到的监测数据都可以归化成同一套监测数据，且其归化差不大于监测误差与数据的监测能力。对此，采用动态监测的方法，选择 13 个较稳定的观测点，采样间隔设置为 8s 自动记录读数，每个观测点连续静态观测 20min，进行间歇式重力测量监测实验，得到四测段观测数据，每个观测点有 106 个重力数据。由于存在外部环境噪声的干扰，每个点的数据中有数量不等的无规律噪声。以 4 号点为例，每一测段重力观测数据如图 6.31～图 6.34 所示。

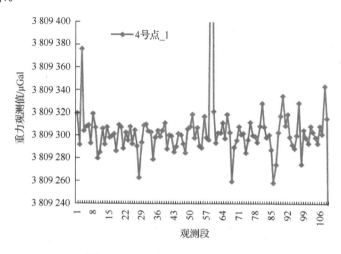

图 6.31　4 号点第 1 测段观测数据

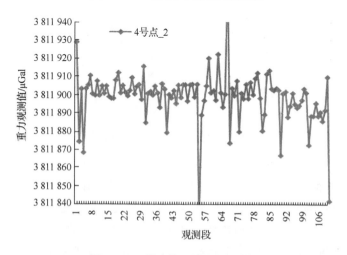

图 6.32　4 号点第 2 测段观测数据

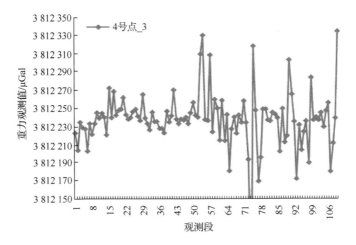

图 6.33 4 号点第 3 测段观测数据

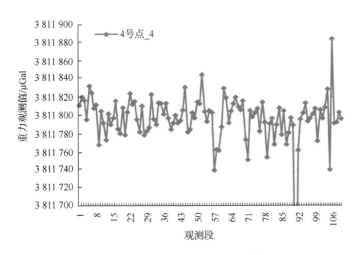

图 6.34 4 号点第 4 测段观测数据

野外采集到的重力数据进行零位校正后就可以消除动态漂移。此时，数据中主要由观测时的随机测量噪声、各测段间的背景场噪声以及布格重力异常值三部分叠加组成（将采空区中不同深度的裂隙带等空洞用一个等效源空源代替，因此不存在局部异常的影响）。为了得到布格重力异常，就需要对零位校正后的观测数据进行滤波和归一化，将随机噪声通过滤波处理去除，将各测段间的背景场噪声通过归一化处理掉。

这里采用移动平均滤波法处理重力测量中的随机噪声，其原理是指"所有输入信号在按照设定的滤波点数进行数学平均计算后，将平均值作为其输出信号"，该滤波方法在时域范围内可以有效消除随机噪声对信号的影响。其定义如下：

$$y_n = \frac{1}{N}(X_n + X_{n+1} + X_{n+2} + \cdots + X_{n+N-1}) = \frac{1}{N}\sum_{i=0}^{N-1} X_{n+i} \tag{6.28}$$

式中：y_n 为输出信号；X_{n+i} 为输入信号；N 为滤波的点数。

将上述移动平均滤波的计算公式按照中心对称，可以转换为以下公式：

$$y_n = \frac{1}{2N+1}(x_{n-N} + x_{n-N-1} + \cdots x_n + \cdots + x_{n+N-1} + x_{n+N}) = \frac{1}{2N+1}\sum_{i=-N}^{N} x_{n+i} \tag{6.29}$$

式中：$2N+1$ 为求平均的个数，即按照滤波的结果 $2N+1$ 对原始数据点进行平均。

根据上述移动平均滤波的表达式可直接对经过零位校正后的观测数据进行滤波处理得到 y_n，然后对 y_n 采用加权平均法求得其加权平均值，作为地表各测点的区域重力异常值，然后求取各测段所有测点数据均值与首测段的均值差，利用该均值差进行归一化处理，去除各测段间其背景场的影响。

图 6.35～图 6.38 为 4 号点第 1～4 测段观测数据滤波值。

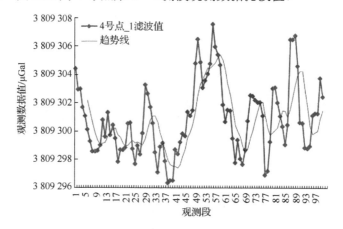

图 6.35　4 号点第 1 测段观测数据滤波值

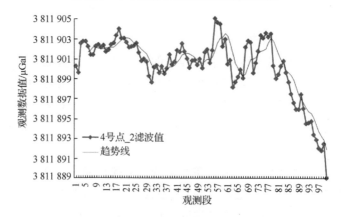

图 6.36　4 号点第 2 测段观测数据滤波值

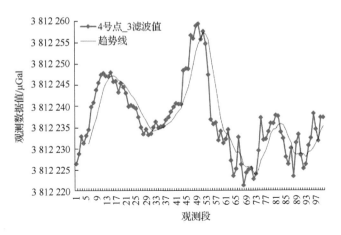

图 6.37　4 号点第 3 测段观测数据滤波值

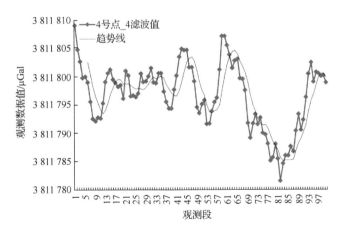

图 6.38　4 号点第 4 测段观测数滤波值据

对上述 4 段测量的共 5 512 个重力测量数据进行零位漂移校正和移动平均滤波处理，求出每个测点的最优重力测量值。然后求取每一测段共 13 个数据的均值，并将第 2～4 测段的测量数据通过每一测段（13 个点）的均值归化到第 1 测段的 13 个点上，并求出各测点的归化差值和归化残差如图 6.39 和图 6.40 所示，各点的最优重力值及归化值如表 6.6 所示。

通过图 6.39 和图 6.40 可以看出，该重力测量数据经过滤波处理和统一归化后，各测点不同测段的值均基本相同，且归化残差基本在 ±10μGal 内。

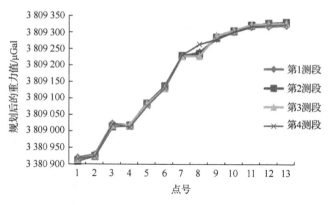

图 6.39　各测段测点归化值

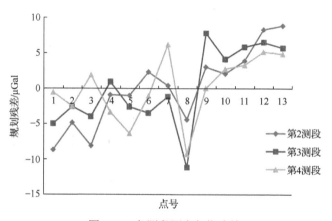

图 6.40　各测段测点归化残差

表 6.6　4 个测段各测点的最优重力测量值及其归化值　　　　　（单位：μGal）

点号	重力测量值				归化值		
	第 1 测段	第 2 测段	第 3 测段	第 4 测段	归化 2-1	归化 3-1	归化 4-1
1	3 809 320	3 811 924	3 812 258	3 811 815	3 809 329	3 809 326	3 809 322
2	3 809 318	3 811 921	3 812 256	3 811 813	3 809 326	3 809 324	3 809 320
3	3 809 317	3 811 916	3 812 255	3 811 810	3 809 321	3 809 322	3 809 317
4	3 809 301	3 811 899	3 812 238	3 811 794	3 809 303	3 809 306	3 809 301
5	3 809 281	3 811 879	3 812 221	3 811 771	3 809 284	3 809 289	3 809 278
6	3 809 239	3 811 830	3 812 160	3 811 756	3 809 235	3 809 228	3 809 263
7	3 809 228	3 811 824	3 812 159	3 811 725	3 809 229	3 809 227	3 809 232
8	3 809 134	3 811 731	3 812 062	3 811 623	3 809 136	3 809 130	3 809 130
9	3 809 085	3 811 679	3 812 014	3 811 569	3 809 084	3 809 082	3 809 076

续表

点号	重力测量值				归化值		
	第 1 测段	第 2 测段	第 3 测段	第 4 测段	归化 2-1	归化 3-1	归化 4-1
10	3 809 018	3 811 613	3 811 951	3 811 505	3 809 017	3 809 019	3 809 012
11	3 809 022	3 811 609	3 811 950	3 811 514	3 809 014	3 809 018	3 809 021
12	3 808 929	3 811 520	3 811 859	3 811 417	3 808 925	3 808 927	3 808 924
13	3 808 920	3 811 506	3 811 847	3 811 409	3 808 911	3 808 915	3 808 916

本节通过试验表明，CG-5 型重力仪的静态观测精度为±5μGal，其残余漂移曲线基本沿零轴线等幅摆动，振幅为5×10^{-8}m/ ($s^2 \cdot$d)，残余标准差为±2.26×10^{-8}m/ ($s^2 \cdot$d)，动态观测精度为±3.5μGal。重力测量数据经过滤波处理和统一归化后，各测点不同测段的值均基本相同，其归化残差在±10μGal 以内。该型仪器重力测量的精度和可靠性能够满足采空区地表重力异常监测的技术要求。

6.4 重力测量数据的平滑处理方法

实地观测重力异常数据中不可避免地存在一定的随机误差，这些随机误差的大小、特性、分布规律的不同都会影响重力异常数据反演的效果，在进行重力异常解释前首先要对异常曲线进行平滑。在大地测量及岩土工程领域，经常通过数值模拟和加入随机误差的方法来研究实际工程问题，本节采用数值模拟计算的重力数据并加入随机误差来分析重力异常数据平滑处理的方法。常用的重力数据平滑方法有多次平均法、剖面异常曲线的平滑方法和平面异常的平滑方法。其中多次平均法的基本思想就是把两个相邻点的重力异常平均值作为两点中点的异常值。下面重点介绍剖面异常曲线的平滑方法和平面异常的平滑方法。

6.4.1 剖面异常曲线的平滑方法

尽管重力测量结果的各项校正误差会对异常曲线产生影响，但并不改变重力异常曲线变化的基本趋势。在一般情况下，这个趋势可用一个多项式来拟合。重力异常曲线平滑方法有线性平滑方法、二次曲线平滑方法、傅里叶拟合平滑方法、平滑样条拟合法、正弦曲线逼近拟合平滑法等，下面重点介绍线性平滑方法和二次曲线平滑方法。

1. 线性平滑方法

在重力异常剖面图上，若在一定范围内，异常按照线性关系变化时，则在这个范围内某一点平滑后的异常值可用下面线性方程来表示：

$$g(x) = a_0 + ax \qquad (6.30)$$

式中：a_0 和 a 为待定系数，可用最小二乘的方法确定。

根据最小二乘原理，由式（6.30）所确定的各点 $g(x_i)$ 值与原始异常 $g(x_i)$ 值的偏差值的平方和应该最小，即

$$\delta = \sum_{i=-m}^{m} \left[g(x_i) - a_0 - ax_i \right]^2 = \min \qquad (6.31)$$

利用微分求极值的方法将上式对 a_0 和 a 求导数，随后令其为零，得

$$\begin{cases} \dfrac{\partial \delta}{\partial a_0} = 2\sum_{i=-m}^{m} \left[g(x_i) - a_0 - ax_i \right] = 0 \\[2mm] \dfrac{\partial \delta}{\partial a} = 2\sum_{i=-m}^{m} \left[g(x_i) - a_0 - ax_i \right]x_i = 0 \end{cases} \qquad (6.32)$$

若 x_i 以剖面上的点距为单位，即 $\Delta x = 1$，上式中的 $x_i = 0, 1, \pm 2, \cdots, \pm m$，代入式（6.32）可解出 a_0 和 a 为

$$a_0 = \frac{\sum_{i=-m}^{m} gx_i}{2m+1} \qquad a = \frac{\sum_{i=-m}^{m} x_i g(x_i)}{\sum_{i=-m}^{m} x_i^2}$$

由式（6.30）可知，当 $x=0$ 时，$g(0) = a_0$，即

$$\overline{g}(0) = \frac{1}{2m+1} \sum_{i=-m}^{m} g_i \qquad (6.33)$$

由此可见，某一点的平滑值，实际上就是在剖面上以该点位中心取奇数点的算术平均值。当 $m = \pm 1$ 时得 3 点平滑公式：

$$\overline{g}(0) = \frac{1}{3} \left[g(-1) + g(0) + g(1) \right] \qquad (6.34)$$

同理，也可以得到 5 点、9 点，以及更多点的平滑公式。

5 点平滑公式：

$$\overline{g}(0) = \frac{1}{5} \left[g_0 + g(1) + g(-1) + g(2) + g(-2) \right] \qquad (6.35)$$

在工作中采用几点平均最为合适，需要根据平滑目的而定。一般来说，参加平均的点数越多，得出的曲线越平滑。如图 6.41 所示，使用 A、B、C 三种不同频率的曲线合成了曲线 D，这时 D 中包含了各种周期的变化成分，E、F、G、H、

I 分别为取 2、3、5、7、9 五个点进行平滑处理后的曲线。由此可见，随着参与平滑的点数的增加，高频成分会逐渐减弱，即短周期干扰会逐渐消失；至 7 点平均时，B、C 两种异常基本被平滑，只保留了原来的低频成分 A。在 9 点平滑后，甚至比原始的"低频"成分显得还要平滑。线性平滑法的一个重要性质是，当取 N 个数值做平均时，可以将异常曲线上小于 $x\text{-}m \sim xmc$ 长度的局部异常予以不同程度的消除。

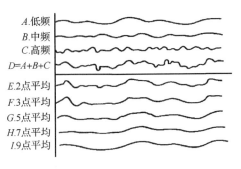

A.低频
B.中频
C.高频
D=A+B+C
E.2点平均
F.3点平均
G.5点平均
H.7点平均
I.9点平均

图 6.41　线性平滑效果示意图

2. 二次曲线平滑方法

若重力异常曲线在一定范围内可以视为二次曲线时，则平滑后的异常曲线可以用下面的二次曲线方程来表示：

$$\bar{g}_i(x_i) = a_0 + a_1 x_i + a_2 x_i^2 \tag{6.36}$$

同样可以用最小二乘法求出平滑公式中的系数。用二次曲线进行平滑时，一般采用相邻五个或五个以上点的异常值进行平滑计算。假定数据是等间隔的观测值，并令 $\Delta x = 1$，取平滑点作为坐标原点，即 $x_i = 0$，则取相邻五个点进行平滑时，应满足下式：

$$\delta = \sum_{m=-2}^{2} (g_{i+m} - a_0 - a_1 m - a_2 m^2)^2 = \min \tag{6.37}$$

应用微分求极值的方法，将上式对 a_0、a_1、a_2 分别求偏导数，并令其等于零，便得到

$$\begin{cases} \dfrac{\partial \delta}{\partial a_0} = \displaystyle\sum_{m=-2}^{2} 2(g_{i+m} - a_0 - a_1 m - a_2 m^2) = 0 \\[2mm] \dfrac{\partial \delta}{\partial a_1} = \displaystyle\sum_{m=-2}^{2} 2(g_{i+m} - a_0 - a_1 m - a_2 m^2)m = 0 \\[2mm] \dfrac{\partial \delta}{\partial a_2} = \displaystyle\sum_{m=-2}^{2} 2(g_{i+m} - a_0 - a_1 m - a_2 m^2)m^2 = 0 \end{cases} \tag{6.38}$$

将上式展开得

$$\begin{cases} 5a_0 + 10a_2 = g_{i-2} + g_{i-1} + g_i + g_{i+1} + g_{i+2} \\ 10a_1 = -2g_{i-2} - g_{i-1} + g_{i+1} + 2g_{i+2} \\ 10a_0 + 34a_2 = 4g_{i-2} + g_{i-1} + g_{i+1} + 4g_{i+2} \end{cases} \quad (6.39)$$

由上式及式（6.36）可得

$$\bar{g}_i = a_0 = \frac{1}{35}\left[-3(g_{i-2} + g_{i+2}) + 12(g_{i-1} + g_{i+1}) + 17g_i\right] \quad (6.40)$$

同理，若取相邻七点进行二次曲线平滑时，得到的平滑公式为

$$\bar{g}_i = \frac{1}{21}\left[-2(g_{i-3} + g_{i+3}) + 3(g_{i-2} + g_{i+2}) + 6(g_{i+1} + g_{i-1}) + 7g_i\right] \quad (6.41)$$

同样也可以假定观测值之间为更高次的函数关系，以此得到相应的高次曲线平滑公式。通过研究发现，对于同一阶次的平滑方法，参加平滑的点数越多，曲线越平滑；点数相同时，平滑公式的阶次越低，则曲线也越平滑。

在曲线平滑的方法中，除上述圆滑平均公式外，比较常用的公式还有

$$\bar{g}_i = \frac{1}{4}(g_{i-1} + 2g_i + g_{i+1}) \quad (6.42)$$

式（6.34）为等权滑动平滑公式，式中每一数值所起的作用一样。若用计算得到的 g_i 的平均值代替 g_i 值的不同位置，可以采用加权平均，让 g_i 在计算中起较大的作用，即让该项的权系数为 1/2，其他项的权系数为 1/4，便得到式（6.42）。

6.4.2　平面异常的平滑方法

平面异常的平滑方法原理与剖面数据的平滑相同，区别在于剖面平滑是建立在某个区间上的拟合多项式，而平面异常的平滑是在观测平面的某一个面域范围内建立拟合多项式，其几何形态不是多次曲线，而是多次曲面。

1. 线性平滑方法

在重力异常平面图的一定范围内，若异常按照线性关系变化时，则对某一点 (x, y) 平滑后的异常值可用下面方程来表示：

$$\bar{g}(x, y) = a_0 + a_1 x + a_2 y \quad (6.43)$$

式中：a_0、a_1、a_2 为待定系数。当 $x = 0$、$y = 0$ 时，a_0 就是相应的平滑值，即

$$\overline{g}(0,0) = a_0 \qquad (6.44)$$

与剖面曲线平滑方法类似，用最小二乘法原理可以确定出 a_0 值。下面直接给出 5 点和 9 点平滑公式。

5 点平滑公式：

$$\overline{g}(0,0) = \frac{1}{5}[g(0,0) + g(1,0) + g(-1,0) + g(0,-1) + g(0,1)] \qquad (6.45)$$

9 点平滑公式：

$$\overline{g}(0,0) = \frac{1}{9}\big[g(0,0) + g(2,0) + g(1,0) + g(0,1) + g(0,2)$$
$$+ g(-2,0) + g(-1,0) + g(0,-2) + g(0,-1)\big] \qquad (6.46)$$

式中：$g(i,j)$ 为流动坐标系中 $x = i$，$y = j$ 点的原始异常值。线性平滑公式取点的分布如图 6.42 所示。

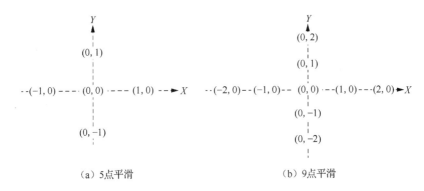

（a）5 点平滑　　　　　　　　（b）9 点平滑

图 6.42　5 点和 9 点线性平滑公式取点的分布

2. 二次曲面平滑方法

当重力异常分布可以用二次曲面拟合时，则平滑后的异常值 $g(x,y)$ 可用下面方程来表示：

$$\overline{g}(x,y) = a_0 + a_1 x + a_2 y + a_3 x^2 + a_4 xy + a_5 y^2 \qquad (6.47)$$

当 $x = 0$，$y = 0$ 时，a_0 就是相应的平滑值，即

$$\overline{g}(0,0) = a_0$$

上式仍通过最小二乘法来确定 a_0 的值。下面列出了常用二次曲面平滑系数与取点方式，如表 6.7 和表 6.8 所示。

表 6.7　9 点二次曲面平滑系数与取点方式

取点方式				系数
$g(-1,-1)$	$g(1,-1)$	$g(1,1)$	$g(-1,1)$	-1/9
$g(-1,0)$	$g(0,-1)$	$g(1,0)$	$g(0,1)$	-1/9
$g(0,0)$				5/9

表 6.8　25 点二次曲面平滑系数与取点方式

取点方式				系数
$g(-2,-2)$	$g(2,-2)$	$g(2,2)$	$g(-2,2)$	-0.074 28
$g(-2,-1)$	$g(2,-1)$	$g(2,1)$	$g(-2,1)$	0.011 42
$g(-1,-2)$	$g(1,-2)$	$g(1,2)$	$g(-1,2)$	0.011 42
$g(-2,0)$	$g(0,-2)$	$g(2,0)$	$g(0,2)$	0.040 00
$g(-1,-1)$	$g(1,-1)$	$g(1,1)$	$g(-1,1)$	0.097 14
$g(-1,0)$	$g(0,-1)$	$g(1,0)$	$g(0,1)$	0.125 71
$g(0,0)$				0.154 28

研究表明，平滑公式的阶次和点数不同时，其平滑效果基本遵循以下规律：①当点数一定时，阶次越低所得到的结果会越平滑；②当阶次一定时，点数越多所得到的结果会越平滑；③使用不同阶次和不同点数的组合来处理同一剖面或平面资料时，有时可能会得到相似的平滑效果；④点数太多时工作量大，边缘信息损失多，对局部异常有削弱作用。

综上所述，在选择平滑点数和平滑公式时，应该考虑重力有效异常的范围和异常点以及对平滑的要求，在确保对有效异常解释的前提下对干扰进行压制，不能认为曲线越平滑越好。当平滑效果相似时，应利用点数比较少的公式，可节省计算量，以及减少两侧或四周点的损失。

本节采用高斯白噪声模拟重力测量的随机误差，并根据模拟所得的重力异常剖面曲线的形状及异常的边缘信息，分别采用有理数拟合法（rational number fitting method）、正弦曲线逼近法（sine curve approximation method）、平滑样条拟合法

（smooth spline fitting method）和傅里叶变换拟合法（Fourier transform fitting method）对在加入±5μGal 随机误差的理论重力异常模拟曲线（图 6.43）进行拟合和平滑处理，得到拟合曲线及其残差分布。

采用确定系数（R-square）和回归拟合标准差（root mean square error，RMSE）来评价拟合优度。R-square 系数为预测数据与原始数据均值之差的平方和除以原始数据与均值之差的平方和。R-square 值的变化范围为[0,1]，其值越大表明拟合程度越好。RMSE 系数为预测数据和原始数据对应点误差的平方和之均值的平方根。上述四种拟合方法的拟合优度参数如表 6.9 所示。

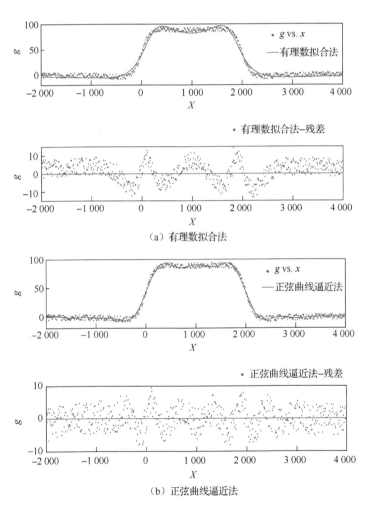

图 6.43　不同方法拟合的重力异常模拟曲线

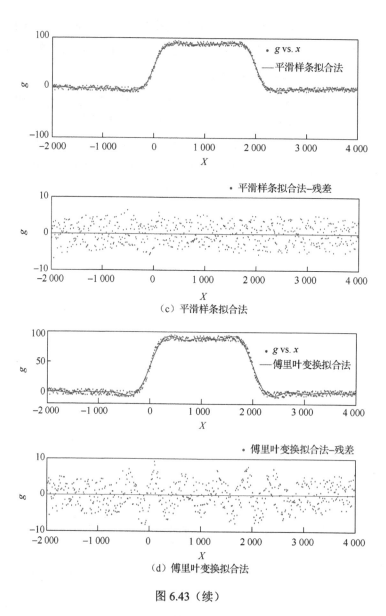

图 6.43（续）

表 6.9　四种拟合方法的拟合优度参数

拟合参数	拟合方法			
	有理数拟合法	正弦曲线逼近法	平滑样条拟合法	傅里叶变换拟合法
R-square	0.982 2	0.992 7	0.995 1	0.992 7
RMSE	5.463 3	3.526 1	2.937 0	3.517 7

图 6.44 示出加入±5μGal 随机误差的重力异常一阶差分曲线，表 6.9 示出拟合效果参数分析。由此可得，在加入±5μGal 随机误差情况下，采用平滑样条拟合法得到最佳拟合效果，傅里叶变换拟合法次之，正弦曲线逼近法和有理数拟合法效果最差。

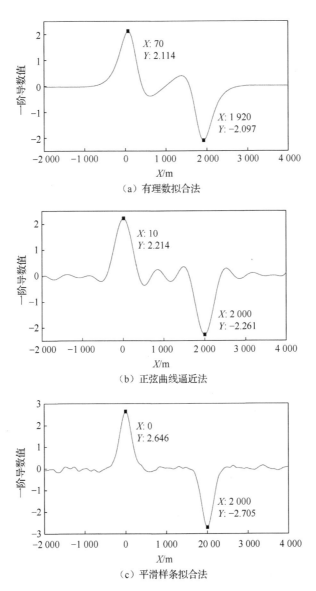

（a）有理数拟合法

（b）正弦曲线逼近法

（c）平滑样条拟合法

图 6.44 加入±5μGal 随机误差的重力异常一阶差分曲线

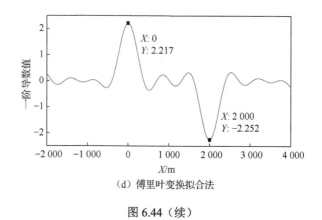

（d）傅里叶变换拟合法

图 6.44（续）

对比图 6.44 和图 6.42 可知，平滑样条拟合法、有理数拟合法和正弦曲线逼近法的一次差分曲线与没有随机误差的标准差分曲线相比，其峰值位置相差 10m，即在 ±5μGal 的随机误差影响下，若采用这三种方法获取一次差分曲线，其反演的采空区位置偏离正确位置 10m。傅里叶变换拟合法的一次差分曲线，其分布特征和峰值位置与图 6.42 一致。因此，对于模拟重力异常测量的数据，采用傅里叶变换拟合法具有较好的效果。

6.5　基于紧致差分格式的采空区边界反演

传统有限差分格式分为向前差分格式、向后差分格式和中心差分格式。它是基于泰勒公式推导的，主要具有以下两个缺点：用来逼近某一离散点处的偏导数的差分格式涉及的网格点数最少要比此差分格式截断误差的阶数大 1，这样要使用较高精度的差分格式就需要更多的数值边界条件；它的逼近精度依赖于格网的大小。

通常仅从截断误差上考虑，步长 h 的幂次越高，步长 h 越小，计算精度就越高。但从计算的稳定性上考虑，步长 h 越小，$f(x_i + h)$、$f(x_i)$、$f(x_i - h)$ 的值越接近，它们相减后的有效数字损失越严重。以中心差分公式（6.18）和式（6.19）为例，设 $f(x_i + h)$ 和 $f(x_i - h)$ 分别有舍入误差 ε_1 和 ε_2，计 $\varepsilon = \max\{|\varepsilon_1|, |\varepsilon_2|\}$，则数值计算 $f'(x_i)$ 产生的误差为

$$\delta(f'(x_i)) = |f'(x_i) - f'(x_i)| \leqslant \frac{|\varepsilon_1| + |\varepsilon_2|}{2h} \leqslant \frac{\varepsilon}{h} \tag{6.48}$$

随着 h 趋于零而变得越来越大，这是一个病态问题，因此在实际计算时，步

长 h 不宜过大，也不宜过小，需要综合考虑截断误差和数值稳定性这两个重要因素。

中心差分公式的舍入误差和截断误差之和的上界为

$$E(h) = \frac{\varepsilon}{h} + \frac{h^2}{6}M \tag{6.49}$$

其中

$$M = \max | f''(x) |$$

选择使 $E(h)$ 达到最小的最优步长[23]，即

$$h_{\text{opt}} = \sqrt[3]{3\varepsilon / M} \tag{6.50}$$

在 6.2 节中，由于所模拟的重力测量值不含有任何误差，即相当于存在解析函数的测量值，步长可以取到任意值，且不会影响到后续计算结果的精度，而在实际重力测量时，则需要事先综合测区的地形复杂程度、预算、人员、工作时间等因素设计好格网点的大小。当采用传统有限差分格式进行计算时，如果步长与网格大小不同，需要内插得到相应步长所对应的异常值，这样会进一步增加异常值所包含的误差源，对采空区的探测精度造成极大的影响，同时当传统的有限差分格式在步长较大时也会导致精度偏低，若要提高精度则需要增加网格点的数量。所以，对含有随机误差的重力异常数据进行处理解释时，需要构造更加高精度的差分格式。紧致差分格式[24-25]逼近算法因其波相位误差小、尺度分辨率高、截断误差系数小的特点被广泛应用于计算物理学中，而且采用相同大小的格网所构造出的紧致差分格式，比传统差分格式具有更高的精度，这对于后续在频率域中进行重力异常数据处理也有所补益。一般情况下，要达到四阶精度，就需要涉及 5 个空间节点，而使用紧致差分格式达到四阶精度则仅仅需要涉及 3 个空间节点，这就极大地简化了运算过程，有效提高了计算的精度[26-27]。

采用计算步长 $h=10\text{m}$ 的四阶紧致差分格式逼近算法对重力异常曲线进行差分处理。其基本算法如下：对于区间 $[a,b]$ 上的函数 $f(x)$ ，节点为 $x_1, x_2, \cdots, x_n$ ，步长 $h_i = x_i + 1 - x_i$ $(i = 1, 2, \cdots, n)$ 。节点处的函数值为 $f(i)$ ，一阶导数值为 $\mathrm{d}f(i)$ 。对于内点 x_i 采用四阶紧致差分逼近公式，对边界点使用 5 点拉格朗日插值型微分公式进行偏差逼近（ $i=1$ 和 $i=n$ 时），得到本节的四阶紧致差分反演模型满足：

$$\mathrm{d}f(i) = \begin{cases} -\dfrac{1}{12}[25f(i) - 48f(i+1) + 36f(i+2) - 16f(i+3) + 3f(i+4)], & i = 1 \\[2mm] \dfrac{3}{2}[t(i) - \dfrac{1}{3}df(i-1)], & i \in [2, n-1] \\[2mm] \dfrac{1}{12}[25f(i) - 48f(i-1) + 36f(i-2) - 16f(i-3) + 3f(i-4)], & i = n \end{cases}$$

$$\tag{6.51}$$

$$t(i) = \frac{5}{6}[f(i) - f(i-1)] + \frac{1}{6}[f(i+1) - f(i)] \quad i \in [2, n-1], n = \frac{b-a}{h}$$

式中：h 为步长。

为了探究存在测量误差情况下紧致差分格式的有效性，本节采用高斯白噪声来模拟测量仪器或其他随机误差。构建了四阶紧致差分反演模型分别对加入了 5～15μGal 随机误差的重力异常模拟数据进行差分求导，并与传统有限差分格式的处理结果进行对比研究。紧致差分格式与传统差分格式分别对含有 5μGal、10μGal、15μGal 随机误差的重力异常模拟数据进行差分求导的结果对比如图 6.45～图 6.47 所示。

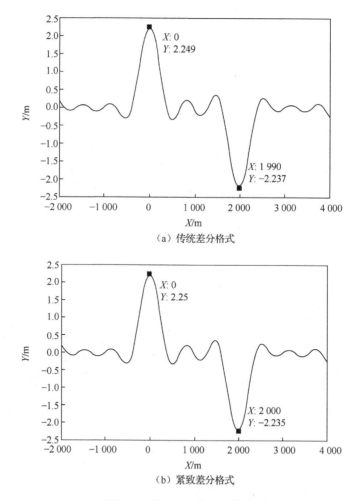

（a）传统差分格式

（b）紧致差分格式

图 6.45　在±5μGal 随机误差下紧致差分格式与传统差分格式处理结果对比

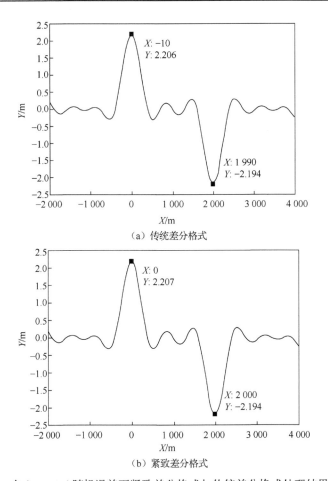

（a）传统差分格式

（b）紧致差分格式

图 6.46　在±10μGal 随机误差下紧致差分格式与传统差分格式处理结果的对比

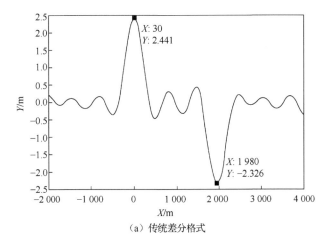

（a）传统差分格式

图 6.47　在±15μGal 随机误差下紧致差分格式与传统差分格式处理结果的对比

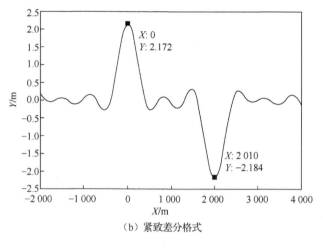

（b）紧致差分格式

图 6.47（续）

　　通过对比图 6.45～图 6.47 中四阶紧致差分反演模型和有限差分格式的处理结果发现：存在测量误差的情况下，相对于紧致差分格式的处理结果，有限差分格式得到的反演结果存在一定的计算误差（10～50m）已经不能满足高精度微重力测量探测采空区的需求，需要使用更加高精度的差分格式来进行数据处理。本节所构建的四阶紧致差分反演模型在 5～15μGal 随机误差范围内基本可以准确探测到采空区空洞的边界位置，为利用高精度重力测量探测采空区空洞边界提供了简单、快速、易行的方法。

　　为探讨随机误差对采空区边界位置反演效果的影响，将随机误差不断增大到 ±50μGal，通过上述方法得到空洞边界反演的最大位置偏差与随机测量误差的关系曲线，如图 6.48 所示。由图 6.48 可以看出，当测量随机误差超过 ±15μGal 时，所反演的空洞边界位置偏差达 ±10m，反演效果较差。

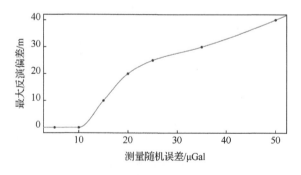

图 6.48　最大反演偏差与随机测量误差关系曲线

　　综上所述，当随机误差在 5～15μGal 时，使用本章所构建的反演模型可准确地反演出采空区空洞的边界位置，当测量随机误差超过 15μGal 时，所反演的效果较差。这一结果验证了高精度重力异常数据用于采空区位置变化反演在技术上的可行性。

参 考 文 献

[1] 郭讯, 戴君武. 采煤沉陷与断层相互作用引起地表建筑破坏特点分析[J]. 辽宁工程技术大学学报(自然科学版), 2006, 25(6): 851-854.

[2] 杜坤, 李夕兵, 刘伟科, 等. 采空区危险性评价的综合方法及工程应用[J]. 中南大学学报(自然科学版), 2011, 42(9): 2803-2804.

[3] 魏晓刚, 麻凤海, 刘书贤, 等. 煤矿采空区地震安全防护的若干问题[J]. 地震研究, 2016, 39(1): 151-152.

[4] 张宏贞. 长壁老采空区稳定性分析与应用研究[D]. 徐州: 中国矿业大学, 2005.

[5] 刘菁华, 王绪文, 朱士, 等. 煤矿采空区及塌陷区的地球物理探查[J]. 煤炭学报, 2005, 30(6): 716-717.

[6] 程久龙, 潘冬明, 李伟, 等. 强电磁干扰区灾害性采空区探地雷达精细探测研究[J]. 煤炭学报, 2010, 35(2): 227-228.

[7] 覃思, 程建远, 胡继武, 等. 煤矿采空区及巷道的井地联合地震超前勘探[J]. 煤炭学报, 2015, 40(3): 636-637.

[8] 姜志海, 杨光. 浅埋特厚煤层小窑采空区瞬变电磁探测技术研究及应用[J]. 采矿与安全工程学报, 2014, 31(5): 770-771.

[9] 李文. 煤矿采空区地面综合物探方法优化研究[J]. 煤炭科学技术, 2017, 45(1): 194-195.

[10] 付天光. 综合物探方法探测煤矿采空区及积水区技术研究[J]. 煤炭科学技术, 2014, 42(8): 90-91.

[11] 杨树流. 综合物探方法在大宝山矿采空区勘察中的应用效果探讨[J]. 工程地球物理学报, 2009, 6(2): 203-207.

[12] 梁建刚. 瞬变电磁勘察煤田采空区的可行性分析[D]. 长沙: 中南大学, 2009.

[13] 吴亮, 刘长弘, 王庆宾, 等. 重力异常对地下异常体边界的识别算法[J]. 测绘科学, 2015, 40(12): 34-35.

[14] SU Y J, LI Z C, MICHEL C, et al, New improved formulas for calculating gravity anomalies based on a cylinder model[J]. Journal of Applied Geophysics, 2012, 86(11): 36-43.

[15] 骆遥. 两种新的长方体重力场正演表达式及其理论推导[J]. 工程地球物理学报, 2008, 5(2): 211-212.

[16] ZUO B X, HU X Y. Edge detection of gravity field using eigenvalue analysis of gravity gradient tensor[J]. Journal of Applied Geophysics, 2015, 114(1): 263-270.

[17] WU H Y, LI L, XING C C, et al. A new method of edge detection based on the total horizontal derivative and the modulus of full tensor gravity gradient[J]. Journal of Applied Gephysics, 2017, 139(1): 239-245.

[18] 何国清, 杨伦, 凌赓娣, 等. 矿山开采沉陷学[M]. 徐州: 中国矿业大学出版社, 1991.

[19] 邓永和. 改进的整体最小二乘法在平面坐标变换中的应用[J]. 大地测量与地球动力学, 2016, 36(2): 162-166.

[20] 杨仕平, 范东明, 龙玉春. 基于整体最小二乘法的任意旋转角度三维坐标转换[J]. 大地测量学与地球动力学. 2013, 33(2): 115-116.

[21] 邓友茂, 王振亮, 丁卫忠. CG-5重力仪零漂稳定性评估[J]. 大地测量与地球动力学, 2018, 38(11): 1207-1210.

[22] 玄松柏, 汪健, 李杰, 等. 新一代 CG-6 重力仪性能分析[J]. 大地测量与地球动力学, 2018, 38(1): 5-7.

[23] 张卫国, 龙熙华, 李占利. 数值计算方法[M]. 西安: 西安电子科技大学出版社, 2014.

[24] 孙建安, 贾伟, 吴广智. 一种非均匀格网上的高精度精致差分格式[J]. 西北师范大学学报(自然科学版), 2014, 50(4): 31-33.

[25] 李佳, 罗纪生. 一阶、二阶导数耦合的紧致差分格式及其应用[J]. 计算机工程与应用, 2012, 48(1): 13-15.

[26] 王芳芳. 紧致差分格式的理论及其分析[D]. 沈阳: 东北大学, 2010.

[27] 傅德薰, 马延文. 计算流体力学[M]. 北京: 高等教育出版社, 2002.

第七章　西部矿区采动地表变形损害机理

7.1　开采沉陷中的土岩耦合效应

黄土矿区煤层覆岩的物理力学强度明显高于地表黄土层。两种不同性质的基岩和土层在开采沉陷机理上存在显著差别,而地表开采沉陷信息实质上是基岩的沉陷变形和黄土层的沉陷变形共同影响的结果。为了揭示煤层上覆基岩与黄土层在采煤沉陷过程中的相互作用机制,将黄土覆盖矿区的开采沉陷模型进行分解,根据开采沉陷原理划分基岩沉陷状态,确定黄土层自重对基岩沉陷的荷载作用关系,分析基岩沉降引起的土体附加应力与变形分布特征。

长期以来,学术界主要关注和研究地表的移动变形,对于地层内部移动规律的研究很少。在表土层厚度很小的情况下,基岩层的沉陷对地表起着绝对控制作用,因此可以认为地表沉陷变形等同于基岩的沉陷变形,常规的开采沉陷研究实质上是利用地表观测资料来建立适用于基岩层的移动模型。在表土层厚度很小的矿区,这种简化符合实际情形。

黄土覆盖矿区基岩的沉陷随开采空间的扩展而发展,上覆黄土层随基岩面不均匀沉降动态扩展而发展。两种介质的移动变形在时间和空间上都是一个由下(基岩)向上(土体)传递开采影响并扩散的复杂过程。对于研究地表沉陷而言,开采沉陷影响存在于传递过程的任一时刻,两种不同介质的耦合作用机制随着开采时间和空间位置的变化而改变。借鉴现有的开采沉陷理论和现代土力学原理,按以下原则建立黄土覆盖矿区开采沉陷的分解模型。

(1)将基岩沉陷视为地下开挖和上覆黄土层荷载共同作用的结果。在基岩开采沉陷研究中,上覆黄土层对基岩的影响被简化为作用于基岩面(本书将基岩与土层交接面简称为基岩面)上的垂直荷载。在基岩开采沉陷的不同阶段,上覆黄土层荷载的作用机制也是不同的。黄土覆盖条件下的基岩开采沉陷与无表土层(或不考虑表土层影响)的岩层开采沉陷的差别在于前者施加于基岩面一个随开采影响程度而变化的垂直荷载作用。

(2)将黄土层的开采沉陷变形视为基岩面动态不均匀沉陷在土层中影响传递的结果。基岩面的不均匀沉降可视为服从特定分布的"开挖空源"(等效于开挖不等厚度的煤层),该"开挖空源"在土层中向上传递至地表过程中,在空间上的扩展符合随机介质理论的概率积分原理。将基岩面不均匀沉陷引起的地表沉陷变形称之为黄土层开采沉陷变形。

（3）黄土层在失去下卧支撑及其自重力作用下产生弯曲变形的过程中，其引起应力场重新分布而产生的附加应力，称为采动附加应力。在这种附加应力作用下，土体将会产生明显的体积变化。按照土力学的基本原理，采动附加应力会引起土体单元有效应力变化，导致饱和黄土的排水固结变形与非饱和黄土骨架的体积变形。将上述变形称为采动土体单元附加体积变形，这是土层介质不同于岩层的重要特性。

（4）将动态的开采沉陷简化为不同开采空间所对应的稳态开采沉陷问题。将地下采煤对黄土层地表沉陷的影响，简化为基岩面上动态不均匀沉降在土层中传递扩散导致的地表开采沉陷变形，以及在此过程中引起的土体单元附加体积变形两者的叠加。基岩面沉降的形态特征取决于开采强度、基岩特征及黄土层荷载影响，可根据现有的岩层控制理论和随机介质理论确定。黄土层开采沉陷变形取决于基岩面的不均匀沉降及在土层中的扩散特征，可借助现有的随机介质理论原理解决。采动土体单元的附加体积变形可利用现代土力学原理解决。

（5）根据已知的地表移动和基岩面下沉的边界条件，可导出地表沉陷与变形计算的数学模型，其中将基岩面的不均匀沉降和采动土体单元的固结变形均视为"开挖空源"，地表沉陷变形则视为上述"开挖空源"在土层中影响传递的结果，利用随机介质理论来解决。

综上所述，黄土覆盖矿区的基岩开采沉陷，等效于在不考虑表土层的常规采煤沉陷模型上施加一外部荷载的情形。因此，只要确定黄土层对基岩的等效荷载 q，并掌握外部荷载对岩层沉陷的影响规律，即可将现有的开采沉陷研究成果应用于黄土覆盖矿区的基岩开采沉陷中。将基岩不均匀开采沉陷曲面函数 $w_j(x)$ 视为厚度变化的采空区域，地表沉陷曲面（函数）$w(x)$ 是在基岩（顶）面不均匀沉降及土层自重作用下产生的。地下采煤及基岩层本身对黄土层地表沉陷的影响，等效于基岩面沉降在土层中的影响传递及在此过程中土体单元本身产生的附加体积变形两者的叠加。根据这一原理建立黄土覆盖矿区开采沉陷模型，如图 7.1（a）、（b）所示。

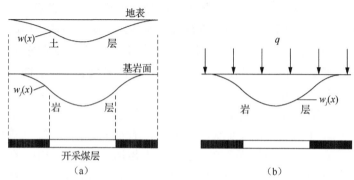

图 7.1　土岩双层介质开采沉陷模型

7.2　黄土层对基岩开采沉陷的荷载作用

7.2.1　土层对基岩开采沉陷的荷载效应

现有文献一般将土层按其自重静荷载施加于基岩层上，这种简化对松散沙层或软黏土层来说是基本合理的[1]。对于具有凝聚力及在一定程度上抗拉、抗弯强度的结构性黄土而言，在失去基岩下卧支撑而产生的弯曲使整体结构破坏之前，将形成"拱"效应[2]，部分自重应力转移至两侧支撑岩体上，使得基岩面上承受的实际荷载远小于上覆土层的自重荷载。为了揭示黄土层对基岩开采沉陷的这种荷载变化效应，以彬长大佛寺煤矿为试验区采取黄土试样，按照其地质采矿条件建立基准模型。模型的开挖宽度为 150m，开挖厚度为 6m，基岩厚度为 267m，黄土层厚度为 125m。利用 FLAC 软件进行模拟分析。在计算中保持基岩面最大下沉量相等，以直接荷载 q 替代黄土层自重作用。将 q 称为施加于基岩面的黄土层等效荷载 [图 7.1（b）]，将 q 与黄土层自重荷载 q_0 的比值定义为等效荷载系数 K（即 $K = q/q_0$）；将煤层开挖宽度 l_y 与基岩厚度 H_j 的比值定义为宽深比 λ（即 $\lambda = l_y/H_j$，基准模型 $\lambda = 0.56$）。根据模拟计算结果绘出等效荷载系数 K 与黄土层厚度 H_t 的关系曲线（图 7.2），以及等效荷载系数 K 与宽深比 λ 的关系曲线（图 7.3），其特征如下。

（1）黄土层作用于基岩面的等效荷载一般小于其自重荷载。当黄土层的力学强度越低且厚度越小时，其等效荷载系数越接近于 1.0。

（2）等效荷载系数 K 主要受宽深比 λ 所控制。黄土层的荷载效应随着宽深比（或称为开采充分程度）的增大而变大。当宽深比很小即基岩沉陷处于极不充分状态时，等效荷载系数也很小（$K \leqslant 0.5$）；当宽深比很大（大于 1.4）即基岩下沉达到充分状态时，K 接近为 1.0，表示黄土层自重几乎全部以荷载形式作用于基岩面上。当 $0.35 < \lambda \leqslant 1.4$，即基岩处于非充分沉陷状态时，荷载效应与开挖宽深比近似呈线性关系。据此构建黄土层等效荷载 q 与宽深比 λ、黄土层自重荷载 q_0 的函数关系为

$$\begin{cases} q = 0.5q_0, & \lambda \leqslant 0.35 \\ q = (0.33 + 0.48\lambda)q_0, & 0.35 < \lambda \leqslant 1.4 \\ q = q_0, & \lambda \geqslant 1.4 \end{cases} \qquad (7.1)$$

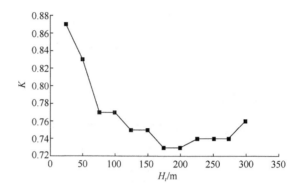

图 7.2　等效荷载系数 K 与黄土层厚度 H_t 的关系曲线

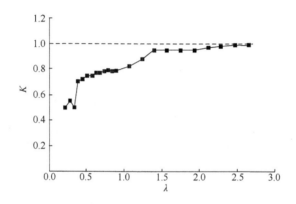

图 7.3　等效荷载系数 K 与宽深比 λ 的关系曲线

　　根据开采宽度和基岩厚度之比 λ 以及黄土层自重荷载 q_0，参照式（7.1）确定黄土层等效荷载 q。

7.2.2　基岩沉陷引起的黄土层附加应力与变形

　　1. 基岩沉陷引起的土层附加应力分布

　　土层中的应力包括自重应力和附加应力。黄土层受基岩沉陷影响产生附加应力，这是导致土体单元产生变形的原因。利用以上基准计算模型，模拟计算开挖前、后的应力场。将同一单元开挖后的应力减去其原始应力得到附加应力，并计算出垂直方向 z 和水平方向 x 的附加应力与相应原始应力的比值，表示为附加应力相对增量 μ_z、μ_x。不同土层深度 z 的附加应力相对增量随采空区相对位置 x（$x=0$ 对应为采空区正上方）变化的曲线分别如图 7.4 和图 7.5 所示。

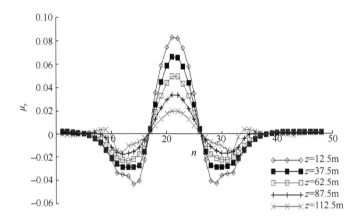

图 7.4 不同深度土层的 μ_z 变化曲线

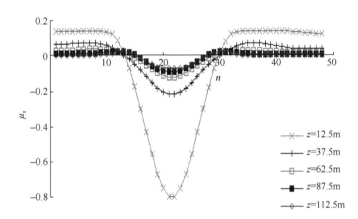

图 7.5 不同深度土层的 μ_x 变化曲线

分析表明，黄土层中垂直附加应力在煤柱上方为压缩应力，在采空区上方为拉伸应力，其相对增量 μ_z 随深度 z 的增加而变大，最大超过 0.08（即 8%），表明深部黄土层的垂直附加应力增量较明显，是黄土层产生垂直变形的主要原因。在地表附近的垂直附加应力很小，几乎可以忽略。

黄土层中水平附加应力在煤柱上方为拉伸应力，在采空区上方为压缩应力。其相对增量在地表附近达到最大，煤柱上方最大拉伸应力相对增量接近 20%，采空区上方最大压缩应力相对增量接近 80%。这表明，近地表土层的变形特征由水平向附加应力所控制。随着黄土层深度的增加，水平向附加应力相对增量变小。

附加应力相对增量的极值出现在采空区边界附近的煤柱上方以及采空区中央

上方。但应指出的是，在工作面开挖的动态过程中，黄土层附加应力集中的位置也是交替变化的，这种应力的变化是导致地表附近土层产生变形的根源。

2. 基岩沉陷引起的土层附加变形分布

在模拟计算中，根据所获取的不同位置黄土层竖向变形 ε_z 和水平向变形 ε_x，绘出距地表 z=12.5m、62.5m、112.5m 不同深度处，黄土层附加变形 ε_z、ε_x 随采空区相对位置 x（x=0 对应为采空区正上方）变化的曲线，如图 7.6 和图 7.7 所示。

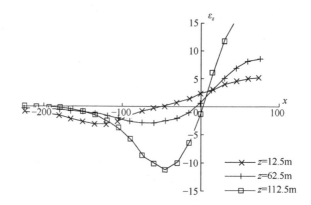

图 7.6　不同深度土层的 ε_z 变化曲线

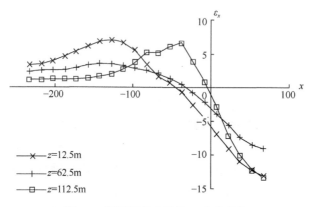

图 7.7　不同深度土层的 ε_x 变化曲线

图 7.6 中不同深度处土层中的竖向变形范围不同。在地表附近的竖向变形范围最大，表明地表附近土层移动影响范围大于深部和岩层。在煤柱上方土层受竖向压缩变形，在采空区上方受竖向拉伸变形。

图 7.7 中不同深度处土层中的水平变形范围不同。在地表附近的水平变形范围达到最大；在煤柱上方土层受水平拉伸变形，尤其是在地表移动边缘区域存在

较大的水平拉伸变形。在采空区上方受水平压缩变形，水平变形的零点（曲线拐点）随深度的增加而向采空区中心方向偏移。对比竖向变形曲线（图7.6）可知，地表移动边缘区域的水平拉伸变形范围明显大于竖向变形范围，水平拉伸变形量显著大于相应的竖向压缩变形量，这表明地表附近的土层水平向和竖直向的变形量差距很大。

对于二维平面应变计算模型，土体单元体积变形即为单元体在水平方向和竖向方向应变之和，即

$$\varepsilon_v = \varepsilon_x + \varepsilon_z$$

定义拉伸变形为正。当体积变形 ε_v 为正时，表示单元产生体积膨胀；ε_v 为负时，表示单元产生体积压缩。根据各单元竖向变形与水平变形值计算土体单元体积变形值，绘出不同深度 z=12.5m、62.5m、112.5m 处土层的体积变形随采空区相对位置 x 的变化曲线，不同深度土体单元的体积变形如图7.8所示。

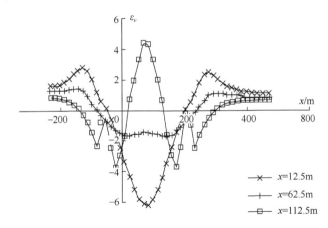

图7.8　不同深度土体单元的体积变形

煤柱上方土体单元产生明显的体积膨胀，地表附近的土体单元体积膨胀最大，随着深度的增加而减小。由于煤柱上方土层处于水平拉伸和竖直压缩变形状态，而水平向拉伸变形大于竖向压缩变形，导致体积膨胀。这种由水平向拉伸变形主导的体积膨胀，是引起地表裂缝并导致黄土层整体性破坏及结构强度降低的原因。

采空区上方地表土体单元产生明显的体积压缩，随深度的增加逐步转为体积膨胀。由于采空区上方地表土层的水平向压缩变形大于其竖向拉伸变形，导致体积压缩；而在土层下部水平向压缩变形减小，转化为以竖向拉伸变形为主导，导致土体单元体积膨胀。在地表附近，土体单元变形由水平向变形所主导，其体积变形与水平变形及竖直变形的分布特征基本相同。

7.2.3　开采充分程度对土岩沉陷的影响

以下沉系数描述黄土层与基岩的沉陷特征,以开采宽深比表示开采充分程度。提取基准计算模型中基岩面及黄土层地表的最大下沉量,将基岩最大下沉量与开采厚度之比及地表最大下沉量与基岩最大下沉量之比,分别定义为基岩下沉系数与土层下沉系数。绘出土层下沉系数和基岩下沉系数随开采宽深比λ变化的关系曲线,如图7.9所示。

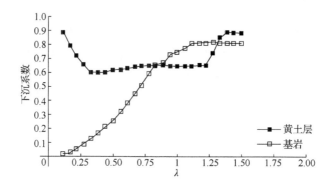

图7.9　土层及基岩下沉系数随开采宽深比λ的关系曲线

图7.9中所反映的主要特征如下。

(1)基岩下沉系数与宽深比λ呈正相关,当宽深比达到1.1后,下沉系数基本稳定在0.81,小于相应的土层下沉系数。

(2)在宽深比λ较小的阶段,随着采动程度的增加,土层下沉系数反而在减小。这表明,在开采初期黄土层整体性未破坏之前,黄土层的结构强度仍在发生作用,使得地表下沉远小于基岩下沉量;当开采宽深比λ在 0.35~1.20 时,土层下沉系数基本保持在 0.65 左右,此阶段基岩为断裂式下沉,黄土层的整体性尚未完全破坏,土层中的竖向变形保持基本稳定;当宽深比λ>1.2 时,土层下沉系数明显增大至 0.89 左右,此阶段基岩面达到充分下沉,黄土层的整体性完全破坏,土层中的竖向变形很小。土层下沉系数均小于 1.0,说明黄土层对基岩沉陷具有"减缓"作用。

(3)在宽深比λ很小和很大的开采初始阶段和充分开采阶段,土层下沉系数明显大于基岩下沉系数,这反映了土层强度较低、具有随基岩面一起移动且易于压实的特性。当宽深比λ处于中间状态时,土层的下沉系数小于基岩,则说明在黄土层的整体性破坏以前还存在一定的结构强度。

综上分析,在西部黄土矿区土、岩复合介质的开采沉陷模型中,基岩层的沉

陷与开采充分程度（宽深比λ）和上覆土层荷载作用（有效荷载 q）之间存在复杂
的耦合关系，采动基岩的不均匀沉陷导致黄土层中产生附加应力。黄土层中附加
竖向应力在地表附近接近于零，随着深度的增加而变大，是导致黄土层产生竖向
变形和下沉衰减的主要原因；黄土层中附加水平应力相对增量在地表附近达到最
大，地表附加水平应力相对增量远远大于竖直方向，地表变形特征是由附加水平
应力所控制。

　　采动黄土层产生显著的体积变形。在地表附近土体单元变形由水平向变形所
主导，其体积变形与水平变形及竖向变形具有相同的分布特征，三者的最大值发
生在同一位置，这一特征揭示了西部黄土覆盖矿区地表沉陷变形的特殊性。

7.3　采动土体渗透固结变形机理

　　西部矿区的黄土层在基岩沉降影响下产生开采沉陷变形的同时，因土体单元
的饱和状态与应力状态改变而产生明显的附加变形。本节利用土力学理论分析采
动黄土层固结变形机理。

7.3.1　采动引起的地下水流场变化

　　采动土体渗透固结变形是导致饱和黄土层采动附加变形的主要原因，土体渗
透与地下水流场变化特征密切相关。在厚黄土层矿区开采条件下，地下水的变化
主要取决于覆岩变形破坏类型，可分为以下几种情况。

　　（1）在覆岩存在"三带"特征的开采条件下，若上覆隔水层位于冒落带时，
其隔水性将会完全被破坏；当隔水层位于裂缝带内时，其破坏程度由导水裂缝带
的下部向上部逐渐减弱；当隔水层位于上覆岩层的弯曲带下部时，其隔水性可能
受到微小影响，但不会起到导水的作用；若隔水层位于覆岩弯曲带上部时，由于
弯曲下沉带内的离层裂隙或地表裂缝一般不会与导水裂隙带贯通，开采对地表水
体或黄土水层的影响很小。

　　（2）在覆岩属于"断陷"型的开采条件下，基岩裂隙带内的岩层透水能力显
著增大。当冒落带裂缝带未波及地表水体或黄土层中的含水层底部时，一般不会
发生大量的水渗入井下；当黄土层隔水性能较差时，开采将导致土层受到较大拉
伸变形而出现裂缝，使隔水层的透水能力明显增强，加大地表水体或含水层中水
的渗漏；当基岩与黄土层中形成贯通裂缝，将导致地下水流入井下采空区。但随
着开采范围的扩大，导水裂缝带高度将基本保持不变，且一部分动态裂隙会逐渐
闭合，将限制地表水体或松散含水层中的地下水渗漏。

　　（3）在覆岩属于"切冒"型开采条件下，冒落带将直接波及基岩顶部，上覆

厚黄土层产生切冒式塌陷，地表水体或地下含水层中的水体将与井下直接贯通，可能造成透水事故。

综上所述，开采引起地下水的破坏，主要视基岩变形破坏模式及冒落裂隙带是否切穿隔水层而定。在弯曲下沉带内地下水渗透能力较小；在导水裂隙带内尤其是在下部，地下水渗透能力增大；在冒落带内，由于冒落岩块之间空隙连通性好，是地下水流入井下的通道，地下水将直接流入井下。当采动黄土层剪切破坏区与基岩导水裂隙带贯通时，饱和黄土层中的地下水将大量流失，导致土层中的地下水位下降。

7.3.2　饱和土的渗透固结理论

土体固结变形是随孔隙水渗透排出时孔隙水压力 u_w 转化为有效应力 σ' 的动态过程。描述这种渗透固结变形的经典理论主要有太沙基（Terzaghi）一维固结理论和比奥（Biot）三维固结理论等[3]。

1. 太沙基一维固结理论

太沙基对均质饱和土作出以下假设条件。

（1）土层压缩和排水仅沿一个方向发生。

（2）土颗粒和孔隙水不可压缩，土体单元的压缩速率取决于孔隙水的排出速度。

（3）土的压缩符合压缩定律，且固结过程中压缩系数和体积变化系数 m_v 为常量。

（4）在固结过程中产生的应变为小变形且连续，土骨架的变形符合弹性理论。孔隙水的流动符合达西（Darcy）定律，且固结过程中渗透系数 k_s 保持常数。

太沙基将饱和土的本构方程和流动定理结合起来，通过使用体积变化系数 m_v 这一土性指标，用本构方程描述应力状态变化与土结构变形之间的关系，用有效应力 $(\sigma - u)$ 作为应力变量来描述饱和土的性状，用达西定律来描述固结过程中水的流动特征，建立经典的一维固结理论，其固结方程为

$$\frac{\partial u_w}{\partial t} = C_v \cdot \frac{\partial^2 u_w}{\partial z^2} \tag{7.2}$$

其中

$$C_v = k_s / (\rho_w g m_v)$$

式中：C_v 为固结系数；k_s 为饱和状态下（饱和度 $s=100\%$）的渗透系数；ρ_w 为水的密度；g 为重力加速度；m_v 为饱和土的体积变化系数。

式（7.2）描述了固结过程中孔隙水压力 u_w 随深度和时间的变化规律。孔隙水

压力的变化引起有效应力$(\sigma - u_w)$的变化。对于采动附加应力（三向应力的平均值），作用在饱和土上产生超静孔隙水压力$\Delta u_w = \sigma_m$，随着渗透排水的发生，超静孔隙水压力Δu_w逐渐消失，使有效应力$\sigma' = \sigma - u_w$增大，土骨架发生变形，产生体积应变。

2. 比奥三维固结理论

比奥在太沙基理论的基础上，考虑土骨架和孔隙水的相互作用，建立了严格的饱和土体渗透固结理论。设u_x、u_y、u_z为土骨架微分体的位移分量，w_x、w_y、w_z为微分体中液相的位移分量，其土体单元的平衡状态如图7.10所示。

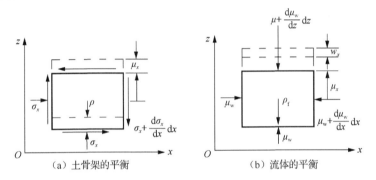

（a）土骨架的平衡　　　　　　　　（b）流体的平衡

图7.10　土体单元的平衡状态

根据土结构和孔隙流体的平衡方程及连续条件与有效应力原理，可导出渗透系数为常数的线弹性介质的动力固结方程。对于静力问题和不可压缩流体，其渗透固结方程为

$$\frac{\partial^2 u_x}{\partial x^2} + \frac{\partial^2 u_y}{\partial y^2} + \frac{\partial^2 u_z}{\partial z^2} = -\frac{\rho_f g}{k} \frac{\partial \varepsilon_v}{\partial t} \tag{7.3}$$

式中：$\varepsilon_v = -\left(\dfrac{\partial u_x}{\partial x} + \dfrac{\partial u_y}{\partial y} + \dfrac{\partial u_z}{\partial z}\right)$，为体应变。设土的压缩公式为$\varepsilon_v = m_v(\sigma_m - u_m)$，上式可进一步改为

$$\frac{\partial^2 u_x}{\partial x^2} + \frac{\partial^2 u_y}{\partial y^2} + \frac{\partial^2 u_z}{\partial z^2} = -C_v(\sigma_m - u_m) \tag{7.4}$$

式中：$C_v = \rho_f g m_v / k$，为固结系数。当总应力σ_m不变时，即得下列太沙基-伦杜利克（Terzaghi-Rendulic）扩散方程：

$$\frac{\partial^2 u_x}{\partial x^2} + \frac{\partial^2 u_y}{\partial y^2} + \frac{\partial^2 u_z}{\partial z^2} = C_v \cdot \frac{\partial u_m}{\partial t} \tag{7.5}$$

上式的一维表达式即为太沙基一维固结方程。上式中只有一个变量 u_w，可以不依赖土体变形而由边界条件来独立求解。

对于饱和黄土的静力固结问题，考虑到 $\varepsilon_v = -\left(\dfrac{\partial u_x}{\partial x} + \dfrac{\partial u_y}{\partial y} + \dfrac{\partial u_z}{\partial z} \right)$，式（7.5）可写为

$$\frac{k}{\rho_f g} \nabla^2 u_w = \frac{\partial \varepsilon_v}{\partial t} \tag{7.6}$$

$$\begin{cases} G\nabla^2 u_x - G\dfrac{1}{1-2v} \cdot \dfrac{\partial \varepsilon_v}{\partial x} - \dfrac{\partial u_w}{\partial x} = 0 \\[2mm] G\nabla^2 u_y - G\dfrac{1}{1-2v} \cdot \dfrac{\partial \varepsilon_v}{\partial y} - \dfrac{\partial u_w}{\partial y} = 0 \\[2mm] G\nabla^2 u_z - G\dfrac{1}{1-2v} \cdot \dfrac{\partial \varepsilon_v}{\partial z} - \dfrac{\partial u_w}{\partial z} = \rho g \end{cases} \tag{7.7}$$

把后面三式分别乘以 $\dfrac{\partial}{\partial x}$，$\dfrac{\partial}{\partial y}$ 和 $\dfrac{\partial}{\partial z}$，相加后可得

$$\nabla^2 u_w = -2G\frac{1-v}{1-2v}\nabla^2 \varepsilon_v \tag{7.8}$$

代入式（7.7）后可得

$$\overline{C}_v \nabla^2 \varepsilon_v = \frac{\partial \varepsilon_v}{\partial t} \tag{7.9}$$

或者考虑到 $\varepsilon_v = C_v \cdot \sigma_m'$，上式可变为

$$\overline{C}_v \nabla^2 \sigma_m' = \frac{\partial \sigma_m'}{\partial t} \tag{7.10}$$

其中

$$\overline{C}_v = kG(1-\mu)/(1-2\mu)\rho_f g$$

式（7.9）和式（7.10）均为扩散方程，可按边界条件求解。把解算出的 ε_v 代入式（7.8）中，即可得孔隙压力 u_w，再把 ε_v、u_w 代入式（7.6），即可得位移 u_x、u_y、u_z。上述过程必须采用数值方法解算。

7.3.3 饱和土体单元采动固结变形机理

地下水位以下的饱和黄土层，是由固相的土颗粒和液相的孔隙水组成的两相介质，土体所受的自重应力由土颗粒和孔隙水共同承担。土层在基岩面不均匀沉

陷作用下产生下沉弯曲及附加应力 $\Delta\sigma_z$、$\Delta\sigma_x$、$\Delta\sigma_y$。假定饱和土体单元在附加应力作用的瞬间尚未产生渗透排水，则由有效应力原理可知，附加应力作用引起孔隙水压力的增量 $\Delta u_w = \Delta\sigma_m = (\Delta\sigma_x + \Delta\sigma_y + \Delta\sigma_z)/3$，可称之为超静孔隙水压力。在不产生孔隙排水的条件下，由于采动附加应力的绝对值远小于单元体的原始应力，且饱和土体单元的有效应力增量部分很小，不足以引起单元土结构的附加变形。但是在附加应力作用下，具有一定渗透性的饱和黄土将产生渗透固结变形，若土体中的渗透特性保持常数，则土体单元的渗透固结变形随时间的变化可按太沙基或比奥理论求解。其边界条件为初始时刻 $t = 0$ 时，在不排水条件下，单元体有效附加应力为零，在 t 趋于无穷大时，采动附加应力和自重应力全部转化为有效应力。渗透固结的动态过程则由上述固结微分方程解算。

由于开采沉陷中采空区的发展是一个随时间变化的动态过程，基岩面的不均匀沉陷引起的土体单元变形同样经历着复杂的动态变化，饱和土体单元的渗透性不可能保持不变，这种渗透性改变加剧了孔隙水的排出，导致孔隙压力逐渐减小乃至消失，而土体单元的有效应力则不断增加，引起土骨架的变形及单元体积变形。因此，开采沉陷变形引起的土体渗透性改变是导致饱和土单元固结变形的主要原因，而单元体瞬间的附加应力引起的渗透固结则较为次要。

从宏观上看，在黄土覆盖矿区，当开采引起土体变形或裂隙导致饱和土层中的地下水流失，造成地下水位下降后，土体中的孔隙水被排出，孔隙水所承担的应力减小，土粒所承担的应力增大，即土粒的有效应力增加，从而使土体产生固结压密。在地下水位下降范围内土骨架的压密"空隙"向上传递影响至地表，从而在地表产生附加的沉降变形，并与开采沉陷变形相叠加。在这一过程中，饱和土所受的采动附加应力的影响很小。因此，对于饱和土体单元体积变形，本节主要研究地下水位下降引起的土层固结变形及其对地表沉陷的附加影响。

7.3.4　近地表非饱和土体单元体积变形机理

非饱和土的有效应力与孔隙气压力和负孔隙水压力及含水量（饱和度）有关。对于近地表饱和度较低的非饱和黄土层，土体单元中的孔隙气压力 u_a 可视为常数（标准大气压），其孔隙水压力 u_w 为负，基质吸力为 $u_a - u_w$，主要与土体含水量有关。采动附加应力 $\Delta\sigma_z$、$\Delta\sigma_x$、$\Delta\sigma_y$ 可视为有效应力直接作用于土体单元，使土骨架产生变形，导致单元体积应变。非饱和土体单元体积变形与附加应力的关系可用下式描述[4]：

$$\mathrm{d}\varepsilon_v = 3\left(\frac{1-2\mu}{E}\right)\mathrm{d}(\sigma_m - u_a) + \frac{3}{H}\mathrm{d}(u_a - u_w) \tag{7.11}$$

由式（7.11）可知，若将孔隙气压力视为常数，则单元体积应变的增量与平均法向应力增量$d\sigma_m$成正比。在近地表黄土层中，土体单元的自重应力中垂直应力远大于水平向应力，而在近地表附近采动黄土层弯曲导致的水平向附加应力远大于垂直向附加应力，因而近地表土体单元的平均法向应力增量由水平向应力增量所主导。当单元体水平应力增量为负时，产生水平向拉伸变形，体积变形增量为负，产生体积膨胀；反之，则产生体积压缩。按照开采沉陷学理论，在煤柱上方为拉伸变形带，在采空区上方过渡为压缩变形带，则土体单元的水平向应力增量由负过渡为正，其体积变形也由负过渡为正，单元体积由膨胀转为压缩。这表明，在地表附近的非饱和黄土层中，土体单元体积变形在分布特征上主要受开采沉陷引起的水平变形所控制。这种开采沉陷变形（或者说土层下沉弯曲变形）引起的附加体积变形，导致了近地表土层水平变形不符合随机介质理论关于采动单元体积不变的假设。

非饱和土体单元的吸力（$u_a - u_w$）改变也是导致体积变形的重要因素。吸力增大时体积变形增大。因此，当采动过程中地下水位下降，造成非饱和土体中的负孔隙水压力增大时，土体单元的体积变形也会增大。因此，就开采沉陷对土体单元体积变形的影响而言，离地表越近、饱和度越低的土体单元在相同的采动影响下其体积变形也会越大，近地表土体单元的体积变形一般大于黄土层深部。

因此，地表附近的非饱和土体单元的水平向变形，可以分解为开采沉陷变形（指按随机介质理论计算的单元体竖直变形或水平变形）与单元体积变形。数值分析和模型试验结果表明，采动土体单元的竖直变形、水平变形和体积变形三者之间具有相同的分布特征。

7.4　采动土体单元破坏准则与开裂机理

采动土体单元在下沉弯曲过程中产生附加应力及变形，当应力作用超过其强度时，将产生破坏。土体是复杂的多相介质，土的强度理论有多种，就其破坏准则（即土体破坏时的应力状态表达式）而言，莫尔-库仑强度理论仍被土力学界所公认。

7.4.1　黄土体的强度理论

试验表明，黄土层的抗剪强度与法向应力的关系可用库仑定律表示。其抗剪强度不仅与黄土的性状有关，还与试验时的排水条件、剪切速率、应力路径与应力历史等因素有关，其中排水条件的影响最显著。

1. 饱和黄土的强度理论

根据太沙基有效应力原理，饱和土体的抗剪强度与有效应力存在唯一对应关

系。利用莫尔-库仑破坏准则和有效应力原理，饱和土体的抗剪强度可表示[5]为

$$\tau_f = c' + \sigma' \tan \varphi' \tag{7.12}$$

式中：τ_f 为土的抗剪强度；c' 为有效凝聚力；σ' 为剪切破坏面上的法向有效应力，$\sigma' = \sigma - u_w$；φ' 为有效内摩擦角。

式（7.12）描述了 τ_f 与 σ' 之间的线性关系。当法向应力 σ' 较高或存在小主应力时，τ_f 与 σ' 之间的函数关系 $\tau_f = f(\sigma')$ 可近似使用莫尔应力圆包线来表示，土体单元的莫尔应力圆与库仑典型强度包线如图 7.11 所示。黄土具有结构强度和应变软化特性，其典型强度包线如图 7.12 所示。

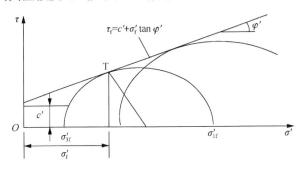

图 7.11 土体单元的莫尔应力圆与库仑典型强度包线

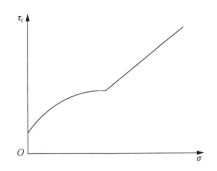

图 7.12 黄土的典型强度包线

在围压较小时，土体结构强度会发生作用。围压增大到一定程度时，结构强度遭到破坏，抗剪强度反而有所降低，围压继续增大，土体显著压密，抗剪强度又开始增大。

2. 非饱和黄土的强度理论

非饱和黄土的抗剪强度可由下式确定：

$$\tau_f = c + (\sigma - u_a) \cdot \tan \varphi + f(u_a - u_w) \tag{7.13}$$

其抗剪强度分为三部分。第一项为凝聚力，第二项为摩擦力，这两项与饱和黄土的处理方法相同。第三项表示由于吸力作用而产生的附加摩擦强度，也有文献称为表观凝聚力或吸附强度。该项强度与非饱和土空隙中的空气压力及负孔隙水压力两者差值（称为基质吸力）$(u_a - u_w)$ 有关。式（7.13）中，f 随土体含水量和摩擦角 φ 而变化。几个适用于黄土的有代表性的强度公式如下：

1）毕肖普（Bishop）公式

$$\tau_f = c + (\sigma - u_a)\tan\varphi' + \chi(u_a - u_w)\tan\varphi' \tag{7.14}$$

式中：$0 \leqslant \chi \leqslant 1$，为一经验系数。当 $\chi = 1$ 时，上式退化为饱和土的有效强度公式（7.12）。当孔隙水压力 $u_w < 0$ 时，$\chi < 1$ 的假设实际上就是认为负压力中只有一部分能转化为有效应力，使摩擦力效应增加。由于系数 χ 难以确定，上述理论没被广泛应用。

2）弗雷德兰德（Fredlund）公式

$$\tau_f = c + (\sigma - u_a)\tan\varphi' + (u_a - u_w)\tan\varphi_b \tag{7.15}$$

式（7.15）将式（7.14）中的第 3 项线性化，令 $\tan\varphi_b = \chi\tan\varphi'$。已有的试验结果证明，$\varphi_b$ 并不是一个常数，因而式（7.15）与式（7.14）实质上是等效的。

3）杨代泉公式

用含水量作为变量，将式（7.15）改写为

$$\tau_f = c + (\sigma - u_a)\tan\varphi' + (\omega_s - \omega)\tan\varphi_\omega \tag{7.16}$$

式中：ω_s 为土体的饱和含水量。土体的含水量越高，其强度越低。

4）双曲线强度公式

由于黄土在拉伸条件下也可能被破坏，尤其是在近地表处侧向应力逐步降低的情况下，黄土体将由剪切破坏逐步过渡到拉伸破坏。描述这一破坏过程的强度包线如图 7.13 所示。强度公式用双曲线函数表示为

$$\tau^2 = (c + \sigma\tan\varphi)^2 - (c - \sigma_t\tan\varphi)^2 \tag{7.17}$$

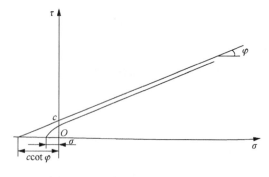

图 7.13　考虑拉伸破坏的强度包线

7.4.2 采动土体破坏的极限平衡条件

由于土体的饱和特性只涉及强度参数的变化，与应力状态无关，本节讨论不再区分饱和土体与非饱和土体情形。当土体中剪应力达到土的抗剪强度时，则土体达到极限平衡状态。极限平衡理论是以刚塑性体模型为基础，研究刚塑性体在载荷作用下达到由静力平衡（变形）转向运动（破坏）的极限状态。

对于平面问题，在土体中取单元体 M，其应力状态如图 7.14 所示。根据莫尔-库仑准则可得主应力表达的极限平衡方程[6]：

$$\begin{cases} \sigma_{1m} = \sigma_3 \tan^2\left(45° + \dfrac{\varphi}{2}\right) + 2c\tan\left(45° + \dfrac{\varphi}{2}\right) \\ \sigma_{3m} = \sigma_1 \tan^2\left(45° - \dfrac{\varphi}{2}\right) + 2c\tan\left(45° - \dfrac{\varphi}{2}\right) \end{cases} \tag{7.18}$$

式（7.18）表明，土体单元是否达到极限平衡状态与主应力的相对值有关。当大主应力 σ_1 一定时，σ_3 减小到 σ_{3m} 土体单元趋于破坏；当小主应力 σ_3 一定时，大主应力 σ_1 增大到 σ_{1m} 时土体单元趋于破坏。在 σ_1、σ_3 不变，且当土体单元的摩擦角 φ 和凝聚力 c 值减小时，土体单元也趋于破坏。土体单元极限平衡面与大主应力作用面的夹角 α_f 为

$$\alpha_f = \left(45° + \frac{\varphi}{2}\right) \tag{7.19}$$

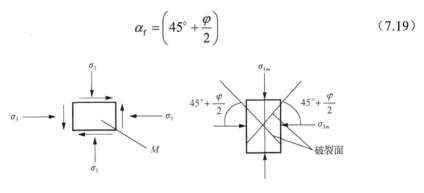

图 7.14 土体单元应力状态

下面将利用极限平衡条件分析采动土体单元的破坏。

7.4.3 采动土体单元剪切破坏机理

采动黄土层下沉弯曲产生的附加应力导致土体单元体积变形。假定土体单元在变形达到极限状态（即单元体产生剪切或拉伸破坏）之前，单元中土骨架的应力-应变关系符合线弹性本构关系，则开采沉陷变形与作用于土骨架上的附加应力之间的关系，可按本构方程式确定。由于实际开采工作面一般在走向上达到充分

采动，可将开采沉陷的三维问题简化为平面应变情形讨论。土体单元在采动影响之前的原始应力状态下，竖直方向的主应力 σ_z 和水平方向的主应力 σ_x 之间满足以下关系：

$$\sigma_x = \frac{\mu}{1-\mu}\sigma_z \qquad (7.20)$$

一般黄土层条件下，侧压力系数小于 1，竖直应力 σ_z 大于水平应力 σ_x，水平应力 σ_x 为小主应力。采动土体单元在下沉弯曲过程中产生附加水平应力，当小主应力 σ_x 增大时，单元产生水平压缩变形，若小主应力减小时，土体单元产生拉伸变形（即水平向膨胀）。开采引起的水平拉伸变形 ε_x 越大，对应的小主应力 σ_x 越小，它们之间的关系由土骨架的线弹性本构方程确定。根据莫尔-库仑破坏准则，当小主应力减小到一定程度时，原始应力状态处于稳定的土体变形将达到极限平衡状态，采动土体单元趋于破坏。当土体单元处于极限平衡状态时，对应的开采水平拉伸变形临界值为 ε_{xm}，根据土骨架的线弹性应力-应变关系及莫尔-库仑极限平衡方程式（7.18），可得以下关系式：

$$\begin{cases} \varepsilon_{xm} = \dfrac{\sigma_{xm}}{E} - \dfrac{\mu(\sigma_{xm} - \sigma_z)}{E} \\[2mm] \sigma_{xm} = \sigma_z \tan^2\left(45° - \dfrac{\varphi}{2}\right) - 2c\tan\left(45° - \dfrac{\varphi}{2}\right) \end{cases} \qquad (7.21)$$

按照开采沉陷学的习惯定义，水平拉伸变形为正，将上式中的第 2 式代入第 1 式并顾及竖直主应力公式，可得

$$\varepsilon_{xm} = H_z\gamma\left(\frac{\mu}{E} - \tan^2\left(45° - \frac{\varphi}{2}\right)\frac{1-\mu}{E}\right) + 2c\tan\left(45° - \frac{\varphi}{2}\right)\frac{1-\mu}{E} \qquad (7.22)$$

式（7.22）表达了土体单元中开采沉陷变形与土体达到剪切破坏极限平衡状态的定量关系。它与单元体所处深度 H_z、黄土体强度及物理参数有关。ε_{xm} 为土体单元破坏对应的开采水平变形临界值，可按随机介质理论的概率积分法计算，土体中任一点的水平拉伸变形值 $\varepsilon_x \geqslant \varepsilon_{xm}$ 时，该处土体单元产生剪切破坏，否则仅产生连续的沉陷变形。

在式（7.22）中，定义土体单元剪切破坏特征因子 a、b 为

$$\begin{cases} a = \gamma\left[\dfrac{\mu}{E} - \tan^2\left(45° - \dfrac{\varphi}{2}\right)\dfrac{1-\mu}{E}\right] \\[2mm] b = 2c\left[\tan\left(45° - \dfrac{\varphi}{2}\right)\dfrac{1-\mu}{E}\right] \end{cases} \qquad (7.23)$$

特征因子 a、b 仅取决于土体单元强度参数 c、φ 值及上覆土层容重与土骨架

弹性参数 E、μ，与开采因素均无关。土体单元破坏的临界拉伸变形 ε_{xm} 随单元体距地表深度的增加而线性变化，其关系式为

$$\varepsilon_{xm} = aH_z + b \qquad\qquad (7.24)$$

当系数 $a \geqslant 0$ 时，ε_{xm} 随黄土层深度的增大而变大，其与土层深度 H_z 的关系如图 7.15 所示。在地表（$H_z = 0$）位置，土体剪切破坏极限状态的水平变形临界值为最小，$\varepsilon_{\min} = b$。土体凝聚力 c 值越小时，地表临界拉伸变形值越小。这说明，越接近地表或凝聚力越低的黄土层，越容易达到剪切破坏极限状态。在确定特征因子 a、b 值时，可利用图 7.15 获取不同深度位置的临界变形值 ε_{xm}。根据随机介质理论计算相应位置的开采水平变形值 ε_x。当 $\varepsilon_x \geqslant \varepsilon_{\min}$ 时，采动黄土层产生剪切破坏。但是，在式（7.23）中，若土体单元内摩擦角 φ 值足够小时，系数 a 可能小于零，此时 ε_{xm} 将随土层深度的增大而变小，变化规律与图 7.15 相反。

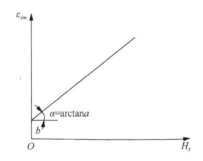

图 7.15　ε_{xm} 与土层深度 H_z 的关系

由于开采沉陷变形是一个随工作面推进不断发展的动态过程，在超前工作面的竖直剖面上，地表的水平变形总是大于黄土层深部，地表总是先于深部达到剪切破坏的极限平衡状态，工作面推进时黄土层剪切破坏发展过程如图 7.16 所示。

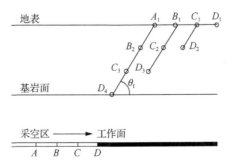

图 7.16　工作面推进时黄土层剪切破坏发展过程

在图 7.16 中，当工作面推进至位置 A 时，地表附近拉伸变形 ε_x 达到临界值 ε_{xm} 而产生剪切破裂，推进至 B 点时，地表 B_1 处达到临界值 ε_{xm} 而产生剪切破裂。同

时，在土层内部 B_2 处因开采引起的拉伸变形增大至 $\varepsilon_{xB} \geqslant aH_z + b$ 使剪切破坏面向下发展。随着工作面继续向前推进至 C、D 后，土层中的剪切破坏区域向前发展至 C_1、D_1，并不断向下发展至 C_3、D_4。剪切破裂面的发展深度取决于任意深度处开采动态水平变形 ε_x 值是否满足

$$\varepsilon_x \geqslant aH_z + b \tag{7.25}$$

采动土体单元剪切破坏面与大主应力 σ_z 作用面（水平面）的夹角为

$$\theta_f = 45° + \frac{\varphi}{2} \tag{7.26}$$

当剪切破坏区在深度上从地表贯通至基岩面时，黄土层将由连续弯曲变形变为整体结构的剪切破坏，使黄土体分割为块体结构，而基岩的不均匀沉陷使黄土块体之间发生错动，引起地表裂缝和台阶。

综上分析，采动黄土层下沉弯曲引起的土体水平变形，造成土体单元水平向应力松弛使小主应力 σ_x 减小，导致土体单元达到剪切破坏的极限平衡状态。而采动黄土层剪切破坏后，黄土层的整体性遭到破坏，黄土层将分割成块体，以块体运动形式移动。剪切破坏角 θ_f 与开采影响移动角 β 在形成机理上是相同的。

7.4.4　采动黄土层地表裂缝的形成机理

采动地表裂缝是由土层弯曲产生的拉伸变形引起的。由于地表土层中的侧向水平应力近似为零，当存在克服土体凝聚力或抗拉强度的拉伸应变时，地表将会产生裂缝。地表以下的土层随着深度的增加，土体自重力侧向应力 σ_x 也会增大。由于开采水平变形的存在，应变松弛使土体的侧向水平应力减小。在深度 h_m 达到某一临界位置时，开采水平变形对应的附加应力刚好克服土体单元的凝聚力或抗拉强度时，采动土体达到开裂临界状态。在深度 h_m 以下侧向水平应力 σ_x 大于临界值，土层不再发生开裂。

根据土骨架的线弹性应力-应变关系式可得

$$\sigma_{xm} = \frac{\mu\sigma_{zm} + E\varepsilon_x}{1 - \mu} \tag{7.27}$$

将 $\sigma_{xm} = -c$，$\sigma_{zm} = \gamma h_m$ 代入上式，并整理得

$$h_m = \frac{E}{\mu\gamma}\varepsilon_x - \frac{1-\mu}{\mu\gamma}c \tag{7.28}$$

式中：c、E、μ、γ 分别为土层的凝聚力、压缩模量、泊松比及容重。式（7.28）为地表采动裂缝深度计算公式。采动裂缝深度取决于地表开采水平变形 ε_x 及土层

的强度参数与弹性参数。将上式取 $h_m = 0$，可得地表产生裂缝的临界水平变形值 ε_m

$$\varepsilon_m = \frac{1-\mu}{E}c \tag{7.29}$$

对于无凝聚力的沙土或垂直节理发育的黄土，地表基本不能承受水平拉伸变形。在开采沉陷动态发展过程中，工作面推进边界上方地表产生的水平拉伸变形 ε_x 总是由小逐渐增大。当工作面前方某处 $\varepsilon_x = \varepsilon_m$ 时，地表开始产生裂缝。当工作面继续推进到一定位置时，裂缝处水平变形不断集中，逐渐达到动态过程的最大值，其深度也达到最大值。随着工作面的推进，动态水平变形开始减小，裂缝宽度将有所减小直至闭合。

7.5　采动黄土层湿陷变形机理

7.5.1　湿陷性黄土的基本特性

黄土覆盖矿区近地表黄土层大多具有湿陷性，称为湿陷性黄土，它是一种非饱和的欠压密土，具有大孔隙和垂直节理，在天然湿度下，其结构强度较高，压缩性较低，但遇水浸湿时其结构强度降低甚至丧失[7]。湿陷性黄土在自重或荷载作用下，产生一种下沉量大和下沉速度快的失稳性变形。湿陷性黄土覆盖在下卧的非湿陷性黄土之上，其厚度一般为几米至十几米。例如，陕西渭北主要矿区湿陷性黄土的厚度如表 7.1 所示。

表 7.1　渭北主要矿区湿陷性黄土的厚度

矿区名称	蒲白矿区	澄合矿区	韩城矿区	铜川矿区	黄陵矿区	彬长矿区
厚度/m	10～18	8～18	7～13	5～10	0～8	7～15

在陕西彬长大佛寺取样试验区，湿陷性黄土厚度一般为 5～8m，平均为 6m，多分布在地势较高的苔原区。湿陷性黄土的相对密度一般为 2.51～2.84，其大小与颗粒组成有关，当粗粉粒和砂粒含量较多时，相对密度较小。取样试验区的黄土相对密度为 2.71。湿陷性黄土的干密度一般为 1.14～1.69g/cm²，干密度越小，则湿陷性越强。当干密度超过 1.5g/cm² 以上时，黄土一般不再具有湿陷特性。试验区 CY1 和 CY2 组的干密度为 1.35～1.37。CY3 和 CY4 组的干密度为 1.5～1.54，前两组具有明显的湿陷性，后两组不具有湿陷特性。

湿陷性黄土的孔隙比一般在 0.85～1.24，多数在 1.0～1.1。孔隙比随深度的增加而变小。试验区 CY1 和 CY2 组的孔隙比为 0.95～0.99，而 CY3 和 CY4 组的孔隙比 0.76～0.80，基本不具备湿陷特性。湿陷性黄土的天然含水量一般在 3%～

20%。天然含水量的大小与地下水位深度呈负相关，地下水位以下的饱和黄土的含水量可达 28%～40%。其饱和度一般在 15%～77%，多数在 40%～50%，处于稍湿状态。随着含水量和饱和度的增加，其湿陷性减弱。试验区 CY1 和 CY2 组的天然含水量为 14%～15%，饱和度在 40%～42%，具有显著的湿陷特性，而 CY3 和 CY4 组的天然含水量为 19%～24%，饱和度在 65%～80%，基本不具备湿陷特性。

黄土的湿陷特性与稠度指标有关。其塑限一般在 14%～21%，液限一般在 20%～35%，塑性指数一般在 9～12；液性指数一般在 0 上下波动，处在塬、梁、峁和高阶地上的黄土由于含水量低于塑限，其液性指数小于零，往往具有较强的湿陷性。液限是影响黄土湿陷性的重要指标，液限小于 30%时，黄土具有较强的湿陷性，液限越大时黄土强度和承载力越高。试验区 4 组试样的塑限在 19%～20%，液限一般在 30%～31.5%，塑性指数在 11～11.8；液性指数小于 0～0.32。各组之间的稠度指标差别较小，其力学性质相似。

黄土的湿陷性通过原状土样的室内试验测定。将土样放入具有测限约束的单轴压缩仪中进行加荷，测定土样在一定加压条件下，浸水前和浸水后的高度，其差值与土样原始高度的比值，称为湿陷系数 δ_s，按国家《湿陷性黄土地区建筑标准》（GB 50025—2018）的规定，$\delta_s \geqslant 0.015$ 时定义为湿陷性黄土。在对大佛寺矿区黄土层的采样试验中，CY1 组和 CY2 组试样的最大湿陷性系数 δ_s 达 0.128 和 0.085，属于强湿陷性黄土层。该两组试样的各项物理指标均反映出其显著的湿陷特性。而 CY3 组和 CY4 组试样的湿陷性系数 δ_s 仅为 0.009 和 0.001，不具备湿陷特征，属于非湿陷性黄土。

7.5.2　采动黄土层的湿陷机理

湿陷性黄土分布在地表以下几米至十几米的范围，无论对于自重湿陷性黄土还是非自重湿陷性黄土，产生湿陷变形的必要条件是浸水使土体中的含水量或饱和度增加。近地表湿陷性黄土层在采动前已经历长期的自重（或地基荷载）湿陷过程，在地表水能够自然渗入的深度范围内已经完成了湿陷变形。采动对于近地表黄土层湿陷的影响主要表现在以下几方面。

（1）当地表开采拉伸变形达到一定临界值时产生裂缝。裂缝的发育深度取决于土体的物理力学特性及开采水平变形 ε_x，使近地表黄土层失去连续性，在裂缝尖灭深度以上的黄土层中形成地表水的下渗通道，使采动之前地表水无法渗入的黄土深部产生浸水，导致黄土结构强度的丧失和湿陷变形，这是采动对黄土层湿陷变形的主要影响。

（2）近地表土体单元产生明显的体积变形。在采空区边界上方地表开采拉伸变形区，土体单元产生体积膨胀。设土体单元的体积膨胀变形为 $\varepsilon_{\mathrm{v}}(x,z)$，单元体的原始体积为 1，原始孔隙比为 e_0。由于土颗粒和孔隙水本身不产生体积变形，则采动后土体单元孔隙比 $e=e_0+\varepsilon_{\mathrm{v}}(x,z)$。在估算土体渗透系数 k 时，通常采用以下公式[8]计算。

泰勒公式：

$$k = C \frac{g}{v} \frac{e^3}{1+e} d_{\mathrm{s}}^2 \tag{7.30}$$

太沙基公式：

$$k = 2d_{10}^2 e^2 \tag{7.31}$$

式中：C 为颗粒性状系数；d_{s} 为土颗粒粒径（cm）；g 为重力加速度（980cm/s^2）；v 为水的动力黏滞系数（cm/s^2）；e 为土的孔隙比；d_{10} 为土的有效粒径。

显然，由于孔隙比 e 的增大，引起土体中水的渗透系数 k 值显著增大，加剧了地表水渗入湿陷性黄土层深部，导致深处黄土层的湿陷变形。对于采空区中央上方的地表水平变形压缩区，在采动过程中已经历过动态拉伸和体积膨胀变形，其影响机理与拉伸变形区相同。

（3）在开采沉陷变形动态过程中，推进边界前方的黄土体动态剪切面自地表向下发展，在黄土层中形成的剪切破裂带成为地表水渗入的通道，同样会引起湿陷性黄土的浸水湿陷变形。

参 考 文 献

[1] 邓喀中. 开采沉陷中的岩体结果效应研究[D]. 徐州：中国矿业大学，1993.

[2] 吴立新，王金庄. 建(构)筑物下压煤条带开采理论与实践[M]. 徐州：中国矿业大学出版社，1994.

[3] 沈珠江. 理论土力学[M]. 北京：中国水利水电出版社，2000.

[4] AL-SHAWAF T M, POWELL G H. Variable modulus model for nonlinear of soils[J]. Proceedings Symposium on Applications of Computer Methods in Engineering, 2002, (1): 423-433.

[5] BAUER E. Calibration of a comprehensive hypoplasic model for granular materids[J]. Soils and foundations, 1966, 36(1): 13-26.

[6] 杨进良，陈环. 土力学[M]. 北京：中国水利水电出版社，2009.

[7] DAFALIAS Y F, HERRMANN L R. A bounding surface soil plasticity model[J]. Soils under Cyclic and Trainsient Loading, 2005(1): 335-346.

[8] D. G. 费雷德隆德，H. 拉哈尔佐. 非饱和土力学[M]. 陈仲颐，等译. 北京：中国建筑工业出版社，1997.

第八章　西部矿区地表变形损害预计与评价

黄土覆盖矿区地表沉陷变形是黄土层开采沉陷变形与采动土体附加变形两者的叠加，前者是由基岩面不均匀沉陷导致的，包括基岩面的开采沉陷和地表开采沉陷变形，利用随机介质理论原理导出相应的预计模型；后者包括地下水位变化引起的饱和黄土固结变形、采动地表土体单元体积变形、采动黄土层浸水湿陷变形、采动山坡侧向滑移变形[1]。本章介绍利用土力学理论和模拟研究结果建立地表附加变形的预计模型。

8.1　基岩开采沉陷预计模型

由第一章分析可知，西部矿区基岩变形破坏类型包括"三带型""断陷型""切冒型"三种。由于后两种类型基岩沉陷变形已失去连续性，很难用数学模型来描述，本章仅研究"三带型"中的弯曲下沉、断裂下沉、充分下沉三种状态下开采沉陷的计算模型。

8.1.1　基岩面弯曲下沉计算模型

在基岩控制层断裂沉陷之前，最上部基岩为黄土层荷载的承载体，处于弹塑性弯曲状态，可视为受黄土层荷载作用下的简支板，其垂直应力状态如图 8.1 所示。在采空区以外，岩层的沉陷主要是边缘附近应力集中引起变形所致。黄土层荷载在采空区以外的边缘应力集中较小，采空区内侧基岩面在上部黄土荷载作用下产生弯曲下沉，从而导致地表沉陷。基岩面可视为支撑在采空区四周边界之上的受黄土荷载作用的简支板，其弯曲模型如图 8.2 所示。

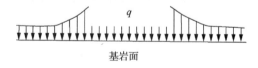

基岩面

图 8.1　基岩面垂直应力状态

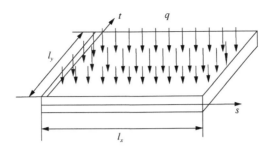

图 8.2　垂直荷载作用下基岩面的弯曲模型

简支板两个方向的几何尺寸分别为采空区两个方向的尺寸 l_x、l_y，厚度为 h，在垂直荷载作用下产生竖向位移 $W(s,t)$，即为基岩面的下沉函数。由以下挠度方程解算：

$$\nabla^2 \nabla^2 W(s,t) = q / D \qquad (8.1)$$

其中

$$D = \frac{Eh^3}{12(1 - \mu^2)}$$

式中：∇ 为拉普拉斯算子；D 为基岩上部控制岩层抗弯强度；h、E、μ 分别为岩板的厚度、弹性模量和泊松比；q 为黄土层等效荷载。

采用维纳（Weina）解方程解算式（8.1）得

$$W(s,t) = W_{jm} \sin \frac{\pi s}{L_x} \sin \frac{\pi t}{L_y} \qquad (8.2)$$

式中：$W_{jm} = \dfrac{16q}{\pi^6 D} \left(\dfrac{l_x^2 \cdot l_y^2}{l_x^2 + l_y^2} \right)$，为常数项，表示最大挠度值，即基岩面中部最大下沉量。式（8.2）即是基岩面的弯曲下沉公式。

8.1.2　基岩面断裂下沉计算模型

在开采尺寸超过基岩控制层断裂临界尺寸的情况下，基岩面产生断裂型沉陷，岩层的完整性遭到破坏，在基岩面上形成沉陷盆地。此时，基岩面沉陷量随开采宽度的增加而变大，最大下沉量尚未达到该地质采矿条件下的最大值，因此断裂型沉陷可视为基岩非充分采动状态，其沉陷特征符合随机介质的移动规律，可按照有限开采的概率积分法[2]叠加原理建立基岩面断裂下沉计算模型，如图 8.3 所示。

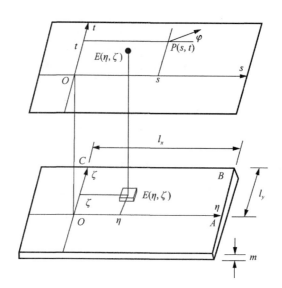

图 8.3 断裂下沉计算模型

图 8.3 中，两个坐标系分别为开采坐标系（η, O, ζ）和基岩面沉陷坐标系（S, O, t），其水平投影重合。坐标原点在采空区边界的左下角。煤层厚度为 1 的单元体 $E(\eta, \zeta)$ 开采引起基岩面上任一点 $P(s, t)$ 的下沉量 $W_e(s, t)$ [3-4] 为

$$W_e(s, t) = \frac{1}{r_j^2} \cdot e^{-\pi \frac{(s-\eta)^2 + (t-\zeta)^2}{r_j^2}} \tag{8.3}$$

式中：r_j 为基岩开采沉陷的主要影响半径。设煤层半无限开采条件下基岩面的最大下沉量为 W_{j0}，则整个矩形区域 $OABC$ 厚度为 m 的煤层开采，引起的基岩面任意点 $P(x, y)$ 的下沉量 $W_j(x, y)$ 在矩形区域的定积分如下：

$$W_j(s, t) = W_{j0} \int_0^{l_x} \int_0^{l_y} \frac{1}{r_j^2} \exp\{-\pi[(s-\eta)^2 + (t-\zeta)^2] / r_j^2\} d\zeta d\eta \tag{8.4}$$

为了计算方便，可将式（8.4）变换为以 x 和 y 主断面上对应下沉函数 $W^0(s)$，$W^0(t)$ 的叠加形式，即

$$\begin{cases} W_j(s, t) = \dfrac{1}{W_{j0}} W_j^0(s) W_j^0(t) \\ W_j^0(s) = C_t[W_j(s) - W_j(s - l_x)] \\ W_j^0(t) = C_s[W_j(t) - W_j(t - l_y)] \end{cases} \tag{8.5}$$

式中：C_s、C_t 分别为走向与倾向主断面上基岩面最大下沉分布系数，在半无限开采时该系数为 1.0，非充分有限开采条件下小于 1.0。

式（8.5）中右边各项为半无限开采条件下主断面上的下沉函数，式中各项按以下通式确定：

$$W_j(t) = W_{j0} \int_0^\infty \frac{1}{r_j} \exp\left[\frac{-\pi(t-\zeta)^2}{r_j^2} \right] \mathrm{d}\zeta \qquad (8.6)$$

将上式中的变量 t 分别以 $(t-l_y)$、s、$(s-l_x)$ 代替，即得式（8.5）中的各式。

当基岩面沉陷存在拐点偏距 d_j 时，对基岩沉陷产生影响的计算可假设开采边界为矩形区域 $OABC$ 向内移 d_j，若保持计算坐标系原点不变，式（8.4）变为

$$W_j(s,t) = W_{j0} \int_{d_j}^{l_x-d_j} \int_{d_j}^{l_y-d_j} \frac{1}{r_j^2} \exp\left\{ -\pi \left[\frac{(s-d_j-\eta)^2 + (t-d_j-\zeta)^2}{r_j^2} \right] \right\} \mathrm{d}\eta \mathrm{d}\zeta \quad (8.7)$$

对积分变量进行变换，考虑拐点偏距的影响，并设有限开采时基岩面最大下沉量 W_{jm}，则有

$$W_{jm} = W_{j0} C_s C_t \qquad (8.8)$$

基岩面下沉函数的叠加表达式为

$$\begin{cases} W_j(s,t) = \dfrac{1}{W_{j0}} W_j^0(s) W_j^0(t) \\[2mm] W_j^0(s) = \dfrac{W_{jm}}{C_s} \int_0^{l_x-2d_j} \dfrac{1}{r_j} \exp\left[\dfrac{-\pi(s-d_j-\eta)^2}{r_j^2} \right] \mathrm{d}\eta \\[2mm] W_j^0(t) = \dfrac{W_{jm}}{C_t} \int_0^{l_y-2d_j} \dfrac{1}{r_j} \exp\left[\dfrac{-\pi(t-d_j-\zeta)^2}{r_j^2} \right] \mathrm{d}\zeta \end{cases} \qquad (8.9)$$

式（8.9）即为基岩面上任意点及主断面上下沉量的概率积分预计函数，其中有限开采的最大下沉分布系数 C_s、C_t 将在下面讨论。

8.1.3　基岩面充分下沉计算模型

在开采尺寸超过基岩面充分开采临界尺寸的情况下，基岩面上的下沉已经达到充分状态，最大下沉量不再增加。随着开采尺寸的增大，基岩面上形成具有"平底"的超充分采动下沉盆地。令式（8.8）中 $C_s=1$，$C_t=1$，$W_{jm}=W_{j0}$，可得充分采动型沉陷计算模型。

充分采动可视为有限开采的特例，可简化为半无限开采。令式（8.9）中的积

分上限 $l_x \to \infty, l_y \to \infty$，则充分采动条件下基岩面下沉可以表示为走向和倾向主断面上两个半盆地下沉函数的叠加。考虑拐点偏距 d_j 时，半盆地内基岩面上的下沉函数 $W(s,t)$ 为

$$\begin{cases} W_j(s,t) = \dfrac{1}{W_{j0}} W_j^0(s) W_j^0(t) \\[3mm] W_j^0(s) = W_{j0} \displaystyle\int_0^\infty \dfrac{1}{r_j} \exp\left[\dfrac{-\pi(s - d_j - \eta)^2}{r_j^2} \right] \mathrm{d}\eta \\[3mm] W_j^0(t) = W_{j0} \displaystyle\int_0^{l_y - 2d_j} \dfrac{1}{r_j} \exp\left[\dfrac{-\pi(t - d_j - \zeta)^2}{r_j^2} \right] \mathrm{d}\zeta \end{cases} \tag{8.10}$$

式中：r_j、d_j 分别为具有黄土层荷载作用下，充分采动型基岩下沉预计参数。下面介绍通过等效开采宽度将其转化为常规开采沉陷模型等内容。

8.2　地表沉陷与变形预计模型

8.2.1　地表下沉预计

黄土层地表开采沉陷变形是基岩面不均匀沉陷在土层中影响传递的结果。本节主要讨论沿主断面的沉陷变形情况。

基岩面上沿倾向和走向主断面的下沉函数为 $W_j^0(t)$ 及 $W_j^0(s)$。按概率积分法原理，在基岩面下沉盆地主断面上任意位置 t 和 s，基岩单位下沉引起的地表点 y 或 x 的单元下沉函数 $W_e(y-t)$ 及 $W_e(x-s)$ 为

$$\begin{cases} W_e(y-t) = \dfrac{1}{r_t} \exp\left[\dfrac{-\pi(y-t)^2}{r_t^2} \right] \\[3mm] W_e(x-s) = \dfrac{1}{r_t} \exp\left[\dfrac{-\pi(x-s)^2}{r_t^2} \right] \end{cases} \tag{8.11}$$

式中：r_t 为土层开采沉陷的主要影响半径。考虑基岩面下沉函数 $W_j^0(t)$、$W_j^0(s)$ 及基岩下沉量在土层中的衰减系数 q_t，可得倾向和走向主断面上地表下沉分层预计函数 $W(y)$ 及 $W(x)$，即

$$\begin{cases} W^0(y) = \displaystyle\int_{-a_1}^{a_2} q_t W_j^0(t) W_e(y-t) \mathrm{d}t \\[3mm] W^0(x) = \displaystyle\int_{-a_3}^{a_4} q_t W_j^0(s) W_e(x-s) \mathrm{d}s \end{cases} \tag{8.12}$$

式中：$a_i(i=1,2,3,4)$ 为基岩面倾向和走向主断面上各侧下沉边界到坐标原点的水平距离。将式（8.11）代入式（8.12）得

$$
\begin{cases}
W^0(y) = \int_{-a_1}^{a_2} q_t W_j^0(t) \frac{1}{r_t} \exp\left[\frac{-\pi(y-t)^2}{r_t^2}\right] \mathrm{d}t \\[4mm]
W^0(x) = \int_{-a_3}^{a_4} q_t W_j^0(s) \frac{1}{r_t} \exp\left[\frac{-\pi(x-s)^2}{r_t^2}\right] \mathrm{d}s
\end{cases}
\tag{8.13}
$$

式中：$W_j^0(t)$、$W_j^0(s)$ 为基岩面主断面上的下沉函数，分别由式（8.2）、式（8.5）、式（8.9）和式（8.10）确定。

1. 基岩弯曲型地表下沉

将相应的主断面下沉函数式（8.2）代入式（8.13），得出地表沉陷盆地内主断面及任意点的下沉预计函数：

$$
\begin{cases}
W(x,y) = \frac{1}{W_m} W^0(x) W^0(y) \\[4mm]
W^0(y) = W_m \int_0^{l_y} (\sin\frac{\pi t}{l_y}) \frac{1}{r_t} \exp\left[-\frac{\pi(y-t)^2}{r_t^2}\right] \mathrm{d}t \\[4mm]
W^0(x) = W_m \int_0^{l_x} (\sin\frac{\pi s}{l_x}) \frac{1}{r_t} \exp\left[-\frac{\pi(x-s)^2}{r_t^2}\right] \mathrm{d}s
\end{cases}
\tag{8.14}
$$

式（8.14）中，最大下沉量 W_m 取决于黄土层下沉系数 q_t 和基岩面最大下沉量 W_{jm}，由下式确定：

$$
W_m = q_t W_{jm}
\tag{8.15}
$$

2. 基岩断裂型地表下沉

将相应的主断面下沉函数式（8.9）代入式（8.14），得出地表沉陷盆地内主断面及任意点的下沉预计函数：

$$
\begin{cases}
W(x,y) = \frac{1}{W_m} W^0(x) W^0(y) \\[4mm]
W^0(y) = \frac{W_m}{C_t} \int_{-a_1}^{a_2} \left\{ \int_0^{l_y-2d_j} \frac{1}{r_j} \exp\left[\frac{-\pi(t-d_j-\zeta)^2}{r_j^2}\right] \mathrm{d}\zeta \right\} \frac{1}{r_t} \exp\left[\frac{-\pi(y-t)^2}{r_t^2}\right] \mathrm{d}t \\[4mm]
W^0(x) = \frac{W_m}{C_s} \int_{-a_3}^{a_4} \left\{ \int_0^{l_x-2d_j} \frac{1}{r_j} \exp\left[\frac{-\pi(s-d_j-\eta)^2}{r_j^2}\right] \mathrm{d}\eta \right\} \frac{1}{r_t} \exp\left[\frac{-\pi(x-s)^2}{r_t^2}\right] \mathrm{d}s \\[4mm]
W_m = q_t W_{jm}
\end{cases}
$$

$$
\tag{8.16}
$$

3. 基岩充分下沉型地表下沉

将式（8.16）中的 C_s、C_t 均设为 1.0，则得出地表沉陷盆地内主断面及任意点的下沉预计函数。

8.2.2　地表水平移动预计

地表水平移动视为基岩不均匀下沉在土层中影响传播至地表的结果。下面讨论主断面上的水平移动。现有的概率积分法在假定单元开采引起的岩（土）变形保持体积不变的条件下，导出相应的地表水平移动预计公式。但实际资料证实，厚黄土层矿区地表水平移动的范围一般大于地表下沉范围，在下沉盆地的边缘地带往往存在着明显的水平变形。本节数值计算和相似模拟试验表明，采动土体单元在地表附近的竖直变形和水平变形绝对值并不相等，导致土体单元体积变形，其特征主要由水平变形控制。单元水平变形、竖直变形和体积变形具有相同的分布特征。因此，若在地表开采沉陷变形中考虑土体单元体积变形的叠加效应，现有概率积分法关于采动单元体积不变的假设不再适用于厚黄土层地表水平移动与变形预计。

设地表单元的位置坐标为 x，地表主断面上竖直变形、水平变形和体积变形的最大值分别为 B_z、B_x、B_v，三种变形在地表横向发育半径为 r_z、r_x、r_v，定义相对位置坐标 $\lambda_z = x/r_z$、$\lambda_x = x/r_x$、$\lambda_v = x/r_v$，则可设竖直变形分布函数为 $B_z\varepsilon_z(\lambda_z)$，水平变形分布函数为 $B_x\varepsilon_x(\lambda_x)$，单元体积变形分布函数为 $B_v\varepsilon(\lambda_v)$。三者之间存在以下关系：

$$B_x\varepsilon_x(\lambda_x) = B_v\varepsilon(\lambda_v) + B_z\varepsilon_z(\lambda_z) \tag{8.17}$$

由于单元体积变形与竖直变形和水平变形具有相同的分布特征函数，且体积变形与水平变形的横向发育半径相同，若不考虑变形的符号特性，并顾及三个变形值之间满足 $B_x - B_z = B_v$，则式（8.17）可变换为

$$\varepsilon_x(\lambda_x) = k_0\varepsilon_z(\lambda_z) + (1-k_0)\varepsilon_z(\lambda_x) \tag{8.18}$$

式中：$k_0 = B_z/B_x$，表示地表土体单元最大竖直变形与相应水平变形的比值，按照概率积分法关于体积不变的假设，k_0 的含义是概率积分法中最大垂直变形与最大水平变形的比值，$0 \leqslant k_0 \leqslant 1$。

式（8.18）右边包含两项变形函数：第一项为单元体竖直变形函数，其竖直变形发育半径 r_z 与单元下沉函数中的主要影响半径 r_t 相同；第二项已转化为单元体竖直变形函数，但式中 r_x 表示水平变形发育半径，其与单元下沉函数中的主要影响半径 r_t 并不相同。设主断面上单元开采引起的地表单元水平移动为 $U_e(y-t)$ 及 $U_e(x-s)$，由式（8.18）可得

$$\frac{\partial U_e(x-t)}{\partial x} = k_0 \frac{\partial W_e(x-s,r_t)}{\partial z} + (1-k_0)\frac{\partial W_e(x-s,r_x)}{\partial z} \qquad (8.19)$$

式（8.19）右边，第一项的单元下沉函数中主要影响半径为 r_t；第二项的单元下沉函数中主要影响半径为 r_x，参照概率积分法水平移动公式推导过程，可得

$$\begin{cases} U_e(y-t) = -\left[\dfrac{2\pi B_1 k_0(y-t)}{r_t^3}\right]\exp\left[\dfrac{-\pi(y-t)^2}{r_t^2}\right] \\ \qquad\qquad - \left[2\pi B_{1y}\dfrac{(1-k_0)(y-t)}{r_y^3}\right]\exp\left[\dfrac{-\pi(y-t)^2}{r_y^2}\right] \\ U_e(x-s) = -\left[2\pi B_3\dfrac{k_0(x-s)}{r_t^3}\right]\exp\left[\dfrac{-\pi(x-s)^2}{r_t^2}\right] \\ \qquad\qquad - \left[2\pi B_{3x}\dfrac{(1-k_0)(x-s)}{r_x^3}\right]\exp\left[\dfrac{-\pi(x-s)^2}{r_x^2}\right] \end{cases} \qquad (8.20)$$

式中：$B_i (i=1,3)$ 为地表倾向和走向主断面上左右两侧的水平移动比例系数。

整个基岩面主断面上不均匀下沉 $W(t)$ 及 $W(s)$ 引起的地表水平移动 $U^0(y)$ 及 $U^0(x)$ 为

$$\begin{cases} U^0(y) = \displaystyle\int_{-a_1}^{a_2} q_t W_j^0(t) U_e(y-t)\mathrm{d}t \\ U^0(x) = \displaystyle\int_{-a_3}^{a_4} q_t W_j^0(s) U_e(x-s)\mathrm{d}t \end{cases} \qquad (8.21)$$

式中：$W_j^0(t)$、$W_j^0(s)$ 为基岩面主断面上的下沉函数，分别由式（8.2）、式（8.8）、式（8.9）和式（8.10）确定。

对于基岩弯曲型下沉情形，将相应的主断面下沉函数式（8.2）代入式（8.21），得地表沉陷盆地内主断面的水平移动预计函数为

$$\begin{cases} U^0(y) = -2\pi B_1 k_0 W_m \displaystyle\int_{-a_1}^{a_2}\left(\sin\dfrac{\pi t}{l_y}\right)\left[\dfrac{y-t}{r_t^3}\right]\exp\left[\dfrac{-\pi(y-t)^2}{r_t^2}\right]\mathrm{d}t \\ \qquad\qquad - 2\pi B_{1y}(1-k_0)W_m \displaystyle\int_{-a_1}^{a_2}\left(\sin\dfrac{\pi t}{l_y}\right)\left[\dfrac{y-t}{r_x^3}\right]\exp\left[\dfrac{-\pi(y-t)^2}{r_x^2}\right]\mathrm{d}t \\ U^0(x) = -2\pi B_3 k_0 W_m \displaystyle\int_{-a_3}^{a_4}\left(\sin\dfrac{\pi s}{l_x}\right)\left[\dfrac{x-s}{r_t^3}\right]\exp\left[\dfrac{-\pi(x-s)^2}{r_t^2}\right]\mathrm{d}s \\ \qquad\qquad - 2\pi B_{3x}(1-k_0)W_m \displaystyle\int_{-a_3}^{a_4}\left(\sin\dfrac{\pi s}{l_x}\right)\left[\dfrac{x-s}{r_x^3}\right]\exp\left[\dfrac{-\pi(x-s)^2}{r_x^2}\right]\mathrm{d}s \end{cases} \qquad (8.22)$$

对于基岩断裂下沉和充分下沉情形，将相应的主断面下沉函数式（8.9）和式（8.10）代入式（8.21），得地表沉陷盆地内主断面的水平移动预计函数为

$$
\left\{
\begin{aligned}
U^0(y) &= -2\pi B_1 k_0 \frac{W_m}{C_t} \int_{-a_1}^{a_2} \left\{ \int_0^{l_y-2d_j} \frac{1}{r_j} \exp\left[\frac{-\pi(t-d_j-\zeta)^2}{r_j^2} \right] \mathrm{d}\zeta \right\} \left[\frac{(y-t)}{r_t^3} \right] \exp\left[\frac{-\pi(y-t)^2}{r_t^2} \right] \mathrm{d}t \\
&\quad -2\pi B_{1y}(1-k_0) \frac{W_m}{C_t} \int_{-a_1}^{a_2} \left\{ \int_0^{l_y-2d_j} \frac{1}{r_j} \exp\left[\frac{-\pi(t-d_j-\zeta)^2}{r_j^2} \right] \mathrm{d}\zeta \right\} \left[\frac{(y-t)}{r_y^3} \right] \exp\left[\frac{-\pi(y-t)^2}{r_y^2} \right] \mathrm{d}t \\
U^0(x) &= -2\pi B_3 k_0 \frac{W_m}{C_s} \int_{-a_3}^{a_4} \left\{ \int_0^{l_x-2d_j} \frac{1}{r_j} \exp\left[\frac{-\pi(s-d_j-\eta)^2}{r_j^2} \right] \mathrm{d}\eta \right\} \left[\frac{(x-s)}{r_t^3} \right] \exp\left[\frac{-\pi(x-s)^2}{r_t^2} \right] \mathrm{d}s \\
&\quad -2\pi B_{3x}(1-k_0) \frac{W_m}{C_s} \int_{-a_3}^{a_4} \left\{ \int_0^{l_x-2d_j} \frac{1}{r_j} \exp\left[\frac{-\pi(s-d_j-\eta)^2}{r_j^2} \right] \mathrm{d}\eta \right\} \left[\frac{(x-s)}{r_x^3} \right] \exp\left[\frac{-\pi(x-s)^2}{r_x^2} \right] \mathrm{d}s
\end{aligned}
\right.
$$

$$（8.23）$$

上述公式中的各符号的含义同前。

8.2.3　地表变形预计

将各地表下沉函数式（8.14）、式（8.16）分别对 y 及 x 求一阶、二阶导数可得倾向及走向主断面上地表倾斜 $I^0(y)$、$I^0(x)$ 及曲率 $K^0(y)$、$K^0(x)$；将各地表水移动函数式（8.22）和式（8.23）分别对 y 及 x 求一阶导数可得倾向及走向主断面上地表水平变形 $E^0(y)$ 及 $E^0(x)$。上述各式导数的解析式较复杂，这里仅列出应用较多的基岩断裂型与充分开采型的地表变形计算公式。主断面上倾斜变形预计公式为

$$
\left\{
\begin{aligned}
I^0(y) &= \frac{W_m}{C_t} \int_{-a_1}^{a_2} \left\{ \int_0^{l_y-2d_j} \frac{1}{r_j} \exp\left[\frac{-\pi(t-d_j-\zeta)^2}{r_j^2} \right] \mathrm{d}\zeta \right\} \frac{-2\pi(y-t)}{r_t^3} \exp\left[\frac{-\pi(y-t)^2}{r_t^2} \right] \mathrm{d}t \\
I^0(y) &= \frac{W_m}{C_s} \int_{-a_3}^{a_4} \left\{ \int_0^{l_x-2d_j} \frac{1}{r_j} \exp\left[\frac{-\pi(s-d_j-\eta)^2}{r_j^2} \right] \mathrm{d}\eta \right\} \frac{-2\pi(x-s)}{r_t^3} \exp\left[\frac{-\pi(x-s)^2}{r_t^2} \right] \mathrm{d}s
\end{aligned}
\right.
$$

$$（8.24）$$

主断面上曲率变形预计公式为

$$
\left\{
\begin{aligned}
K^0(y) &= \frac{W_m}{C_t} \int_{-a_1}^{a_2} \left\{ \int_0^{l_y-2d_j} \frac{1}{r_j} \exp\left[\frac{-\pi(t-d_j-\zeta)^2}{r_j^2} \right] \mathrm{d}\zeta \right\} \\
&\quad \frac{-2\pi}{r_t^3} \left[1 - \frac{2\pi(y-t)^2}{r_t^2} \right] \exp\left[\frac{-\pi(y-t)^2}{r_t^2} \right] \mathrm{d}t \\
K^0(x) &= \frac{W_m}{C_s} \int_{-a_3}^{a_4} \left\{ \int_0^{l_x-2d_j} \frac{1}{r_j} \exp\left[\frac{-\pi(s-d_j-\eta)^2}{r_j^2} \right] \mathrm{d}\eta \right\} \\
&\quad \frac{-2\pi}{r_t^3} \left[1 - \frac{2\pi(x-t)^2}{r_t^2} \right] \exp\left[\frac{-\pi(x-s)^2}{r_t^2} \right] \mathrm{d}s
\end{aligned}
\right.
$$

$$（8.25）$$

主断面上水平变形预计公式为

$$
\left\{
\begin{aligned}
E^0(y) &= -2\pi B_1 k_0 \frac{W_m}{C_t} \int_{-a_1}^{a_2} \left\{ \int_0^{l_y-2d_j} \frac{1}{r_j} \exp\left[\frac{-\pi(t-d_j-\zeta)^2}{r_j^2} \right] \mathrm{d}\zeta \right\} \\
&\quad \left(\frac{1}{r_t^3} \right) \left[1 - \frac{2\pi(y-t)^2}{r_t^2} \right] \exp\left[\frac{-\pi(y-t)^2}{r_t^2} \right] \mathrm{d}t \\
&\quad -2\pi B_{1y}(1-k_0) \frac{W_m}{C_t} \int_{-a_1}^{a_2} \left\{ \int_0^{l_y-2d_j} \frac{1}{r_j} \exp\left[\frac{-\pi(t-d_j-\zeta)^2}{r_j^2} \right] \mathrm{d}\zeta \right\} \\
&\quad \left(\frac{1}{r_t^3} \right) \left[1 - \frac{2\pi(y-t)^2}{r_t^2} \right] \exp\left[\frac{-\pi(y-t)^2}{r_x^2} \right] \mathrm{d}t \\
E^0(x) &= -2\pi B_{3x} k_0 \frac{W_m}{C_s} \int_{-a_3}^{a_4} \left\{ \int_0^{l_x-2d_j} \frac{1}{r_j} \exp\left[\frac{-\pi(s-d_j-\eta)^2}{r_j^2} \right] \mathrm{d}\eta \right\} \\
&\quad \left(\frac{1}{r_t^3} \right) \left[1 - \frac{2\pi(x-t)^2}{r_t^2} \right] \exp\left[\frac{-\pi(x-s)^2}{r_t^2} \right] \mathrm{d}s \\
&\quad -2\pi B_{3x}(1-k_0) \frac{W_m}{C_s} \int_{-a_3}^{a_4} \left\{ \int_0^{l_x-2d_j} \frac{1}{r_j} \exp\left[\frac{-\pi(s-d_j-\eta)^2}{r_j^2} \right] \mathrm{d}\eta \right\} \\
&\quad \left(\frac{1}{r_t^3} \right) \left[1 - \frac{2\pi(x-t)^2}{r_t^2} \right] \exp\left[\frac{-\pi(x-s)^2}{r_x^2} \right] \mathrm{d}s
\end{aligned}
\right.
\tag{8.26}
$$

对于充分下沉型情况，式（8.26）中取 $C_s = C_t = 1$。

8.2.4 最大移动变形量预计

1. 基岩面的最大沉陷量

1）弯曲下沉状态

基岩面在不同沉陷模式下的最大下沉量的形成机理是不同的。对于弯曲型下沉，最大下沉量取决于基岩面弯曲的最大挠度，与基岩控制层的力学特性及开采工作面的走向与倾向宽度有关，而与煤层开采厚度无直接关系。基岩面弯曲最大挠度（即最大下沉量）W_{jm} 由下式确定：

$$
W_{jm} = \frac{16q}{\pi^6 D} \left(\frac{l_x^2 l_y^2}{l_x^2 + l_y^2} \right)
\tag{8.27}
$$

其中

$$D = \frac{Eh^3}{12(1-v^2)} \tag{8.28}$$

上述式中：h、E、v 分别为基岩最上部控制岩层的厚度、弹性模量和剪切模量；q 为黄土层等效荷载；其他符号含义与式（8.2）相同。

2）断裂下沉状态

该模式对应于非充分开采情形。最大下沉量与采动程度密切相关，而采动影响程度的大小与黄土层等效荷载作用及宽深比本身有关。基岩面最大下沉量按下式计算：

$$W_{jm} = mq_j \cos\alpha\, n_{j1} n_{j3} \tag{8.29}$$

式中：q_j 为充分采动基岩下沉系数；m、α 分别为煤层的厚度和倾角；n_{j1}、n_{j3} 为倾向和走向方向的基岩面采动程度系数，但这里指在黄土层等效荷载作用下的采动程度系数。按开采沉陷理论 n_{j1} 和 n_{j3} 为

$$\begin{cases} n_{j1} = \sqrt{k\dfrac{l'_y}{H_j}} = \sqrt{k\lambda_{yw}} \\[3mm] n_{j3} = \sqrt{k\dfrac{l'_x}{H_j}} = \sqrt{k\lambda_{xw}} \end{cases} \tag{8.30}$$

式中：k 为基岩特性参数（取决于基岩的综合硬度，对于坚硬岩层、中硬岩层和软弱岩层，k_0 一般取 0.7、0.8、0.9；在已知基岩充分采动角 ϕ_w 的情况下，可取 $k_0 = 0.5\tan\phi_w$）；λ_{yw}、λ_{xw} 分别为倾向和走向上基岩在黄土层荷载作用下的等效宽深比。λ_{yw}、λ_{xw} 与其实际宽深比 λ_{yz}、λ_{xz} 的关系由表 3.7 和图 3.12 确定，也可按式（3.20）由黄土层自重荷载确定等效开采宽度后计算等效宽深比。当 $n_{j1} \geq 1, n_{j3} \geq 1$ 时，取值为 1。

断裂型基岩最大下沉量按下式计算：

$$W_{jm} = mq_j \cos\alpha \sqrt{k\lambda_{yw}} \sqrt{k\lambda_{xw}} \tag{8.31}$$

在断裂下沉模式下，为了方便以 W_{jm} 取代 W_{j0} 进行叠加，在预计模型中均除以最大下沉分布系数 C_s、C_t。概率积分下沉分布系数在采空区中央位置达到最大，C_s、C_t 按下式确定：

$$\begin{cases} C_s = \int_0^{l_x - 2d_j} \dfrac{1}{r_j} \exp\left[\dfrac{-\pi\left(\dfrac{l_x}{2} - d_j - \eta\right)^2}{r_j^2} \right] \mathrm{d}\eta \\[4mm] C_t = \int_0^{l_y - 2d_j} \dfrac{1}{r_j} \exp\left[\dfrac{-\pi\left(\dfrac{l_y}{2} - d_j - \zeta\right)^2}{r_j^2} \right] \mathrm{d}\zeta \end{cases} \tag{8.32}$$

3）充分下沉状态

充分开采型基岩最大下沉量达到该地质采矿条件下的最大下沉值，与黄土层荷载基本无关。将断裂型最大下沉计算式中的 n_{j1}、n_{j3} 均设定为 1.0，则基岩面最大下沉量为

$$W_{jm} = W_{j0} = q_j m \cos\alpha \tag{8.33}$$

2. 地表最大下沉量 W_m

地表最大下沉量取决于基岩面最大下沉量 W_{jm} 和土层中的下沉衰减系数 q_t：

$$W_m = q_t W_{jm} \tag{8.34}$$

式中：q_t 为黄土层下沉衰减系数。该系数主要取决于基岩下沉模式或宽深比，也与黄土层厚度有关。当宽深比 $\lambda \geqslant 1.4$ 时基岩充分下沉，土层下沉衰减系数为 0.89，视为土层充分下沉衰减系数；$\lambda \leqslant 1.4$ 时下沉衰减系数会随着 λ 值变小而变小，而土层充分下沉衰减系数与黄土层厚度成反比，当黄土厚度趋于零时，下沉衰减系数为 1.0。因此，构建黄土层下沉衰减系数为

$$q_t = n_{t1} n_{t3} \left(\dfrac{1 - \sqrt{H_t}}{100} \right) \tag{8.35}$$

式中：H_t 为土层厚度；n_{t1}、n_{t3} 表示倾向和走向方向上黄土层采动影响系数，分别定义为不同倾向、走向宽深比 λ 对应的下沉衰减系数与充分下沉衰减系数的比值。根据计算机数值模拟研究结果确定 n_t 与宽深比 λ 的关系，如表 8.1 所示。

表 8.1　不同宽深比 λ 对应的黄土层采动影响系数 n_t

λ	0.11	0.17	0.22	0.28	0.33	0.39	0.44	0.5	0.56	0.61	0.67	0.72	0.78
n_t	1	0.89	0.81	0.74	0.67	0.67	0.67	0.7	0.7	0.71	0.72	0.73	0.73
λ	0.83	0.89	0.94	1	1.06	1.11	1.17	1.22	1.28	1.33	1.4		
n_t	0.73	0.74	0.73	0.73	0.73	0.73	0.74	0.74	0.83	0.96	1		

综上所述，地表最大下沉量计算式为

$$W_m = W_{jm}q_t = mq_j\cos\alpha\, n_{j1}n_{j3}n_{t1}n_{t3}\left(1 - \frac{\sqrt{H_t}}{100}\right) \tag{8.36}$$

上式表明，对于基岩充分下沉型和断陷型下沉模式（走向和倾向宽深比 λ 均大于 1.4），无论是基岩采动程度系数 n_{j1}, n_{j3} 还是土层采动影响系数 n_{t1}, n_{t3} 均取为 1.0。对于断裂下沉模式，直接由式（8.36）计算地表最大下沉量。对于基岩曲型下沉模式，基岩面最大下沉量 W_{jm} 按式（8.27）计算，土层下沉衰减系数 q_t 根据基岩走向和倾向的宽深比由式（8.36）确定。

3. 地表移动最大变形值

利用主断面上的移动变形预计公式可计算任意地表点的移动变形值，从而确定最大变形值及其位置。在半无限开采或基岩充分下沉状态下，地表最大变形值计算公式如下。

（1）地表最大倾斜值 I_m 为

$$I_m = \pm\frac{W_m}{\sqrt{r_j^2 + r_t^2}} \tag{8.37}$$

（2）地表最大曲率值 k_m 为

$$k_m = \mp 1.52\frac{W_m}{r_j^2 + r_t^2} \tag{8.38}$$

（3）地表（走向）最大水平移动值 U_m 为

$$U_m = k_0 B_3\frac{W_m}{\sqrt{r_j^2 + r_t^2}} + (1 - k_0)B_{3x}\frac{W_m}{r_x} \tag{8.39}$$

（4）地表（走向）最大水平变形值 ε_m 为

$$\varepsilon_m = 1.52k_0 B_3\frac{W_m}{r_j^2 + r_t^2} + 1.52(1 - k_0)B_{3x}\frac{W_m}{r_j^2 + r_x^2} \tag{8.40}$$

8.2.5　预计参数的确定方法

1. 基岩下沉系数 q_j

在半无限开采条件下，基岩下沉系数 q_j 主要取决于基岩综合强度，且其与厚度也有一定关系。基岩强度越高时，离层发育程度较高，下沉系数较小。基岩厚度越大时，下沉系数也有减小的趋势。对于坚硬岩层、中硬岩层和软弱岩层，其下沉系数分别为 0.50～0.65、0.65～0.80、0.80～0.90。

在有实际资料的情况下，q_j 可根据充分开采条件下地表实测最大下沉量 W_0，按下式确定[5]：

$$q_j = \frac{W_0}{\left(1 - \sqrt{H_t/100}\right)m\cos\alpha} \tag{8.41}$$

式中各变量符号含义同前。

2. 主要影响半径 r

主要影响半径 r 包括基岩沉陷影响半径 r_j、土层沉陷影响半径 r_t、地表水平变形影响半径 r_x，主要影响半径与基岩或土层厚度及其特性有关，可按下面经验公式确定：

$$\begin{cases} r_j = V_j\sqrt{H_j} \\ r_t = V_t\sqrt{H_t} \\ r_x = r_j + r_t \end{cases} \tag{8.42}$$

式中：V_j、V_t 为反映地层特性的参数。其值随基岩或土层强度的增大而变大。当基岩为软弱、中硬和坚硬岩层时，对应的经验值 $V_j = 7.0～11.0$；厚黄土层的 $V_t = 4.0～6.0$。

3. 基岩拐点偏距 d_j

基岩拐点偏距 d_j 与岩层厚度 H_j 成正比，由下式确定：

$$d_j = f_j H_j \tag{8.43}$$

式中：f_j 为反映岩层特性的参数，与基岩综合硬度有关，其值可根据实测资料按最小二乘法确定。基岩为软弱、中硬和坚硬岩层时，对应的经验值 $f_j = 0.08～0.14$。

4. 水平移动比例系数 B

水平移动比例系数包括开采引起的水平移动比例系数 B_1 和 B_3，以及土体单元体积变形引起的水平移动比例系数 B_3 和 B_{3x}。

$$\begin{cases} B_3 = b\sqrt{r_j^2 + r_t^2} \\ B_{3x} = b\sqrt{r_j^2 + r_x^2} \end{cases} \tag{8.44}$$

式中：b 为水平移动系数，是主断面上最大水平移动值与最大下沉值之比值，根据实测资料确定。对于厚黄土层矿区，其经验值可取 $b = 0.25 \sim 0.40$。对于近水平煤层开采，倾向上的水平移动比例系数 B_1 可按下山或上山开采深度及其主要影响半径来确定，也可与走向取相同值。

5. 水平变形特性参数 k_0

k_0 的含义是地表单元最大垂直变形与最大水平变形的比值，但按上述定义不便于确定，由于地表下沉和水平移动都是采用主要影响半径来描述地表移动变形的横向发育特征。因此，可按地表下沉与水平移动的主要影响半径之比来确定。若有实测地表下沉和水平移动数据时，按实际下沉与水平移动边界至采空区边界的距离之比确定 k_0，若没有实测资料时，可根据主要影响半径参数计算：

$$k_0 = \frac{\sqrt{r_j^2 + r_t^2}}{\sqrt{r_j^2 + r_x^2}} \tag{8.45}$$

在正常情况下 $0 \leqslant k_0 \leqslant 1$，厚黄土层矿区一般可取 $k_0 = 0.5$。

6. 基岩沉陷半盆地长度 a_j

基岩沉陷半盆地长度指走向和倾向基岩面下沉盆地边界至开采边界的平距，取 $a_j \geqslant 1.4 r_j$ 可保证足够的定积分解算精度，即

$$a_1 = 1.4 r_j \quad a_2 = l_y + 1.4 r_j \quad a_3 = 1.4 r_j \quad a_4 = l_x + 1.4 r_j \tag{8.46}$$

8.3 采动黄土层附加变形预计模型

8.3.1 土体排水固结引起的地表沉陷预计

1. 开采沉陷区地下水位下降曲面

在黄土覆盖矿区，地下水位以下的饱和黄土体所受的荷载由土粒和孔隙水共同承担。当开采引起饱和黄土体产生超静孔隙水压力导致土体中的孔隙水被排出，孔隙水所承担的应力减小，土粒所承担的应力增大，即土粒的有效应力增加，从而使土体产生固结压密。在降水范围内土粒的压密向上影响传递至地表，便在地表产生附加沉陷变形。

饱和黄土层的失水主要表现为地下水位的下降。开采沉陷区地下水位变化可

根据上覆岩土体的变形破坏带高度及其分布形态来推断。一般情况下在采空区中央上方的地下水位下降最多,采动后的地下水位形态曲面类似于地表下沉盆地形态。沿主断面上地下水位下降的形态曲线如图8.4所示。

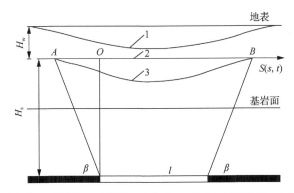

1. 地表附加沉降曲线;2. 原始地下水位线;3. 地下水位降深曲线 $D(s)$。

图 8.4 主断面上地下水位下降的形态曲线

由于土层中孔隙水渗透特性的变化主要与土体单元开采变形破坏有关,可将地下水下降的范围边界由开采沉陷主要影响传播角 β 来确定。在图 8.4 中,$AB = l_x + 2H_s \cot\beta$。对于地下水位下降曲线的形态,一些文献将其视为抛物线,本节也将曲线 $D(s)$ 视为以采空区中央为对称轴的抛物线。地下水位最大降深为 h_0,根据图 8.4 中的几何关系,并设倾向主断面上地下水位下降分布与走向相同,则走向与倾向主断面上任意一点的地下水位降深 $h(s)$ 和 $h(t)$ 为

$$\begin{cases} h(s) = a_0(s - l_x/2)^2 + h_0 \\ h(t) = b_0(t - l_y/2)^2 + h_0 \end{cases} \quad (8.47)$$

其中

$$a_0 = -h_0 / (l_x/2 + H_s \cot\beta)^2$$

$$b_0 = -h_0 / \left(l_y/2 + H_s \cot\beta\right)^2$$

$$0 \leqslant s \leqslant l_x$$

$$0 \leqslant t \leqslant l_y$$

上式中各符号含义如图8.4所示。因此,已知原始地下水位 H_s 与地下水位最大下降深度 h_0 及开采尺寸等参数时,即可确定地下水位下降分布函数。

2. 地下水位下降区土体单元固结计算模型

天然黄土具有较大的孔隙比 e_0，由于采动引起地下水流失，在上覆土体自重应力作用下，孔隙体积将减小，土体产生压缩。地下水位以下土层为饱和土，假定土粒和孔隙水均为不可压缩，则土体的压缩是由土体的孔隙比减小造成的。如图 8.4 所示，开采前黄土层的原始水位线深为 H_w，地下水位以下为饱和土层，在饱和土层内任意深度 z 处取一长度和宽度均为 1 的单元土体 dz，其所受的总应力为 σ，其中孔隙水所承担的应力为 u_w，作用在土粒中的有效应力为 $\sigma' = \sigma - u_w$，未排水前单元土体 dz 所受的总应力为上覆黄土层的自重应力为

$$\sigma = H_w \gamma_0 + (z - H_w)\gamma_z \tag{8.48}$$

式中：γ_0 为地下水位以上土体容重；γ_z 为地下水位以下饱水土体容重。

孔隙水应力为

$$u_w = (z - H_w)\gamma_w \tag{8.49}$$

式中：γ_w 为孔隙水的容重。作用在土体单元的有效应力为

$$\delta = p - p_w = H_w \gamma_0 + (Z - H_w)(\gamma_z - \gamma_w) \tag{8.50}$$

在土体单元中的孔隙水排出以后，孔隙水应力被转移至土颗粒承担，土体骨架的应力增量为

$$\Delta u = u_w = (z - H_w)\gamma_w \tag{8.51}$$

设黄土的压缩性用孔隙压缩系数 a_e 表示，即

$$a_e = -\Delta e / \Delta u$$

式中：Δe 为孔隙比增量。

设饱和黄土的初始孔隙比为 e_0，排水后孔隙比的增量为 Δe，则土体单元因排水而产生的压缩 dv 为

$$dv = \frac{-dz\Delta e}{1 + e_0} = -\frac{a_e(z - H_w)\gamma_w}{(1 + e_0)}dz \tag{8.52}$$

令 $f(z) = -\dfrac{a_e(z - H_w)\gamma_w}{1 + e_0}$ 表示土体单元特性及其所处位置的函数，则上式变为

$$dv = f(z)dz \tag{8.53}$$

式（8.53）表明，土体单元因排水产生的压缩量与其压缩系数、初始孔隙比和地下水位下降量 $(z - H_w)$ 相关。

3. 土体固结引起的地表沉陷变形计算模型

1）地表下沉预计函数

讨论走向主断面的情形。在地下开采引起的黄土层中地下水位下降函数 $h = h(s)$ 中，s 坐标的原点在采空区边界左下角正上方，h 表示任意位置 s 处水位的最终下降高度。据式（8.54）可知，土体单元因水位下降 h 产生的总压缩量 v 为

$$v = \int_{H_0}^{(H_0+h)} \frac{a_e(z - H_0)\gamma_w}{(1+e_0)} \mathrm{d}z = \frac{a_e \gamma_w}{2(1+e_0)} h^2 \tag{8.54}$$

定义 $A_0 = \dfrac{a_e \gamma_w}{2(1+e_0)}$ 为土层压缩因子，该参数取决于土层特性，与所处位置及水位无关，顾及式（8.47）可得地下水位下降 h 产生的总压缩量 $S(s)$ 为

$$S(s) = A_0 h(s)^2 = A_0 \left[a_0(s - l_x / 2)^2 + h_0 \right]^2 \tag{8.55a}$$

同理可得倾向主断面上地下水位下降 h 产生的总压缩量函数式 $S(t)$ 为

$$S(t) = A_0 h(s)^2 = A_0 \left[b_0(t - l_y / 2)^2 + h_0 \right]^2 \tag{8.55b}$$

上式表明，土层竖向压缩量 S 与原始地下水位无关，是地下水位下降量 h 的二次函数，随位置坐标而变。将土体单元的垂直压缩量 S 视为厚度变化的采空单元，依照随机介质理论原理，在深度 H_w 处土层垂直压缩 S 时，影响传递至地表的下沉函数 $W_S^0(x)$ 为

$$W_S^0(x) = \int_{-a_1}^{a_2} A_0 \left\{ \left[a_0(s - l_x / 2)^2 + h_0 \right]^2 \frac{1}{r_s} \exp(x - s)^2 / r_s^2 \right\} \mathrm{d}s \tag{8.56a}$$

对于倾向主断面，参照与走向相同的方法可得下沉函数 $W_S(y)$ 为

$$W_S^0(y) = \int_{-a_3}^{a_4} A_0 \left\{ \left[b_0(t - l_y / 2)^2 + h_0 \right]^2 \frac{1}{r_s} \exp(y - t)^2 / r_s^2 \right\} \mathrm{d}t \tag{8.56b}$$

式中：a_i（$i=1,2,3,4$）为走向和倾向主断面上坐标原点至地下水位下降边界的距离；r_s 为土层垂直压缩主要影响半径，$r_s = H_w / \tan\beta$。

依据随机介质理论的叠加原理，可得地表任意一点 (x, y) 的下沉函数 $W_s(x, y)$ 为

$$
\begin{aligned}
W_s(x, y) &= \frac{1}{S_m} W_s^0(x) W_s^0(y) \\
&= \frac{1}{S_m} \left\{ \int_{-a_1}^{a_2} A_0 \left[a_0 (s - l_x/2)^2 + h_0 \right]^2 \frac{1}{r_s} \exp\left[(x-s)^2 / r_s^2 \right] \mathrm{d}s \right\} \quad (8.57) \\
&\quad \times \left\{ \int_{-a_3}^{a_4} A_0 \left[b_0 (t - l_y/2)^2 + h_0 \right]^2 \frac{1}{r_s} \exp\left[(y-t)^2 / r_s^2 \right] \mathrm{d}t \right\}
\end{aligned}
$$

2）地表水平移动预计函数

讨论主断面的情形。利用随机介质理论推导地表水平移动预计公式的方法，得到水位下降面上任意点 s 的单位土体压缩引起的地表单元水平移动函数为

$$
\begin{cases}
Ue(y-t) = -2\pi B_1 (y-t)/r_s^3 \exp[-\pi (y-t)^2 / r_s^2] \\
Ue(x-s) = -2\pi B_3 (x-s)/r_s^3 \exp[-\pi (x-s)^2 / r_s^2]
\end{cases} \quad (8.58)
$$

将式（8.56a）和式（8.56b）代入上式，并对整个水位下降区域进行积分得地表水平移动函数 $U_s^0(x)$ 及 $U_s^0(y)$ 为

$$
\begin{cases}
U_s^0(y) = \int_{-a_3}^{a_4} -2\pi B_1 A_0 \left[b_0 (t - l_y/2)^2 + h_0 \right]^2 \left[(y-t)/r_s^3 \right] \exp\left[-\pi (y-t)^2 / r_s^2 \right] \mathrm{d}t \\
U_s^0(x) = \int_{-a_1}^{a_2} -2\pi B_3 A_0 \left[a_0 (s - l_x/2)^2 + h_0 \right]^2 \left[(x-s)/r_s^3 \right] \exp\left[-\pi (x-s)^2 / r_s^2 \right] \mathrm{d}s
\end{cases}
$$

$$(8.59)$$

地下水位下降引起的附加水平变形和其他变形可参照前面的做法。

3）预计参数的确定方法

土层固结地表沉陷与变形预计所需参数包括几何参数：开采尺寸 l_x、l_y，基岩与土层厚度 H_j、H_t，地下水位原始深度 H_w，原始地下水位至开采煤层深度 H_s，地下水位最大降深 h。

开采沉陷参数：基岩主要影响角正切 $\tan\beta$，土层主要影响半径 r_s；积分下限和上限 a_1、a_2、a_3、a_4；水平移动系数 b 及其比例系数 B_1、B_3。此外，$H_s = H_j + H_t - H_w$，$r_s = V_t \sqrt{H_w}$，$a_1 = a_3 = r_s$，$a_2 = r_s + l_y$，$a_4 = r_s + l_x$，$B_1 = B_3 = b r_s$。

上述公式所涉及的参数含义与前述相同。

固结变形的特定预计参数如下所述。

地下水位以下土层的初始孔隙比 e_0 通过试验取得，根据黄土取样试验结果，可取 $e_0 = 0.5 \sim 1.0$。

土层的空隙压缩系数 a_e。根据试验结果，在常规自重压力下黄土层的压缩系数可取 $a_e = 0.06 \sim 0.20 \text{mPa}^{-1}$；黄土层的容重 r_w 可取 $1.6 \sim 1.85 \text{mPa/m}$。

地下水位降深曲线方程的系数 a_0, b_0 及土层的压缩因子 A_0 作为中间变量，由上述参数计算确定。

8.3.2　采动黄土层湿陷引起的地表沉陷预计

建立采动黄土层湿陷变形计算模型作了以下简化和假设。

（1）仅计算黄土自重湿陷变形，不考虑外荷载作用。

（2）将地表采动裂缝发育范围作为湿陷性黄土层的浸水影响范围。

（3）假定浸水影响范围内黄土是在采动过程中全部完成湿陷变形。

（4）由于稳态地表移动盆地中央的压缩变形区同样产生过复杂的动态变形和采动裂缝，可假定盆地边缘最大拉伸变形位置所包含的区域全部为浸水影响范围，浸水深度达到该地质采矿条件的最大值。

确定采动黄土层的浸水影响深度和范围是建立黄土层湿陷变形计算模型的关键。先讨论走向主断面的情况。地表拉伸变形的一般分布规律如图 8.5 所示。

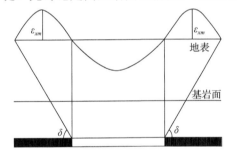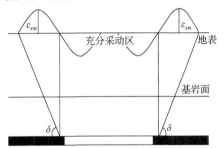

图 8.5　地表拉伸变形的一般分布规律

在采空区边界外侧处达到最大拉伸变形 ε_{xm}，该处裂缝发育深度也达到最大值 h_{xm}，根据地表采动裂缝的深度计算公式（7.28），可得

$$h_{xm} = \frac{E}{\mu\gamma}\varepsilon_{xm} - \frac{1-\mu}{\mu\gamma}c \qquad (8.60)$$

式中各变量符号含义与式（7.28）相同。若不考虑地下水位下降引起的地表附加变形，则最大拉伸水平变形值 ε_{xm} 按式（8.26）由定积分确定。对于半无限开采的情形，在位置坐标 $x_m = -0.4\sqrt{r2_j + r_s^2} + d_j$ 处，地表拉伸变形达到最大值 ε_{xm}，由式（8.40）计算，代入式（8.60）可得该地质采矿条件下的最大浸水影响深度。在最大拉伸变形 A、B 之间的开采沉陷区域，黄土层的浸水影响深度均达到最大值 h_{xm}。因此，当 $x_m \le x \le l_x + |x_m|$ 时，黄土层的浸水影响深度由下式确定[6]：

$$h_{xm} = \frac{E}{\mu\gamma} \times 1.52 k_0 B_3 \frac{W_m}{r_j^2 + r_t^2} + 1.52(1-k_0)B_{3x}\frac{W_m}{r_x^2} - \frac{1-\mu}{\mu\gamma}c \qquad (8.61)$$

在 AB 以外的边缘区，当 $x \le -x_m$ 及 $x \ge |x_m| + l_x$ 时，采动浸水影响深度 $h_x(x)$ 由下式确定：

$$h_x(x) = \frac{E}{\mu\gamma}\varepsilon(x) - \frac{1-\mu}{\mu\gamma}c \qquad (8.62)$$

当 $\varepsilon(x) = \varepsilon_{x0} = \dfrac{1-\mu}{E}c$ 时，浸水影响深度 $h_x(x_0) = 0$。由式（8.61）和式（8.62）可绘出采动黄土层地表浸水影响的一般曲线，如图 8.6 所示。

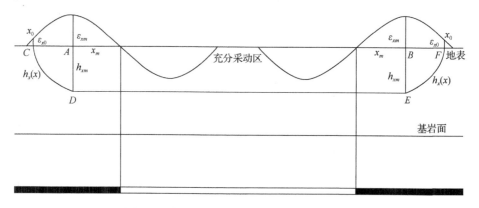

图 8.6　采动黄土层地表浸水影响的一般曲线

将上述各式中的 x 变换成 y，可得倾向主断面上采动黄土层地表浸水影响深度函数 $h_y(y)$。

对于地表移动盆地任意一点 (x,y) 的浸水影响深度函数 $h(x,y)$，可参照概率积分法开采沉陷的叠加原理由下式确定：

$$h(x,y) = \frac{1}{h_m}h_x(x)h_y(y) \qquad (8.63)$$

设黄土层的自重湿陷系数为 η，湿陷性黄土层厚度随位置而变化的函数为 $d(x,y)$，采动黄土层湿陷引起的地表附加沉陷为 $W_h(x,y)$，则 $W_h(x,y)$ 由下式确定：

$$W_h(x,y) = \eta h(x,y) \quad d(x,y) \ge h(x,y) \qquad (8.64a)$$

$$W_h(x,y) = \eta d(x,y) \quad d(x,y) \le h(x,y) \qquad (8.64b)$$

8.3.3　黄土沟壑区采动斜坡滑移预计

1. 地表滑移附加水平移动与下沉预计

实际资料和模拟研究表明,在黄土山区斜坡条件下地表产生的塑性滑移变形使土体单元的体积变形与相同平地条件不同,其增量特征与开采竖直变形和斜坡倾角及坡体组合形态有关。为了利用已有平地条件的预计模型,将斜坡条件下的单元体积变形分解成正常平地下的体积变形和塑性滑移引起的体积变形增量,据此构建地表斜坡采动滑移变形预计模型。参照式(8.19),地表单元水平变形可写成

$$\varepsilon_x(\lambda_x) = k_1\varepsilon_z(\lambda_z) + k_2\varepsilon_z(\lambda_x) + \varepsilon_h(\lambda_h) \tag{8.65}$$

式(8.65)中右边前两项与式(8.19)的含义相同,第三项为塑性滑移体积变形增量 $\varepsilon_h(\lambda_h)$,而 $\dfrac{d[\varepsilon_h(\lambda_h)]}{d_x}$ 的分布特征与土体单元的竖直变形 $\varepsilon_z(\lambda_z)$ 分布相同,根据其数学关系可得

$$
\begin{aligned}
\varepsilon_h(\lambda_h) &= k_h\int\varepsilon_z(\lambda_z)\mathrm{d}x = k_h\int\frac{\partial W_e(\lambda_z)}{\partial z}\mathrm{d}x \\
&= -k_h\left[\frac{2\pi B_3(x)}{r_t^3}\right]\exp\left[-\frac{\pi(x)}{r_t^2}\right]
\end{aligned}
\tag{8.66}
$$

根据单元水平滑移增量 $P_e(y-t)$ 及 $P_e(x-s)$ 与上式的数学关系 $\dfrac{\partial P_e(y-t)}{\partial x} = \varepsilon_h(\lambda_h)$,可得

$$
\begin{cases}
\Delta P_e(y-t) = \displaystyle\int k_h\varepsilon_h(\lambda_h)\mathrm{d}y = k_h\frac{B_1}{r_t}\exp\left[\frac{-\pi(y-t)^2}{r_t^2}\right] \\[3mm]
\Delta P_e(x-s) = \displaystyle\int k_h\varepsilon_h(\lambda_h)\mathrm{d}x = k_h\frac{B_3}{r_t}\exp\left[\frac{-\pi(x-s)^2}{r_t^2}\right]
\end{cases}
\tag{8.67}
$$

令 $R(x,\theta) = k_hB_3$,$R(y,\theta) = k_hB_1$,则整个基岩面主断面上不均匀下沉 $W(t)$ 及 $W(s)$ 引起的地表斜坡滑移水平移动 $\Delta U^0(y)$ 及 $\Delta U^0(x)$ 为

$$
\begin{cases}
\Delta U^0(y) = \displaystyle\int_{-a_1}^{a_2} q_t W_j^0(t)R(y,\theta)\frac{1}{r_t}\exp\left[\frac{-\pi(y-t)^2}{r_t^2}\right]\mathrm{d}t \\[4mm]
\Delta U^0(x) = \displaystyle\int_{-a_3}^{a_4} q_t W_j^0(s)R(x,\theta)\frac{1}{r_t}\exp\left[\frac{-\pi(x-s)^2}{r_t^2}\right]\mathrm{d}s
\end{cases}
\tag{8.68}
$$

将上式中 $R(x,\theta)$、$R(y,\theta)$ 提到积分式以外,则积分表达式与式(8.13)和

式（8.14）地表下沉表达式 $W^0(y)$、$W^0(x)$ 相同。因此，$\Delta U^0(y)$ 及 $\Delta U^0(x)$ 可写为

$$\begin{cases} \Delta U^0(y) = R(y,\theta)W^0(y) \\ \Delta U^0(x) = R(x,\theta)W^0(x) \end{cases} \tag{8.69}$$

地表斜坡滑移与开采沉陷量及 R 有关。山坡滑移量随地表倾角的增大而变大，也与土层的塑性特征有关。因此，将参数 $R(x,\theta)$ 定义为

$$\begin{cases} R(x,\theta) = p_3 \tan\theta \\ R(y,\theta) = p_1 \tan\theta \end{cases} \tag{8.70}$$

式中：p_1、p_3 为地表滑移特性参数；θ 为主断面上地表倾角，正向坡时为正，反向坡时取负值，有

$$\begin{cases} \Delta U^0(y) = p_1 \tan\theta W^0(y) \\ \Delta U^0(x) = p_3 \tan\theta W^0(x) \end{cases} \tag{8.71}$$

地表斜坡滑移水平移动将会引起地表点的附加下沉 $\Delta W^0(y)$ 及 $\Delta W^0(x)$，按下式计算：

$$\begin{cases} \Delta W^0(y) = p_1 \tan^2\theta W^0(y) \\ \Delta W^0(x) = p_3 \tan^2\theta W^0(x) \end{cases} \tag{8.72}$$

2. 滑移预计参数的确定方法

上述预计模型涉及的参数主要包括滑移特性参数 p_1、p_3 和地表倾角 θ，其余参数与平地条件相同。倾角 θ 属于几何参数，由主断面上地表剖面线的斜率确定，滑移特性参数 p_1、p_3 根据最大下沉点的水平移动量确定。设地表最大开采沉陷量为 W_m，若在该处存在水平位移，则可视为是斜坡滑移量 ΔU，其滑移特性参数为

$$p = \frac{\Delta U}{\tan\theta W_m} \tag{8.73}$$

地表滑移特性参数 p_1、p_3 也可根据实测下沉和水平移动值来确定。例如，设走向主断面上任意点的下沉实测值为 $W(x)$，实测水平移动量为 $U(x)$，地面坡度为 $\theta(x)$，则参数 $p(x) = [U_0(x) - U^0(x)]/[\tan\theta(x)W(x)]$。根据实测数据按最小二乘原理确定地表滑移特性参数。但是，滑移特性参数还与斜坡位置坐标有一定的关系，处于沟谷或坡顶附近的点与下坡中间的点滑移特性参数应该有所差别，其规律性有待进一步研究。

8.4　地表沉陷与变形预计系统

上述双层介质的概率积分模型较复杂，实际工程应用中计算工作量极大。本节采用 C++ 语言在 Windows 平台下开发了一套开采沉陷预计系统软件，并通过实例展示软件在地表变形损害分析与评价中的应用。

8.4.1　系统架构与功能设计

预计系统包括三大功能模块（系统启动后可以根据研究内容进行功能选择）：第一部分功能部分是常规开采沉陷预计功能，用于完成单一介质条件下的开采沉陷预计工作。第二部分功能部分是西部黄土矿区开采沉陷预计功能，用于土岩双层介质的概率积分预计模型。选择好研究的沉陷预计功能后输入基本预计模型，之后进入计算循环程序，即功能选择界面、计算处理、输出模块，直到模拟完成退出系统。第三部分功能嵌套于前两个功能上用于整个流程的地表变形损害的可视化表达和分析。软件系统的设计流程如图 8.7 所示。

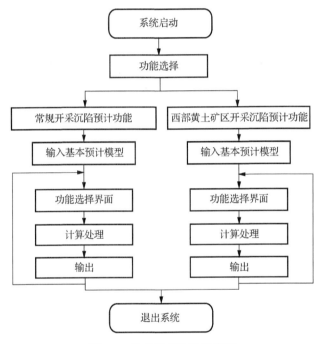

图 8.7　软件系统的设计流程

由于用户更习惯于输入基本参数，首先选择需要预计的功能项目，再设置该项所需的细节参数，然后系统给出结果。因此，本软件设计为所有功能均在输入基本预计参数后，专门给出一个功能选择页面，以供用户选择各项功能。选择各项功能后，根据所选功能，再提示用户输入细节参数，然后自动计算输出预计结果。各个功能根据相应的预计模型进行设计，采用函数调用的方式编写。各个输出部分单独以窗体形式进行设计。其中，等值线的绘制使用 Surfer8.0 的接口进行插值计算及等值线图形绘制，输出窗口加载生成的图像文件进行展示。整个过程不需要启动 Surfer8.0，均在开发的预计系统中一站式解决问题。

　　设计"单点查询"功能，提示用户输入所需查询的点位坐标，然后按钮事件中编写计算的响应代码，完成计算并显示计算结果。同时设计"批量处理"功能，包括预计点位文件的读取和处理，以及计算结果保存到文件中输出给用户。预计点位以特定的格式提供给预计系统，预计系统得到数据进行计算处理，并将结果存储到数据文件中。为了提醒用户及时保存所操作的工程及预计结果，设计在退出系统时，弹出提醒对话框，提醒用户保存相关数据。系统结构功能设计如图 8.8所示。从图中可见，首先输入基本预计参数，选择保存工程或另存工程后进入功能选择界面，其系统支持主断面预计（包括走向主断面预计和倾向主断面预计）模块、地表整体预计模块以及开采损害分析模块。其次，在主断面预计模块中设置曲线上下限，获得主断面的五个移动变形值及其二维曲线绘制：包括沉量二维曲线、斜值二维曲线、率值二维曲线、平移动二维曲线及平变形二维曲线。在地表整体预计模块中，根据需要设置成图网格及方向，可获得工作面上方整个地表的五个移动变形量等值线图，分别为沉量等值线图、斜量等值线图、率值等值线图、平移等值线图、平变等值线图，以及移动盆地的三维变形图，即沉盆地模拟图。开采损害分析模块中可进行点开采损害分析、点批量预计分析及裂缝范围预计分析。

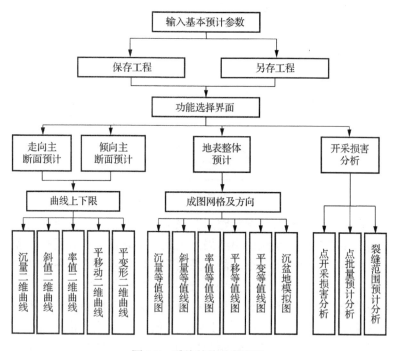

图 8.8　系统结构功能设计

8.4.2 子模块功能开发

1. 系统界面

常规开采沉陷预计部分的各窗体名称设置为 Form 开头，西部黄土矿区开采沉陷预计部分的各窗体名称设置为 2Form 开头，以示区别。常规开采沉陷预计是概率积分法预计模型。黄土矿区开采沉陷预计采用本章介绍的土岩双层介质的概率积分法计算模型进行开发。

系统界面设计中采用了引导式对话框结构，引导用户完成各项操作。在进入此功能模块后的第一个窗体为快捷导航窗口，包含"新建工程""打开工程""退出工程"三个快捷按钮。软件启动后分别链接到不同的功能模块，其功能选择界面如图 8.9 所示。

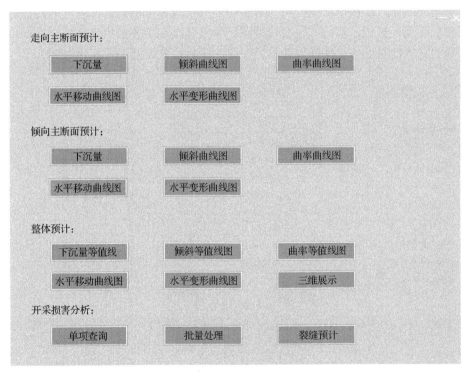

图 8.9　功能选择界面

预计系统的功能选择界面分为四部分：一是走向主断面的预计，能够自动绘制走向主断面的五项移动变形值二维曲线，并提供出主断面点位对应移动变形量计算结果的数据文件；二是倾向主断面的预计，包括倾向主断面的各项移动变形值二维曲线绘制，以及计算结果的数据文件输出；三是整体预计，包括各项移动变形量的等值线图绘制及计算结果数据文件的输出，按照用户设定的网格计算并输出每个网格点的移动变形数据文件，该部分还具有地表下沉盆地的三维展示功能，为判断开采充分性提供直观的判断依据；四是开采损害分析，包括单项查询功能、批量处理功能、裂缝预计功能。单项查询功能是指针对用户指定坐标的任意地表点，系统自动计算出该点处沿任意指定方向的移动变形值，可以提供单点的开采损害分析功能；批量处理功能可以一次性处理多个点位的预计分析，用户将需要处理的数据文件读取进系统中，系统根据数据文件进行自动计算，并将计算结果输出到.csv 文件，以供用户查询和使用；裂缝预计功能根据用户提供的地质参数，系统自动计算出产生裂缝对应的临界拉伸水平变形值，并绘制出预计的裂缝范围图，以供用户分析和使用。

2. 输入模块

软件的输入模块用于接收用户对工作面特征及参数的输入。将输入的数据进行初步处理、封装，以供其他模块调用。参数输入在主界面内完成。主界面内为参数的文本框和工程文件操作的相关按钮。参数输入界面如图 8.10 所示。

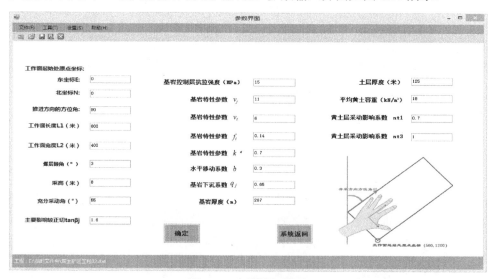

图 8.10　参数输入界面

该模块除了录入参数值外，还需要对部分数据进行预处理，包括宽深比的计算、主要影响半径 r 的计算、等效荷载及等效宽度的计算、最大下沉值 W_0 的计算等，并将计算结果进行保存，方便后续计算处理。工作面描述界面特征参数如图 8.11 所示。

工作面起始原点坐标、工作面推进方向的方位角按照图 8.11 所示的"左手定点规则"判断，所谓"左手定点规则"是将左手按到工作面上，手背向上，四指并拢垂直于拇指，四指指向工作面走向方向，则大拇指所指的工作面角点定义为工作面起始位置原点坐标，将工作面起点与工作面走向方位角输入系统，有效避免了工作面信息描述的偏差。

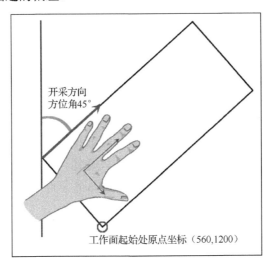

图 8.11　工作面"左手定点规则"

该模块主要涉及数据文件的读取和保存，系统自动将每次的工程进行保存，再次使用时只需打开保存的工程文件即可直接读入参数。特别在窗口左下角设计了指示工程文件位置目录的 Lable，实时更新显示当前所操作的工程文件的保存位置。

系统在读取到参数数据之后进行初步处理，包括主要影响半径 r 的计算、最大下沉值 W_0 的计算，并将方位角转换为相对 X 轴正方向的角度，方便后续处理工作。

3. 计算处理模块

该模块为软件的核心处理部分，主要包括方法代码部分和调用处理部分。

1）方法代码部分

编写各项计算代码。如下沉值计算方法，先编写走向主断面上下沉值计算方法以及倾向主断面上的下沉值计算方法，然后编写任意点的下沉值计算，其中直接调用主断面下沉计算部分进行运算。应特别指出的是坐标转换功能设计，对于工作面可能处于任意方位角和位置坐标，所以首先要将工作面转换为方便计算的工作面相对坐标系。主要通过两个坐标转换函数实现工作面位置的平移和旋转。

地表变形二维曲线的计算依据预计模型数学函数进行设计，计算结果按照设计的格式进行存储。变形等值线图的绘制涉及网格化计算处理。网格大小根据用户需求设定，从工作面起始位置进行点阵式计算处理。

2）调用处理部分

当用户点击一项功能时，调用对应的计算方法进行处理。其中等值线数据插值处理通过调用 Surfer8.0 软件提供的插值函数来完成。整个调用过程全部在系统中完成，使用方便。

4. 输出模块

输出模块主要将计算处理模块完成的数据进行整合输出，包括图形输出及数据文件输出。其中图形输出主要包括二维曲线及等值线图的输出。二维曲线的输出通过内置 Zedgrap.dll 完成。等值线的输出只需将计算模块中生成的等值线图像文件利用 Picturebox 进行展示，在展示窗体的 load 事件中加入图片载入显示的代码，其他的功能输出设计类似。

8.4.3 系统运行验证

通过榆神矿区金鸡滩首采的 101 工作面开采沉陷实例来验证预计系统运行的正确性。该工作面位于榆林市北郊的金鸡滩煤矿一盘区。首采面主采 2-2 煤，煤层厚度平均 9.40m，分层开采。煤层倾角平均 0.5°。101 工作面宽度为 300m，长度为 4 548m，采厚为 5.5m，开采深度平均为 246m，符合水平煤层综放工作面充分开采条件。工作面地表平均高程 1 246m，为厚风积沙所覆盖，属于沙丘地貌，地形起伏。地面无水系通过，仅局部有小水塘。根据 101 工作面地表移动观测站的实测数据求得的移动变形预计参数，利用所开发的开采沉陷预计系统对工作面地表移动变形及裂缝发育特征进行预计和评价，验证软件的运行可靠性和实用性。

1. 预计参数确定

选择概率积分法预计模型，基于走向和倾向观测线的实测数据按最小二乘原理拟合求取 101 工作面开采沉陷的预计参数，包括采动程度系数 c、下沉系数 q、主要影响角正切 $\tan\beta$、水平移动系数 b、拐点偏距 s 等参数，在 MATLAB 平台下完成，拟合参数值及拟合效果如表 8.2 和表 8.3 所示。

表8.2　走向观测数据拟合的参数值及拟合效果

参数	c	q	$\tan\beta$	b	s	R^2
参数值	0.747	0.58	2.28	0.68	37.5	0.79

表8.3　倾向观测数据拟合的参数值及拟合效果

参数	c	q	$\tan\beta$	b	s	R^2
参数值	0.69	0.55	2.43	0.5	23.5	0.84

由于走向和倾向均达到或接近充分开采，取两个参数的平均值作为预计参数。

2. 地表移动变形值预计

打开软件进入预计系统的参数界面，所需输入的具体参数为：工作面宽300m，长度取1500m（充分开采），采厚5.5m，煤层倾角0.5°，平均开采深度为246m。下沉系数0.565。主要影响角正切2.355，水平移动系数0.59，拐点偏移距30.5m。

由于工作面信息录入需要考虑工作面坐标位置，按照预计系统参数界面的提示，依据"左手定点规则"，确定出工作面起始点位坐标为：X=4 268 757.056mm，Y=37 400 013.574mm，四指所指方向（工作面开采走向方向）的方位角为316.48°。

在核对所输入参数无误后，点击保存工程，系统自动记录所输入的参数值，然后点击相应的功能选择按钮，计算并输出各项移动变形预计结果。

计算生成走向主断面的下沉曲线。点击"下沉值曲线图"按钮，在弹出的范围参数中设置-500~1 000，点击确定，计算生成走向主断面的下沉曲线，如图8.12所示。

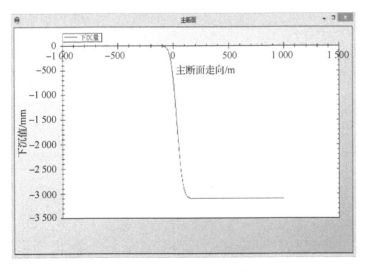

图8.12　走向主断面下沉曲线

最大下沉值为3 080mm，与实测值相近，曲线形状走势与实测数据相符。

同样，计算生成倾向主断面下沉曲线，如图8.13所示。生成的倾向主断面下沉量曲线对称于工作面中心（$y=150m$），最大下沉值 3 080mm，与走向主断面最大值相同。

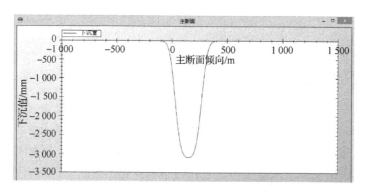

图 8.13　倾向主断面下沉曲线

3. 下沉盆地的移动变形等值线

利用本预计系统自动生成地表的各项移动变形量的等值线图，可通过等值线查看任意位置的移动变形量，如下沉值的等值线图生成方法为：选择整体预计部分的下沉量等值线绘制功能，设置好计算精度及预计范围后，点击确定，生成下沉量等值线图，如图 8.14 所示。

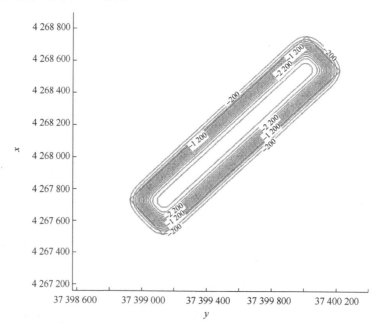

图 8.14　下沉量等值线图（单位：mm）

系统同时生成网格下沉量预计文件，可以查看和二次应用。其数据文件编写格式为："北坐标，东坐标，下沉量"。利用格网下沉量数据可依次生成各种移动变形等值线图，包括走向、倾向方向的倾斜值、曲率值、水平移动值、水平变形值的等值线图。

在实际应用中，有时所需预计的移动变形方向并不一定沿着走向方向或者倾向方向，而要预计某个任意方向的移动变形值。本次开发的预计系统可以自定义所需预计的相对方向，如定义方位角为100°的方向，在实际坐标系统下预计沿该方向的水平移动等值线图，如图8.15所示。

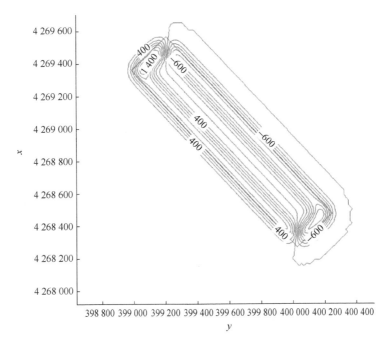

图 8.15　沿 100°方位角的水平移动等值线图（单位：mm）

4. 充分开采程度分析

在地表移动实地观测中难以根据实测数据直接判断沿走向或倾向是否达到充分开采程度，利用所开发的开采沉陷预计系统可方便地模拟分析地表下沉盆地的分布特征及充分开采程度。在系统中选择整体预计模块中的三维模拟功能，设置网格精度及三维视角，生成三维下沉盆地模拟图，如图8.16所示。

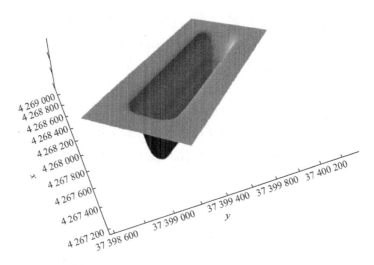

图 8.16　下沉盆地三维模拟图（单位：mm）

　　下沉盆地呈现为长槽状，底部在走向方向上为平底，在倾向方向上并未达到平底，表明走向方向为超充分开采、倾向为非充分开采。将工作面宽度继续增加，当超过临界开采宽度后，地表下沉盆地在倾向上也出现平底效应。

　　在预计系统的参数设置界面，将工作面宽度分别设置为 350m、400m、450m、500m，通过生成倾向下沉的二维曲线进行分析，在宽度为 350m 时，最大下沉量达到 3 105mm，下沉曲线如图 8.17 所示。当宽度继续增加后，最大下沉量不再增加，下沉曲线出现平底。因此，当开采宽度 350m 时达到充分开采。

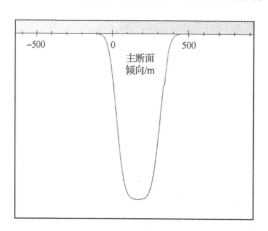

图 8.17　工作面宽度 350m 时倾向下沉曲线

5. 地表开采裂缝分析

　　地表裂缝是由开采引起的拉伸水平变形所致。本例中利用采样试验结果确定土层的物理参数：压缩模量 E=2.5MPa、凝聚力 c=35kPa、泊松比 μ=0.2、容重 γ=18kPa/m³。打开预计系统的裂缝分析模块，输入上述四个参数，点击计算临界变形值按钮，系统会计算出产生地表裂缝的临界拉伸变形值计算，如图 8.18 所示。

图 8.18　裂缝临界拉伸变形值计算

点击裂缝范围绘制按钮，预计系统自动绘制出沉陷盆地内裂缝分布范围与工作面关系的对照图，如图 8.19 所示。

图 8.19　地表裂缝分布范围与工作面关系对照图

图 8.19 示出裂缝出现在采空区边缘外侧地表下沉区，基本垂直或平行于工作面走向。在工作面开采过程中，推进边界前方的影响范围内将会产生垂直于工作面走向的动态裂缝带。当工作面推过之后，裂缝趋于闭合。预计系统同时给出了裂缝范围的数据文件，可以将其与工作面井上、下对照图叠加，用于开采沉陷地表损害的专题分析。

　　利用预计系统可以计算地表裂缝发育的深度。打开预计系统的裂缝分析模块，系统根据裂缝处预计的水平变形量自动算出裂缝深度。本例中裂缝最大发育深度为 10.2m，经验证与实测资料基本一致。

参 考 文 献

[1] 芦家欣, 汤伏全, 赵军仪, 等. 黄土矿区开采沉陷与地表损害研究述评[J]. 西安科技大学学报, 2019, 39(5): 859-866.

[2] 邓喀中, 谭志祥, 姜岩, 等. 变形监测及沉陷工程学[M]. 徐州: 中国矿业大学出版社, 2014: 153-163.

[3] 汤伏全. 西部厚黄土层矿区开采沉陷预计模型[J]. 煤炭学报, 2011, 36(S1): 74-78.

[4] TANG F, LU J, LI P. A prediction model for mining subsidence in loess-covered mountainous areas of western China[J]. Current Science, 2019, 116(12): 2036-2043.

[5] 汤伏全, 原一哲. 西部黄土矿区开采沉陷中的土岩耦合效应研究[J]. 煤炭工程, 2018, 50(02): 87-90.

[6] 汤伏全, 张健. 西部矿区巨厚黄土层开采裂缝机理[J]. 辽宁工程技术大学学报(自然科学版), 2014, 33(11): 1466-1470.